炼油生产经营优化应用案例

何银仁　解增忠　主编

中国石化出版社

内 容 提 要

《炼油生产经营优化应用案例》重点讨论数学规划原理和方法在炼油生产计划和调度模型中的应用，以炼油生产计划和调度中一些实际问题为应用案例，介绍如何将实际问题进行数学描述，从而拓展计划优化工具的应用范围和应用深度，使炼油生产经营优化工作有所创新。全书共分为数学规划基础、基础应用实例、非线性应用实例、能耗和经济分析应用实例、炼厂计划优化应用实例、炼厂计划调度应用实例、原油调度实例、数学规划在我国炼油生产经营优化应用历程八个章节。

本书可供从事炼油化工生产经营、管理工作的人员以及相关优化软件开发的技术和管理人员阅读参考，也可作为流程工业相关专业的本科生、研究生的参考书籍。

图书在版编目（CIP）数据

炼油生产经营优化应用案例/何银仁，解增忠主编.
—北京：中国石化出版社，2017.9
ISBN 978-7-5114-4633-6

Ⅰ.①炼… Ⅱ.①何… ②解… Ⅲ.①石油炼制-生产工艺-案例 ②炼油厂-经营管理-案例 Ⅳ.①TE62
②F407.22

中国版本图书馆 CIP 数据核字（2017）第 219424 号

中国石化出版社出版发行
地址：北京市朝阳区吉市口路 9 号
邮编：100020　电话：（010）59964500
发行部电话：（010）59964526
http://www.sinopec-press.com
E-mail：press@sinopec.com
北京科信印刷有限公司印刷
全国各地新华书店经销
*
787×1092 毫米 16 开本 16 印张 390 千字
2018 年 3 月第 1 版　2018 年 3 月第 1 次印刷
定价：68.00 元

序　言

　　线性规划(Linear Programming)技术自诞生以来，为整个石化行业带来巨大的经济效益。进入 21 世纪以来，世界炼油业普遍面临着原油劣质化、产品清洁化以及环保要求日趋严苛的严峻挑战。如何以市场为导向、以效益为中心，及时捕捉市场机遇，优化生产方案，以降低炼油企业生产成本、提升炼油企业竞争力已经成为炼油行业生产经营面临的一项重要课题，而利用线性规划技术提升炼油生产经营优化水平、增强市场应变能力，仍是目前解决这一课题的重要途径。

　　何银仁教授团队长期致力于开发、利用线性规划技术在炼油生产方案优化的研究，为中国石化炼油企业利用线性规划技术在炼油生产计划排产、原油资源及产品结构优化等领域取得良好应用效果做出了突出贡献。何教授在炼油生产优化应用过程中，根据遇到的实际问题总结出了相应的解决方案，并遴选典型问题以实例的形式整理成册。

　　该书对计划优化过程经常遇到的一些困惑、非线性问题的处理方法、典型效益分析方法以及可执行性强的生产计划制定方法进行了较为详细的分析与介绍，在炼油生产计划与炼油调度间的自动衔接和原油调度领域也进行了比较有成效的探索与尝试，是何银仁教授团队多年研究的成果。

　　该书详细介绍了建模方法和模型实例，可以帮助炼油企业计划人员加深对线性规划原理和优化方法的了解，提高计划优化人员用线性规划方法描述并解决炼油生产中实际问题的能力，值得炼油企业计划优化人员及对流程优化实践有兴趣的研究人士学习借鉴。

任家军

前　言

石油化工行业自 20 世纪 50 年代起开始应用数学规划(Mathematical Programming)，数学规划的应用为该行业带来了巨大的经济效益。如今，数学规划技术已经成为石化行业不可或缺的有力工具。中国石油化工集团公司自 2001 年后，在集团公司炼油事业部的组织领导下，在公司内所有炼油厂推广应用炼油生产经营优化，取得了显著的经济效益和良好的社会效益。作者有幸全程参与了中国石化炼油企业级生产计划优化模型的推广实施及应用技术支持工作，有机会了解中国石化所属各炼厂计划模型应用需求并研究解决方案，逐渐积累了一些利用数学规划解决炼厂实际问题的应用方法，其中许多应用方法虽然是应某个炼厂要求而建立的，但对其他炼厂仍具有一定的借鉴意义，于是决定编写此书。

本书重点讨论数学规划原理和方法在炼油生产计划和调度模型中的应用，以炼油生产计划和调度中一些实际问题为应用案例，介绍模型的构建方法，即如何将实际问题进行数学描述，拓展计划优化工具的应用范围和应用深度，使炼油生产经营优化工作有所创新。

本书共分 8 章。第 1 章介绍数学规划基本知识和炼油生产经营优化模型的构建、生成和求解的基本方法。第 2 章包含 5 个实例，主要解决炼油计划优化中经常遇到的一些疑惑，包括多重优解的处理、目标规划应用、重量调合与体积调合的选择、混合整数规划(如门槛、批量和物流数量限制)模型的建立以及由汇流(Pooling)引起非线性问题的处理方法等。第 3 章共包含 7 个实例，主要讨论非线性规划问题，包括柴油调合组分馏程间交互影响非线性、柴油调合时十六烷值改进剂非线性敏感度、汽油调合时辛烷值添加剂非线性敏感度、装置非线性加工成本等非线性问题的处理方法，将非线性问题线性化得到 LP 或 MILP 两类模型的条件与要求，以及在采用重量单位的模型中如何使添加剂敏感度数据和调合组分数据计量单位一致的问题。第 4 章包含 4 个实例，主要讨论几个炼厂典型的经济效益分析方法，包括灵敏度分析、原油保本价测算以及考虑炼厂综合能耗或 CO_2 排放要求的炼厂优化等内容。第 5 章包含 5 个实例，主要讨论如何进行更为符合炼厂实际的计划优化应用，包括批量选油约束、原油代加工处理、原油船期多周期模型建立、原油船期+检修多周期模型建立以及原油船期优化等内容。第 6 章包含 4 个实例，主要研究具有一定调度功能的多周期混合整数规划计划模型(也称为固定时间长度的离散调度模型)，包括原油单储单炼计划与调度优化、原油管输计划与调度优化以及原油调合优化等内容。第 7 章包含 6 个实例，主要讨论原油调度问题，该章基于文献中的一个原油调度例子，介绍几类原油调度模型的建模方法，包括固定周期长度的离散时间线性和非线性调度模型建模方法、连续时间线性和非线性原油调度模型建模方法、异步连续时间原油调度非线性建模方法等，方便读者根据生产实际情况选择应用不同调度优化方法。此外，针对数学规划软件用户经常遇到的"数值难题"的困惑，也以实例形式讨论其发生的原因和解决办法，为读者提供参考。第8章总结我国自20世纪80年代开始将数学规划优化技术应用于我国炼油生产经营优化的历程。

为了读者查阅方便，本书的31个应用实例以实例次序进行编排，每个实例都分3个部分进行讨论。第一部分是问题的提出，说明要解决的问题，如有必要，提供与实例相关的数据；第二部分是模型的建立，主要讨论对第一部分所提出问题如何用数学规划方法进行数学描述，并用模型生成工具构建和生成模型。为了节省篇幅，只介绍与应用实例相关的主要数学方程式或主要输入数据表；第三部分是解结果讨论，或者对每个实例模型中设置不同案例的结果进行分析比较，许多实例中还对解结果进行验证，以检查是否满足第一部分所提出问题的要求，物料、物性是否平衡等。解结果验证对于非常规应用是非常重要的，因为许多约束方程是用行模型(ROWS表)描述，模型生成系统对这些数据没有进行严格的查错。

为了使读者了解更多的数学规划知识，许多实例采用一题多解的方法，提供多种数学上等价的建模方法，对不合理的建模方法尽量提供反例加以说明，对部分重要的数学规划原理如目标规划、灵敏度分析、数值难题等用引例加以详细讨论。

第1章~第6章(包括实例1~实例25)由何银仁和解增忠共同编写，第7章实例26~实例30由王足编写，实例31由陆春凌编写，第8章由何银仁编写。本书所涉及的问题大部分是中国石化所属炼油企业计划人员提出的，部分实例已经在相关炼油企业中得到应用，并取得很好的效果。中国石化广州分公司的林雪原、陈晓龙，中国石化茂名分公司的关立涛、陈东南，中国石化高桥分公司的马志国、邓基泰和宋斌，中国石化青岛石化公司的王发亮、冯新娥，中国石化巴陵分公司的朱锦阳等曾经对部分炼油计划和炼油调度计划应用实例提出建议并进行过实际使用和验证，在此表示感谢。

在本书的编写过程中得到易军的支持和帮助，在此一并表示感谢。

由于作者水平有限，书中错误和不当之处恳请读者批评指正。

编　者

目　　录

第1章 数学规划基础

⭐ 1.1 线性规划

1.1.1 什么是线性规划[1]

线性规划（Linear Programming，缩写 LP）是运筹学中研究较早、发展较快、应用广泛、方法较成熟的一个重要分支，主要研究线性约束条件下线性目标函数的极值问题，广泛应用于军事作战、经济分析、经营管理和工程技术等领域，主要为合理利用有限的宝贵资源（包括人力、物力和财力等）做出最优决策。石油化工工业是最早也是最成功深入应用 LP 技术的领域之一。

对于一般的 LP 问题，人们主要考虑两个因素和一个目标：一个因素是有限的资源，如原料、工厂生产能力、销售市场等；另一个因素是生产活动，如"生产 90 号汽油""生产 3 号喷气燃料"等，每个活动可能消耗也可能贡献一定量的资源；LP 的目标是求出这些生产活动的最佳组合，即在现有有限资源下收到最大效益。

线性规划方法只能直接用于所描述的不同活动之间的关系是线性的场合。在实际应用中，所谓线性归纳为以下三点：

（1）一个变量或活动自身的影响是按比例的，也就是说如果 90 号汽油的产量加倍，那么 90 号汽油销售收入也加倍，生产 90 号汽油所用的电量也加倍等。

（2）变量之间的相互作用是可加和的，即总销售收入是 90 号汽油销售收入、3 号喷气燃料销售收入等所有销售产品（包括公用工程产品）的总和，原油加工总量是所有常减压装置加工量总和，电总消耗是所有用电装置（包括公用工程装置）消耗电量总和等。

（3）变量必须是连续性的，即变量可取小数，如允许取值 6.83。有些变量，比如"购买原油船数"，要求必须为整数（因为一般不太可能购买 6.83 船原油），就不符合连续性条件，像这种带有整数变量的问题，可以用混合整数线性规划 MILP（一般称 MIP）来解决。

1.1.2 线性规划的标准型[2]

线性规划标准型可用下式描述：

$$\text{MAX } Z = \sum_{j=1}^{n} c_j x_j \tag{1-1}$$

$$\sum_{j=1}^{n} a_{ij} x_j = b_i \quad i = 1, 2, \cdots, m$$

$$x_j \geq 0 \quad j = 1, 2, \cdots, n \tag{1-2}$$

其中，式（1-1）称为目标函数，式（1-2）称为约束条件，x_j 为决策变量，c_j 称为价格系数，b_i 为约束条件的右端项，a_{ij} 为矩阵系数。

上述线性规划标准形式，是为了讨论线性规划问题的解法而定义的。其实线性规划问题可以有各种不同的形式。例如，目标函数有的要求"max"，有的要求"min"；约束条件可以是"≤"，也可以是"≥"，还可以是"="。决策变量一般是非负约束，但也允许在$(-\infty, \infty)$范围内取值，即无约束变量。

1.1.3　图解法

为了掌握线性规划可行域和最优解的几何意义，本节引入一个线性规划简单示例，并用图解法求此线性规划问题最优解。

【例1】　某工厂生产 A、B 两种产品。生产每吨产品需要的劳动力(个，按工作日计)和煤、电消耗如表 1-1 所示。

表 1-1　示例主要资源及产品表

产品品种	劳动力/个	煤/t	电/kW·h
A	3	9	4
B	10	4	5

已知生产 1t A 产品的经济价值是 70000 元，生产 1t B 产品的经济价值是 120000 元。现因某种条件限制，该厂仅有劳动力 300 个，煤 360t，供电局只能供电 200kW·h。在这种条件下该厂生产 A、B 产品各多少吨才能获得最大的经济价值？

解：设该厂生产 A、B 产品分别为 x_1、x_2，根据题中条件，劳动力及煤、电必须满足以下各式：

$$煤 \quad 9x_1 + 4x_2 \leq 360 \tag{1-3}$$

$$电 \quad 4x_1 + 5x_2 \leq 200 \tag{1-4}$$

$$劳动力 \quad 3x_1 + 10x_2 \leq 300 \tag{1-5}$$

该厂获得的经济价值可用目标函数(单位：万元)

$$Z = 7x_1 + 12x_2 \tag{1-6}$$

表示。

在上述各式中，x_1、x_2 必须满足：

$$x_1 \geq 0, \ x_2 \geq 0 \tag{1-7}$$

这样，问题成为求出一组 x_1 值和 x_2 值，使之不仅满足式(1-3)~式(1-5)及式(1-7)的约束条件，而且要使式(1-6)的目标函数达到最大。

在线性规划中，变量的任何一组规定值均叫做一个"解"，尽管有些"解"并不合乎需要或者甚至不满足约束条件，因此"解"并不表示问题的最后答案。其中，满足所有约束条件的解称为"可行解"，不能满足所有约束条件的解称为"不可行解"；使目标函数取得最有利值(最大或最小)的可行解称为"最优解"或"最优可行解"。求解线性规划问题的最终目的是寻求最优解。

为了便于解释线性规划问题的性质和解法，下面先用图解法求解。

因为例1中只有两个变量，可以在平面上进行讨论。

式(1-7)表明该线性规划问题的解必须落在 x_1、x_2 平面的第一象限，如图 1-1 所示。

对式(1-3)，可以先做直线 L_1：

$$L_1: 9x_1 + 4x_2 = 360$$

容易看出，式(1-3)表示其可行解必须在直线 L_1 的左下方半平面内；对式(1-4)和式(1-5)，同样作直线 L_2 和 L_3：

$$L_2: 4x_1 + 5x_2 = 200$$

$$L_3: 3x_1 + 10x_2 = 300$$

式(1-4)表示其可行解必须在直线 L_2 的左下方半平面内；式(1-5)表示其可行解必须在直线 L_3 左下方半平面内。

为了同时满足约束式(1-3)~式(1-5)和式(1-7)，其可行解必须在由五条直线(L_1、L_2、L_3、$x_1=0$、$x_2=0$)两两相交所围成的五边形 OABCD 中(图中画斜线部分)。

五边形 OABCD 中所有点(包括边界)均满足约束条件式(1-3)~式(1-5)和式(1-7)，所以称此区域为例1线性规划问题的可行域。可行域 OABCD 中任何点(x_1，x_2)均为上述线性规划问题的可行解。

那么，究竟哪一点(或哪些点)是上述线性规划问题的最优点呢？最优点必须使目标函数 $Z = 7x_1 + 12x_2$ 达到最大。可以看出，$7x_1 + 12x_2 = C$ 是以 C 为参数的平行直线族，比如 C 分别为120和240时，即得到图1-2中平行线 Z_1 和 Z_2，C 越大直线越在右上方，求例1的最优解就变成找出直线族中的一条直线，该直线与五边形 OABCD 至少有一个交点并使 C 最大。从图1-2容易看到，通过点 B 的直线(对应的 C 是428)满足上述两条件。B 点是直线 L_2 和 L_3 的交点，即 $x_1=20$、$x_2=24$。所以例1的最优解为产品 A 的产量 $x_1=20\text{t}$，产品 B 的产量 $x_2=24\text{t}$，这时所得的利润 $Z=428$ 万元。

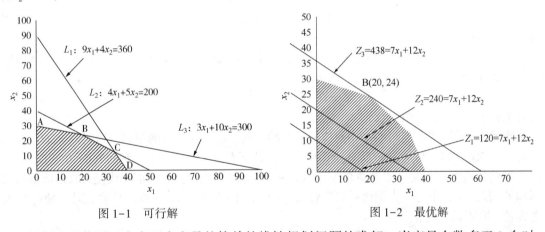

图1-1 可行解　　　　　　　图1-2 最优解

图解法只能用于含有两个变量的简单的线性规划问题的求解，当变量个数多于2个时，就无法用图解法进行求解。下面介绍一种求解线性规划问题的常用方法——单纯形法。

1.1.4 单纯形法

自1947年丹捷格(G. B. Dantzing)提出了一般线性规划问题的求解方法——单纯形法之后，线性规划在理论上趋向成熟，在实用中也日益广泛与深入。特别是在电子计算机能处理成千上万个约束条件和决策变量的线性规划问题之后，它的适用领域更为广泛了。目前市场上广泛使用的线性规划软件的求解方法，大都以单纯形法为基础。

单纯形法的求解思路[3]是：先找出一个基本可行解(可行域的一个顶点)，鉴别其是否为最优解；若不是，按照一定的规则转换到另一个基本可行解(顶点)，使新顶点的目标函数值优于原目标函数值，经过有限次迭代直至目标函数达到最优。需要解决三个关键问题：初始基可行解(顶点)的确定、基可行解的转换规则、最优解判断准则。单纯形法的计算步骤主要包括：①将 LP 模型转换为标准型；②求初始基可行解，列出初始单纯形表；③求得初始基可行解后进入迭代过程，在每一次迭代过程中还包括根据最优性条件确定最优解或换入变量和根据可行性条件确定换出变量两步。确定新的基可行解后继续进行迭代，经过有限次迭代后即可找到最优解。

本书以一个简单例子介绍单纯形法，只是为读者提供一个了解单纯形法基本原理的练习机会。对线性规划用户，无须自行编制一个线性规划求解程序，因为要编制一个通用的线性规划求解软件，还需掌握更多的计算数学知识和编程技巧。

为了讨论方便，此处引入松弛变量(Slack Variables) λ_1、λ_2、λ_3，它们分别表示煤炭、电力、劳动力使用剩余，即

$$\begin{cases} \lambda_1 = 360 - 9x_1 - 4x_2 \\ \lambda_2 = 200 - 4x_1 - 5x_2 \\ \lambda_3 = 300 - 3x_1 - 10x_2 \end{cases} \tag{1-8}$$

显然，λ_1、λ_2、λ_3 都不允许是负的，即

$$\lambda_1 \geqslant 0, \ \lambda_2 \geqslant 0, \ \lambda_3 \geqslant 0 \tag{1-9}$$

这样，问题变为在约束条件：

$$\begin{cases} 9x_1 + 4x_2 + \lambda_1 = 360 \\ 4x_1 + 5x_2 + \lambda_2 = 200 \\ 3x_1 + 10x_2 + \lambda_3 = 300 \end{cases} \tag{1-10}$$

与

$$x_1 \geqslant 0, \ x_2 \geqslant 0, \ \lambda_1 \geqslant 0, \ \lambda_2 \geqslant 0, \ \lambda_3 \geqslant 0 \tag{1-11}$$

之下，决定使

$$Z = f(x_1, \ x_2) = 7x_1 + 12x_2 \tag{1-12}$$

为最大的 x_1、x_2、λ_1、λ_2、λ_3。

步骤1：首先考虑到图 1-1 中对应原点 0 的规划，即 $x_1 = x_2 = 0$ 的规划。这时 $\lambda_1 = 360$，$\lambda_2 = 300$，$\lambda_3 = 300$，即产品 A 和产品 B 全不生产，因此所有资源全部剩下，利润 $f(0, 0) = 0$。

显然，这个规划是可以改善的。从式(1-12)可以看出，使 x_1 取正数或使 x_2 取正数都增加利润 f。若只取其中之一，则因 x_2 系数较大，取 x_2 对 f 增加速度更快。只取 x_2 时，使 x_1 为 0，考虑使 x_2 取正数的修正。

作这样的修正时，不能随便使 x_2 增大。在式(1-8)中使 $x_1 = 0$，逐渐增大 x_2，则 λ_1、λ_2、λ_3 都逐渐变小。当 $x_2 = 300/10 = 30$ 时，λ_3 就变成 0(λ_1、λ_2 仍为正)。x_2 不允许再增大，因此，作为修正案，得到

$$\begin{cases} x_1 = 0, \ x_2 = 30 \\ \lambda_1 = 360 - 4 \times 30 = 240 \\ \lambda_2 = 200 - 5 \times 30 = 50 \\ \lambda_3 = 0 \end{cases} \tag{1-13}$$

的规划(图 1-1 的 A 点)。与此相对应的利润是

$$f(0, 30) = 12 \times 30 = 360 \tag{1-14}$$

步骤 2：为了考查式(1-13)是否还能改善，从方程式(1-10)导出与此等价的下列方程式：

$$\begin{cases} \lambda_1 + 7.8 x_1 - 0.4 \lambda_3 = 240 \\ \lambda_2 + 2.5 x_1 - 0.5 \lambda_3 = 50 \\ x_2 + 0.3 x_1 + 0.1 \lambda_3 = 30 \end{cases} \tag{1-15}$$

这只需以 10 除式(1-10)的第 3 式，得式(1-15)的第 3 式，然后从式(1-10)的第 1 式与第 2 式中各减去它的 4 倍和 5 倍。再将式(1-15)的第 3 式的 12 倍加到式(1-12)的两边，移项整理得

$$f = 360 + 3.4 x_1 - 1.2 \lambda_3 \tag{1-16}$$

在前段得到的无非是在式(1-15)，式(1-16)中使$x_1 = \lambda_3 = 0$ 的规划。若要对此修正，就是将x_1或λ_3向正方向移动。但是根据式(1-16)知道，移动λ_3反而不上算。使x_1为正的修正是上算的。那么x_1可以增加到什么地方呢？这只要在式(1-15)中使$\lambda_3 = 0$，看使x_1逐渐增大时变成什么样子就行。这时，λ_1，λ_2，x_2 都逐渐减小，到$x_1 = 50/2.5 = 20$ 时，λ_2 为 0，$\lambda_1 = 240 - 7.8 \times 20 = 84$，$x_2 = 30 - 0.3 \times 20 = 24$。利润成为

$$f = 360 + 3.4 \times 20 = 428 \tag{1-17}$$

这样就得到新的规划（图 1-1 的 B 点）：

$$x_1 = 20, \quad x_2 = 24, \quad \lambda_1 = 84, \quad \lambda_2 = \lambda_3 = 0 \tag{1-18}$$

步骤 3：为了考查规划式(1-18)是否还能改善，从方程式(1-15)导出等价的下列方程：

$$\begin{cases} \lambda_1 - 3.12 \lambda_2 + 1.16 \lambda_3 = 84 \\ x_1 + 0.40 \lambda_2 - 0.20 \lambda_3 = 20 \\ x_2 - 0.12 \lambda_2 + 0.16 \lambda_3 = 24 \end{cases} \tag{1-19}$$

这只需先以 2.5 除式(1-15)的第 2 式，得出式(1-19)的第 2 式，然后从式(1-15)的第 1 式和第 3 式各减去它的 7.8 倍和 0.3 倍，得出式(1-19)的 1 式和 3 式，再将式(1-19)的第 2 式的 3.4 倍加到式(1-16)的两边，移项整理得

$$f = 428 - 1.36 \lambda_2 - 0.52 \lambda_3 \tag{1-20}$$

规划式(1-15)和与此相应的利润式(1-17)无非是在式(1-19)和式(1-20)中使$\lambda_2 = \lambda_3 = 0$ 的规划和利润。若要对此修正，就应使λ_2或λ_3成正的，但从式(1-20)知道任何一方都不利。

这样就证实了规划式(1-18)（图 1-1 的 B 点 ）是最优。

从方程式(1-10)和式(1-11)可以看出，引入松弛变量以后，变量总个数总是大于约束方程个数（例中变量总个数为 2+3=5，方程数为 3）。假定原问题有 m 个约束，n 个变量，则在引进松弛变量后，变量总数为 $m+n$，方程为 m 个。由于引进松弛变量后，不等式约束已变为等式方程，令 n 个变量为零，从而得到有 m 个变量和 m 个等式方程组成的线性方程组，一般情况下，可以此建立方程组解出 m 个变量的非负解。通俗地讲，这 m 个变量就成为线性规划问题的基变量，其他 n 个置零的变量称为非基变量。

单纯形法的表格形式在数学上等价数解法。将有关变量系数、方程右端项及每一方程中出现的基变量列成单纯形表，并将迭代时判断用的比数记入表最右端。

根据上面代数解法，可以总结出单纯形法步骤。

第0步 引入松弛变量。以原变量为初始非基变量，松弛变量为初始基变量。每个基变量的系数为1，基变量的值为右端项的值。

如示例中，引进松弛变量λ_1、λ_2、λ_3，为了便于列出初始单纯形表，将问题改写式(1-21)：

使Z达到极大且满足

$$\begin{cases} (0)\ Z - 7x_1 - 12x_2 = 0 \\ (1)\ 9x_1 + 4x_2 + \lambda_1 = 240 \\ (2)\ 4x_1 + 5x_2 + \lambda_2 = 200 \\ (3)\ 3x_1 + 10x_2 + \lambda_3 = 300 \end{cases} \qquad (1-21)$$

以及$x_1 \geq 0$，$x_2 \geq 0$，$\lambda_1 \geq 0$，$\lambda_2 \geq 0$，$\lambda_3 \geq 0$。

选入λ_1、λ_2和λ_3作为基变量，并列出初始单纯形表(见表1-2迭代次数0栏)。

其初始基可行解为$(0, 0, 360, 200, 300)$，目标值$Z=0$。

停止法则：当且仅当方程(0)中每一个系数为非负(≥ 0)时，当前基可行解为最优解。如果最优，就停止；否则转到迭代步骤，求下一个基可行解(第1步、第2步、第3步)。

第1步 确定进入基底变量，方法是从初始单纯形表的方程(0)中选取绝对值最大负数，把该数对应的变量作为进入基底的非基变量。把位于此系数下面的一列用长方框围起来，且称之为枢列。

在例中绝对值最大的负系数是-12(对应于x_2的系数)，即选择x_2为进入基底的非基变量。

第2步 确定离去基底变量，其方法是：(a)在加框的一列中挑出所有大于0的系数；(b)以每一个这样的系数除同一行中的"右端"算出比数；(c)从这些比数中找出最小比数方程，(d)选择此方程的基变量。把表格中此方程所在行位于Z列之右的部分用长方框围起来，则称此加框的行为枢行。位于两个长方框中相交点的数称枢数。

例中离去基变量就是λ_3。

第3步 确定新的基可行解，其方法是在当前单纯形表格的下面建立一个新的单纯形表。

为把基变量的系数变为1，就要用枢数去除旧枢行各项，即

$$新枢行 = 旧枢行 / 枢数$$

新单纯形表中其他行(指表中Z列以后的部分)用以下公式得到：

$$新行 = 旧行 - (枢列系数) \times 新枢行$$

其中："枢列系数"就是此行内位于枢列的数。

例中新单纯形表的各行可以这样求得：

第0行

旧行	-7	-12	0	0	0	0
-12×新枢行	-3.6	-12	0	0	-1.2	-360
新行	-3.4	0	0	0	1.2	360

第1行

旧行	9	4	1	0	0	360
4×新枢行	1.2	4	0	0	0.4	120

| | 新行 | 7.8 | 0 | 1 | 0 | -0.4 | 240 |

第 2 行							
旧行	4	5	0	1	0	200
5×新枢行	1.5	5	0	0	0.5	150
新行	2.5	0	0	1	-0.5	50

第 3 行为枢行

| 新枢行 | 0.3 | 1 | 0 | 0 | 0.1 | 30 |

由于每一基变量等于其方程的右端，新的基可行解是(0，30，240，50，0)，目标函数值 $Z=360$。

至此，迭代步骤已告一段落，然后用停止法则判断新解是否最优。由于方程(0)依旧有一个负数-3.4(对应于x_1)，此解不是最优，需回到第 1 步重新求下一个基可行解。迭代时以当前单纯形表为"出发点"。从此单纯形表可以看出，非基变量x_1将进入基底，而λ_2将离开基底，与第 1 次迭代一样，可以得到一个新单纯形表，新单纯形表的各行计算方法与第一次迭代时完全一样：

第 0 行
旧行	-3.4	0	0	0	1.2	360.0
-3.4×新枢行	-3.4	0	0	-1.36	0.68	-68.0
新行	0	0	0	1.36	0.52	428.0

第 1 行
旧行	7.8	0	1	0	-0.4	240
7.8×新枢行	7.8	0	0	3.12	-1.56	156
新行	0	0	1	-3.12	1.16	84

第 2 行为枢行
| 新枢行 | 1 | 0 | 0 | 0.4 | -0.2 | 20 |

第 3 行
旧行	0.3	1	0	0	0.1	30.0
0.3×新枢行	0.3	0	0	0.12	-0.06	6.0
新行	0	1	0	-0.12	0.16	24.0

由此，又可以得到一个新的基可行解(20，24，84，0，0)，目标函数值 $Z=428.0$。

从最新的单纯形表可以看出，方程(0)中再也没有负系数，根据停止法则，此解即为最优解，计算结束。

归纳上述迭代过程如表 1-2 所示。

表 1-2　单纯形表

迭代次数	基变量	方程	变量系数						右端项	比数
			Z	x_1	x_2	λ_1	λ_2	λ_3		
0	Z	0	1	-7	-12	0	0	0	0	非优解
	λ_1	1	0	9	4	1	0	0	360	90
	λ_2	2	0	4	5	0	1	0	200	40
	λ_3	3	0	3	10	0	0	1	300	30

迭代次数	基变量	方程	变量系数						右端项	比数
			Z	x_1	x_2	λ_1	λ_2	λ_3		
1	Z	0	1	−3.4	0	0	0	1.2	360	非优解
	λ_1	1	0	7.8	0	1	0	−0.4	240	30.8
	λ_2	2	0	2.5	0	0	1	−0.5	50	20.0
	x_2	3	0	0.3	1	0	0	0.1	30	100.0
2	Z	0	1	0	0	0	1.36	0.52	428	优解
	λ_1	1	0	0	0	1	−3.12	1.16	84	0
	x_1	2	0	1	0	0	0.4	−0.2	20	
	x_2	3	0	0	1	0	−0.12	0.16	24	

1.1.5 线性规划标准数据

对求解线性规划的数据，国际上有一个统一的格式，称为 MPS 标准数据。国内外通用的线性规划软件，都遵循这种数据格式。

MPS 数据块以标志 NAME 开始，接着是带有约束方程类型特征的行名、矩阵系数、右端项、约束方程范围和变量上下界，最后以数据终止标志 ENDATA 结束。

1.1.5.1 MPS 数据格式与结构

1. 标识符

标识符用以标示数据名、行名和列名等。由 8 个字符——字母、数字、空格、−号以及其他符号组成。用户取名不足 8 个字符时，将以空格补足。

2. 数据

一个数据(包括数据正负号、小数点)不得超过 12 个字符位，它可以用定点形式表示，如：0.036，18.5，17，−570.0 等；也可以用浮点(指数)形式给出，如：0.36E−1，0.18E+2，0.17E+2，−0.57E+3。数符省略表示该数为正数。指数表示的一般形式为：

$$\pm.\text{XXXXXX}\pm\text{YY} \quad 或 \quad \pm.\text{XXXXXX}\text{E}\pm\text{YY}$$

3. 第一列标

第一列标以"＊"号的数据行为数据注解行，在输入时将被自动忽略。

4. MPS 数据块

MPS 数据块由行名(包括约束类型)、矩阵系数、右端项、约束方程范围和变量上下界等五个数据段构成。各数据段分别以它们的段标志 ROWS、COLUMNS、RHS、RANGES 和 BOUNDS 开头。这些段标志均从第一列开始，单独占一行。在 MPS 数据块中，数据段 ROWS、COLUMNS 必须出现，而数据段 RHS、RANGES 和 BOUNDS 则视具体情况的需要而定，可以出现，也可以不出现。

MPS 标准数据结构：

NAME 数据块名

ROWS

：　（行类型和行名）

COLUMNS

：　（以变量顺序排列的非零矩阵系数）

RHS

：　（约束方程右端项非零数据）

RANGES

：　（约束方程范围数据）

BOUNDS

：　（变量上、下界及定值数据）

ENDATA

数据块第一行(NAME 标志行)的第 15~22 列为用户在 DATA 中已给定的数据块名。如在控制程序中没有给 DATA 赋数据块名，则在 NAME 行中也不必给出数据块名。

1.1.5.2　MPS 数据段格式

1. ROWS 数据段

ROWS 数据包括两项。第一项是约束方程的类型，填入 2 列或 3 列。约束方程共有四类（下面凡是出现△时，均表示空格）：

△N 或 N△——目标函数行或非约束行；

△G 或 G△——大于等于约束；

△L 或 L△——小于等于约束；

△E 或 E△——等于约束；

ROWS 数据的第二项是行名，填入 5~12 列中。

2. COLUMNS 数据段

COLUMNS 数据段是 MPS 输入数据的主要部分，系数矩阵的全部数据信息均由 COLUMNS 数据段提供。

书写输入 COLUMNS 数据时必须注意以下几点：

（1）矩阵系数必须按列(变量)顺序排列，即当给出一个矩阵系数时，该变量的所有矩阵输入完毕后，才能输入下一个变量的系数。

（2）零系数可以省略。凡未输入的矩阵系数，MPS 将自动填零处理。矩阵系数填写格式详见表 1-3。

表 1-3　矩阵系数填写格式

名称	列名	行名 1	矩阵系数 1	行名 2	矩阵系数 2
列号	5~12	15~22	25~36	40~47	50~61

40 列以后也可以不填数据。

3. RHS 数据段

只有一组右端项时，所有的右端项名必须相同，例如取 RHS1，40 列以后也可以不填数据。RHS 数据段填写格式详见表 1-4。

表 1-4　RHS 数据段填写格式

名称	右端项名	行名 1	右端项值 1	行名 2	右端项值 2
列号	5~12	15~22	25~36	40~47	50~61

4. RANGES 数据段

RANGES 数据段只用于那些同时具有上、下界的约束方程，或称为双边约束方程。对双边约束方程，用户可以选择上界（或下界）为右端项。把该约束当做 L 类（或 G 类）约束，约束方程上下界之差在 RANGES 段中给出。例如双边约束方程 R_1 为：

$$120 \geqslant R_1 \geqslant 100$$

用户可以把 $R_1 \leqslant 120$ 当做 L 类约束处理，该约束的右端项值为 120，将 20 作为 R_1 的 RANGES 的数据输入。

用户也可以把 $R_1 \geqslant 100$ 当做 G 类约束处理，约束的右端项值为 100，R_1 在 RANGES 中的数据仍是 20。

RANGES 数据输入格式与 RHS 类似，只要把右端项名改为范围名，把右端项值改为范围值即可。RANGES 数据段填写格式见表 1-5。

表 1-5　RANGES 数据段填写格式

名称	范围名	行名 1	范围值 1	行名 2	范围值 2
列号	5~12	15~22	25~36	40~47	50~61

只有一组范围值时，所有的范围名也必须相同，例如取 RAN1，40 列以后也可以不填数据。

5. BOUNDS 数据段

所有变量的上下界均在 BOUNDS 数据段中给出。变量上下界有以下四种类型：

LO　下界；　　　UP　上界；　　　FX　定值；　　　FR　$-\infty$ 到 $+\infty$。

对于没有在 BOUNDS 中出现的变量，MPS 将把该变量的下界以零、上界以正无穷大处理。BOUNDS 数据段填写格式见表 1-6。

表 1-6　BOUNDS 数据段填写格式

名称	上下界类型	上下界名	列名	界限值
列号	2~3	5~12	15~22	25~36

只有一组上下界值时，所有的上下界名也必须相同，例如取 BOU1。

填写 BOUNDS 数据时必须注意：

（1）在 BOUNDS 数据段，有些软件要求其变量顺序必须和 COLUMNS 数据段中变量顺序一致。

（2）对同一变量给上下界时，应分两行给出上、下界，此时下界值必须不大于上界值，也可以只给上界（其下界为零）或只给下界（其上界为正无穷）。

（3）欲使某变量取定值（包括零值），可以在定值型符号 FX 后给出。

（4）上界值只能取正数，下界值即可取正数也可取负数。当下界值为负数时，表示该变量可以取负值。

1.1.5.3　MPS 标准数据输入格式举例

用下面线性规划问题作为描述 MPS 标准数据输入格式的例子：

E1： $2x_1 + 3x_2 - x_3 + 4x_4 + 2x_5 = 38$;

G1： $x_1 + 4x_2 + 2x_3 - 5x_4 + 3x_5 \geqslant 7$;

L1： $20 \leqslant 3x_1 - 2x_2 + 4x_3 + x_4 + x_5 \leqslant 24$;

Max $NZ = 6x_1 + 8x_2 + x_3 + 2x_4 + x_5$;

$0 \leqslant x_1 \leqslant 4$, $1 \leqslant x_2 \leqslant 2$, x_3, x_4, $x_5 \geqslant 0$

对应标准数据格式为

```
NAME
ROWS
    E   E1
    G   G1
    L   L1
    N   NZ
COLUMNS
    X1          E1          2.0
    X1          G1          1.0
    X1          L1          3.0
    X1          NZ          6.0
    X2          E1          3.0
    X2          G1          4.0
    X2          L1         -2.0
    X2          NZ          8.0
    X3          E1         -1.0
    X3          G1          2.0
    X3          L1          4.0
    X3          NZ          1.0
    X4          E1          4.0
    X4          G1         -5.0
    X4          L1          1.0
    X4          NZ          2.0
    X5          E1          2.0
    X5          G1          3.0
    X5          L1          1.0
    X5          NZ          1.0
RHS
    RHS1        E1          38.0
    RHS1        G1          7.0
    RHS1        L1          24.0
RANGES
    RAN1        L1          4.0
BOUNDS
    UP BOU1     X1          4.0
    LO BOU1     X2          1.0
    UP BOU1     X2          2.0
ENDATA
```

★ 1.2 线性混合整数规划

1.2.1 概述

上述讨论的问题都称线性规划问题,其变量解值可取任何连续量,故 LP 问题的变量为连续变量。

在纯整数规划中,所有变量的解值只能取整数,因此称这一类型问题的变量为整型变量。而混合整数规划 MIP(Mixed-Integer Programming)问题其部分变量为整型变量,另一部分为连续变量[2]。

本节将讨论混合整数规划问题的提出及求解方法。

下面先给出一个整数规划的例子。

【例2】 求 Z 使

$$\text{Max} \quad Z = 5x_1 + 8x_2 \tag{1-22}$$

并满足

$$x_1 + x_2 \leq 6 \tag{1-23}$$

$$5x_1 + 9x_2 \leq 45 \tag{1-24}$$

$$x_1, x_2 \geq 0 \quad \text{且为整数} \tag{1-25}$$

图 1-3 给出例 2 的几何解释,四条直线所围成区域内(包括边界)的 25 个点所组成的集合为该问题的可行域。

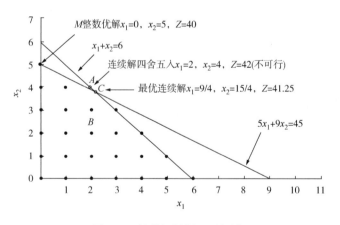

图 1-3 整数规划例 2 可行域

如果将式(1-25)中 x_1、x_2 "且为整数"的条件去掉,则此问题变成一般的线性规划问题,我们称此问题为上述整数规划的对应线性规划。从图中容易看出,对应线性规划问题的优解为 $x_1 = 2.25$,$x_2 = 3.75$,$Z = 41.25$。那么,整数规划的优解是否可以将对应线性规划优解四舍五入求得呢?整数规划问题的最优解是不是可行解集合中最接近对应线性规划问题最优解的那个可行解呢?从表 1-7 给出的数据可以看出,整数规划问题的最优解不能用上述两种办法得到。

表 1-7　例 2 中不同解对比

项　目	对应线性规划问题 连续最优解 C	对连续最优解 四舍五入 A	最接近连续最优解 的可行解 B	整数最优解 M
x_1	2.25	2	2	0
x_2	3.75	4	3	5
Z	41.25	不可行解	34	40

从图 1-3 也很容易看出，例 2 的对应线性规划问题的最优点 C 不是整数可行解，最接近连续最优点的可行点为 B，但它不是例 2 整数规划问题的最优点。对连续最优解四舍五入的点 A，虽是整数解，但不满足约束条件式(1-24)，真正整数最优点是 $M(x_1=0, x_2=5)$。

1.2.2　分枝定界法

本节讨论求解混合整数规划的常用方法之一的分枝定界法。部分 MIP 软件包提供的分枝定界法只适用于 0-1 整型变量，对含有一般整型变量的混合整数规划问题可用如下公式将非 0-1 整型变量化为 0-1 变量：

$$X = 2^0 x_1 + 2^1 x_2 + \cdots\cdots + 2^{k-1} x_k$$
$$X \leqslant X_{\max}$$

其中 X 为任何整数变量，$X_{\max}$ 为 X 的上界，k 为 X 达到上界时的最小正整数，例如 $X \leqslant 5$，取 $k=3$，$X \leqslant 10$，取 $k=4$；x_i 为 0-1 整数变量。

为了便于说明，下面以 0-1 整数规划为例介绍分枝定界法。

分枝定界法可用于求解整数或混合整数规划(统称整数规划)问题。它是以求相应的线性规划(把所有整型变量作为上界 1，下界为零的连续变量)的最优解为出发点，如果这个解不满足整数条件，就将原问题分解成几部分，每部分都增加了约束条件，这样就缩小了原来的可行区域。由于可行解的范围缩小，这就说明了整数规划的最优解不会优于相应线性规划的最优解。分枝定界法就是利用这个性质进行分枝定界的一种算法。

下面用一个例子来说明用分枝定界法求解 0-1 整数规划的方法。

【例 3】

$$\text{Max } Nz = -8x_1 - 2x_2 - 4x_3 - 7x_4 - 5x_5 \tag{1-26}$$

$$L_1: \ -3x_1 - 3x_2 + x_3 + 2x_4 + 3x_5 \leqslant -2.0 \tag{1-27}$$

$$L_2: \ -5x_1 - 3x_2 - 2x_3 - x_4 + x_5 \leqslant -4.0 \tag{1-28}$$

$$x_1、x_2、x_3、x_4、x_5 \text{ 取 0 或 1} \tag{1-29}$$

步骤 1：首先求出例 3 相应线性规划问题

$$\text{Max } \quad Nz = -8x_1 - 2x_2 - 4x_3 - 7x_4 - 5x_5$$
$$L_1: \ -3x_1 - 3x_2 + x_3 + 2x_4 + 3x_5 \leqslant -2.0$$
$$L_2: \ -5x_1 - 3x_2 - 2x_3 - x_4 + x_5 \leqslant -4.0$$
$$0 \leqslant x_1、x_2、x_3、x_4、x_5 \leqslant 1$$

的最优解：

$$Nz = -3.6$$
$$x_1 = 0.2$$
$$x_2 = 1$$
$$x_3 = x_4 = x_5 = 0$$

步骤 2：相应线性规划问题的最优解不是原整数规划问题的可行解，因为 $x_1 = 0.2$ 还不是整数解。因此必须把上述问题分成两个子问题（两个分枝），即分别令 $x_1 = 1$ 和 $x_1 = 0$ 求解上述线性规划问题。

令 $x_1 = 1$ 时相应线性规划问题[式(1-29)改为 $x_1 = 1$，$0 \leqslant x_2$、x_3、x_4、$x_5 \leqslant 1$]的最优解为：

$$Nz = -8.0$$
$$x_1 = 1$$
$$x_2 = x_3 = x_4 = x_5 = 0$$

此解是可行整数解，但还不一定是原整数规划问题的最优解。因为此解是在令 $x_1 = 1$ 时求得的，如果令 $x_1 = 0$，还可能有更好的可行解。

令 $x_1 = 0$ 时，相应线性规划问题[式(1-29)改为 $x_1 = 0$，$0 \leqslant x_2$、x_3、x_4、$x_5 \leqslant 1$]的最优解为：

$$Nz = -4.0$$
$$x_2 = 1$$
$$x_3 = 0.5$$
$$x_1 = x_4 = x_5 = 0$$

显然，此解不是整数规划问题的可行解，因为 $x_3 = 0.5$ 还不是整数解。必须像步骤 2 开始时那样，分别令 $x_3 = 1$ 和 $x_3 = 0$ 继续分两枝求解。

步骤 3：令 $x_3 = 1$ 时，相应线性规划问题[式(1-29)改为 $x_1 = 0$，$x_3 = 1$，$0 \leqslant x_2$、x_4、$x_5 \leqslant 1$]的最优解为：

$$Nz = -6.0$$
$$x_2 = x_3 = 1$$
$$x_1 = x_4 = x_5 = 0$$

此解为原整数规划问题的可行解，此解优于步骤 2 中令 $x_1 = 1$ 时的可行解，但还不能肯定是否是原问题的最优解。因为还未对 $x_3 = 0$ 进行计算。

令 $x_3 = 0$ 时，相应线性规划问题[式(1-29)改为 $x_1 = 0$，$x_3 = 0$，$0 \leqslant x_2$、x_4、$x_5 \leqslant 1$]无可行解。

到此为止，我们可以肯定，步骤 3 中令 $x_1 = 0$，$x_3 = 1$ 时所求的可行解

$$Nz = -6.0$$
$$x_2 = x_3 = 1$$
$$x_1 = x_4 = x_5 = 0$$

为原整数规划问题的最优解，这是因为：

(1) 令 $x_1 = 1$ 时，已求得整数可行解，所有变量解值已为整数解，不必继续对其他变量分枝计算。

(2) 令 $x_1 = 0$，$x_3 = 1$ 时，已求得整数可行解，同(1)中所述，不必计算对其他变量分枝

计算。

（3）令$x_1 = 0$，$x_3 = 0$时，无可行解，继续对其他变量分枝时也将无可行解。

如果把对应于所有整型变量的一组解值（包括可行解和不可行解）称为一个结点，则上述求解过程可画成一个树形分枝结点图（见图1-4），更易于分枝讨论。

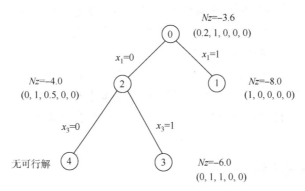

图1-4　树形分枝结点图

通常将步骤1中首次求得相应线性规划问题的最优解定义为结点0。

对结点0，整型变量x_1取非0-1值，将x_1进行分枝，即限定$x_1 = 1$的结点1，限定$x_1 = 0$的结点2；像结点0那样有待进一步分枝的结点，称为开结点。

对结点1，所有整型变量均已取0-1值，即可求得可行整数解。若对结点1继续分枝，其可行解不会优于结点1的可行整数解值，像结点1那样不再分枝的结点称为闭结点。

在结点2，整型变量x_3仍取非0-1值，必须对此变量继续分枝，限定$x_3 = 1$，得到结点3，限定$x_3 = 0$，得到结点4。

对应于结点3的解也是可行整数解，$Nz = -6.0$，由于结点3的解为可行整数解，与结点1一样，没有必要继续分枝，此点成为闭结点。

结点4不能求得可行解，此结点也是闭结点。

到此为止，已无开结点存在，所以可以断定结点3所对应的解即为例3最优解（结点3的目标值优于结点1的目标值）。从用分枝定界法求解例3的过程可以看出，该方法能减少方案测试的个数（从$2^5 = 32$个减少到5个）。一个好的用分枝定界法求解MIP问题的软件，应有一个好的求解策略，即如何在众多开结点中选择下一步要计算的结点，以及选定结点后首先计算哪个分枝，这对加快得到MIP最优解的进程很有帮助。尽管如此，对于约束方程较多（特别是整型变量较多）的大规模MIP问题，还是可能在有限时间内得不到最优解，这称之为MIP求解过程发生"组合爆炸"。显然，避免求解MIP模型时发生"组合爆炸"是摆在求解MIP模型面前的重要课题。

★ 1.3　非线性规划

随着线性规划技术在炼油和石油化工生产计划优化中应用的不断深入，企业计划人员提出了许多非线性规划问题。例如汽油辛烷值调合严格来说是非线性的；物流混合后的性质和混合量是非线性关系；蒸馏塔侧线收率、侧线性质是切割温度的非线性函数；装置单位加工费也是加工量的非线性函数；为改进调合产品物性指标时往往在调合产品中加入适当的物性

改进剂(添加剂),但添加剂浓度和添加剂敏感度也呈非线性关系等。这使炼油生产经营优化模型中包含有非线性项,不能直接用业已成熟的线性规划软件包来求解。

求解线性规划问题,可以借助于通用的线性规划软件包,线性规划的规模可达成千、成万个约束条件和变量。但对非线性规划问题,没有一个"万能"的方法,非线性规划模型的规模不同、结构不同,特别是非线性函数的强弱不同,就得采取不同的求解方法。很难开发出一个通用的非线性规划软件包来解决炼油生产经营优化模型中的所有非线性问题。

本节介绍一些非线性规划方法,它们可以解决上述所列举的炼油生产经营优化模型中所遇到的非线性规划问题。这些方法的优点是基于成熟的线性规划技术,不受模型规模限制,与其他非线性规划方法一样,本节介绍的部分方法(如递归方法)不能保证递归过程收敛,也不能保证收敛到全局最优解,初始值可能会影响递归过程的收敛性和求解结果。

1.3.1 递归方法介绍

1.3.1.1 直接递归方法

为了说明递归方法数学原理,下面先介绍直接递归方法或称简单递归方法(simple recursion)。

如果数学模型约束行中存在如下形式的项:

$$f(x) = g(x) \cdot x$$

其中 $g(x)$ 为变量 x 的函数。显然,一个数学模型中只要存在形如 $f(x)$ 的非线性项,就不能用 LP 直接求解。递归方法的思路是先假设变量 x 的一个初值 x_0(最好在可行域内),将 x_0 值带入模型非线性项 $g(x)$ 中,则原来的非线性项

$$g(x) \cdot x$$

变成

$$g(x_0) \cdot x$$

即原有非线性规划模型已"线性化",可以用 LP 求解。这个解是在人为设定 $x = x_0$ 的条件下求得的,不一定是原非线性规划问题的优解。在用 LP 求解时,x 仍为模型变量,在 LP 优解中必然有 x 的新解值 x_1,一般来说,$x_1 \neq x_0$(如果相等,说明设定的 x_0 与求解得到的 x_1 一致,称递归过程已收敛),则将 x_1 的值带入 $g(x)$,使非线性项再次线性化:

$$g(x_1) \cdot x$$

再用 LP 求解,依次循环下去,直到在设定误差范围内

$$x_i = x_{i-1}$$

称非线性规划问题经 i 次递归优化后收敛,x_i 为递归收敛解。

递归过程原理如图 1-5 所示。

由于递归过程是基于假设一个初值进行计算,递归过程可能收敛到最优解;也可能收敛到某个解,但不是最优解(称为局部最优解);也可能求解过程出现不可行解或无界解;也可能求解过程根本不收敛。现在列举递归实例。

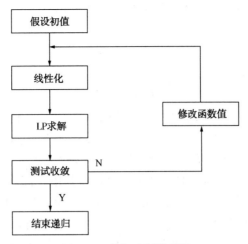

图 1-5　递归过程原理图

【例 4】　求解下列数学规划问题，其中(R)为非线性约束。

$$\begin{cases} \text{Min} & x + 5y \\ \text{ST} & 2.5x + y \leqslant 5 \\ & x + (x+1)y \geqslant 3 \qquad (\text{R}) \\ & y \leqslant 4 \\ & x,\ y \geqslant 0 \end{cases}$$

解：图 1-6 给出了例 4 的可行域。

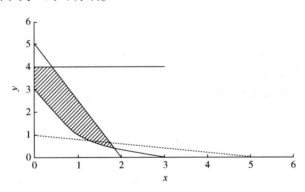

图 1-6　例 4 可行域

用图解法可知，例 4 规划问题的最优解为直线

$$2.5x + y = 5$$

和曲线

$$x + (x+1)y = 3$$

的交点，将直线方程所得

$$y = 5 - 2.5x$$

代入曲线方程

$$(x+1)(5 - 2.5x) + x = 3$$

即

$$2.5x^2 - 3.5x - 2 = 0$$

得可行域内解

$$\begin{cases} x = 1.83578 \\ y = 0.41055 \\ OBJ = 3.88853 \end{cases}$$

像例 4 这样只有两个变量的简单例子可以用图解法求解，稍复杂问题就难以实现了。

直接用线性规划不能求解例 4 规划问题，因为其中的（R）约束是非线性约束。

根据上述递归方法的思路，设法将非线性规划问题化为线性规划问题来解决。在例 4 的情形中，（R）约束中的 $(x+1)y$ 项为非线性项，可以将其中一部分变量（例如例中 x）先固定（例如 $x=1$），则上述非线性项就成为线性项 $2y$，这样就可以用线性规划求解。但 $x=1$ 是人为给定的，如果人工给定值和 LP 得到解一致，说明给定值给得正确，否则可用新的 LP 解值作为变量定值并重新计算函数值使非线性项线性化，再进行 LP 求解，这样反复进行，一直到给定值和解值一致为止。下面列出求解例 4 的递归过程。

为了减少篇幅，在讨论非线性递归过程描述中，线性约束方程和目标函数省略，只列出线性化的非线性约束方程，例如例 4 设定初值 $x_0 = 1$ 时线性化的模型为：

$$\begin{cases} \min \quad x + 5y \\ \text{ST} \quad 2.5x + y \leqslant 5 \\ \qquad x + 2y \geqslant 3 \qquad (\text{R}) \\ \qquad y \leqslant 4 \\ \qquad x, \ y \geqslant 0 \end{cases}$$

但只列出线性化的约束方程

$$x + 2y \geqslant 3 \qquad (\text{R})$$

和相应线性化模型解结果（以下同）。

选择例 4 模型中 x 作为递归变量，并设定初值

$$x_0 = 1$$
$$2y + x \geqslant 3 \qquad (\text{R})$$
$$\begin{cases} x = 1.75 \\ y = 0.625 \\ OBJ = 4.875 \end{cases}$$
$$x_1 = 1.75$$
$$2.75y + x \geqslant 3 \qquad (\text{R})$$
$$\begin{cases} x = 1.829787 \\ y = 0.425532 \\ OBJ = 3.957447 \end{cases}$$
$$\Delta x = 0.079787$$
$$\Delta OBJ = -0.917553$$
$$x_2 = 1.829787$$
$$2.829787y + x \geqslant 3 \qquad (\text{R})$$

$$\begin{cases} x = 1.835377 \\ y = 0.411559 \\ OBJ = 3.89317 \end{cases}$$

$$\Delta x = 0.00559$$

$$\Delta OBJ = -0.064277$$

$$x_3 = 1.835377$$

$$2.835377y + x \geqslant 3 \qquad (R)$$

$$\begin{cases} x = 1.835754 \\ y = 0.410614 \\ OBJ = 3.888825 \end{cases}$$

$$\Delta x = 0.000377$$

$$\Delta OBJ = -0.004345$$

$$x_4 = 1.835754$$

$$2.835754y + x \geqslant 3 \qquad (R)$$

$$\begin{cases} x = 1.835780 \\ y = 0.410551 \\ OBJ = 3.888532 \end{cases}$$

$$\Delta x = 0.000026$$

$$\Delta OBJ = -0.000293$$

$$x_5 = 1.835780$$

$$2.835780y + x \geqslant 3 \qquad (R)$$

$$\begin{cases} x = 1.835782 \\ y = 0.410546 \\ OBJ = 3.888512 \end{cases}$$

$$\Delta x = 0.000002$$

$$\Delta OBJ = -0.000002$$

$$x_6 = 1.835782$$

$$2.835782y + x \geqslant 3 \qquad (R)$$

$$\begin{cases} x = 1.835782 \\ y = 0.410546 \\ OBJ = 3.888510 \end{cases}$$

$$\Delta x = 0$$

$$\Delta OBJ = -0.000002$$

对例4模型改变初值再求解

$$x_0 = 0$$

$$y + x \geqslant 3 \qquad (R)$$

$$\begin{cases} x = 1.333333 \\ y = 1.666667 \\ OBJ = 9.666666 \end{cases}$$

$$x_1 = 1.333333$$

$$2.333333y + x \geqslant 3 \qquad (R)$$

$$\begin{cases} x = 1.793103 \\ y = 0.517241 \\ OBJ = 4.379311 \end{cases}$$

$$\Delta x = 0.45977$$

$$\Delta OBJ = -5.287355$$

$$x_2 = 1.793103$$

$$2.793103y + x \geqslant 3 \qquad (R)$$

$$\begin{cases} x = 1.832853 \\ y = 0.417868 \\ OBJ = 3.92219100 \end{cases}$$

$$\Delta x = 0.03975$$

$$\Delta OBJ = 0.45712$$

$$x_3 = 1.832853$$

$$2.832853y + x \geqslant 3 \qquad (R)$$

$$\begin{cases} x = 1.835584 \\ y = 0.411040 \\ OBJ = 3.890784 \end{cases}$$

$$\Delta x = 0.002731$$

$$\Delta OBJ = -0.031407$$

$$x_4 = 1.835584$$

$$2.835584y + x \geqslant 3 \qquad (R)$$

$$\begin{cases} x = 1.835768 \\ y = 0.410579 \\ OBJ = 3.888664 \end{cases}$$

$$\Delta x = 0.000184$$

$$\Delta OBJ = -0.00212$$

$$x_5 = 1.835768$$

$$2.835768y + x \geqslant 3 \qquad (R)$$

$$\begin{cases} x = 1.835781 \\ y = 0.410548 \\ OBJ = 3.888521 \end{cases}$$

$$\Delta x = 0.000013$$

$$\Delta OBJ = -0.000143$$

$$x_6 = 1.835781$$

$$2.835781y + x \geqslant 3 \qquad (R)$$

$$\begin{cases} x = 1.835782 \\ y = 0.410546 \\ OBJ = 3.8885110 \end{cases}$$

$$\Delta x = 0.000001$$

$$\Delta OBJ = -0.00001$$

$$x_7 = 1.835782$$

$$2.835782y + x \geqslant 3 \qquad (\text{R})$$

$$\begin{cases} x = 1.835782 \\ y = 0.410546 \\ OBJ = 3.888511 \end{cases}$$

$$\Delta x = 0$$

$$\Delta OBJ = 0$$

将递归变量递归过程(初值为 $x = 0$)列表,见表 1-8。

表 1-8 例递归过程表

i	0	1	2	3	4	5	6	7
x_i	0	1.333333	1.793103	1.832853	1.835584	1.835768	1.835781	1.835782
$x_i - x_{i-1}$		1.333333	0.45977	0.03975	0.002731	0.000184	0.000013	0.000001

从表 1-8 数据可看出,如果变量精度 $\varepsilon = 0.01$,递归 4 次就满足精度要求。递归收敛过程如图 1-7 所示。

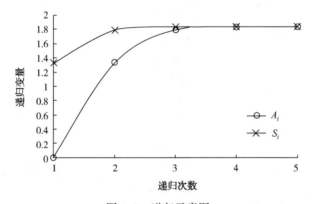

图 1-7 递归示意图

$A_1 \sim A_5$—第 1 次到第 5 次的设定值;$S_1 \sim S_5$—第 1 次到第 5 次的解结果

$R_i = A_i - S_i$ 称为第 I 次设定误差,当 $|R_i| < \varepsilon$ 时,即结束递归。

在例 4 递归过程中

$$A_1 = 0$$

$$A_2 = S_1 = 1.333333$$

$$A_3 = S_2 = 1.793103$$

$$A_4 = S_3 = 1.832853$$

$$A_5 = S_4 = 1.835584$$

$$S_5 = 1.835768$$

如变量计算误差 $\varepsilon = 0.001$,则

$R_5 = A_5 - S_5 = 0.000184$ 已小于 1‰, 即 $|R_5| < \varepsilon$, 可停止递归计算。

【例5】 将例 4 中目标改成求最大, 得到下列规划问题。

$$
\begin{cases}
\text{Max} & x + 5y \\
\text{ST} & 2.5x + y \leq 5 \\
& (x + 1)y + x \geq 3 \qquad (R) \\
& y \leq 4 \\
& x, \ y \geq 0
\end{cases}
$$

解：选初值

$$x_0 = 1$$

$$2y + x \geq 3 \qquad (R)$$

$$
\begin{cases}
x = 0.4 \\
y = 4.0 \\
OBJ = 20.4
\end{cases}
$$

$$x_1 = 0.4$$

$$1.4y + x \geq 3 \qquad (R)$$

$$
\begin{cases}
x = 0.4 \\
y = 4.0 \\
OBJ = 20.4
\end{cases}
$$

$$\Delta x = 0$$

$$\Delta OBJ = 0$$

递归计算已收敛。

改选初值

$$x_0 = 0$$

$$y + x \geq 3 \qquad (R)$$

$$
\begin{cases}
x = 0.4 \\
y = 4.0 \\
OBJ = 20.4
\end{cases}
$$

$$x_1 = 0.4$$

$$1.4y + x \geq 3 \qquad (R)$$

$$
\begin{cases}
x = 0.4 \\
y = 4.0 \\
OBJ = 20.4
\end{cases}
$$

$$\Delta x = 0$$

$$\Delta OBJ = 0$$

递归结果已收敛。

针对例 5 情形, 不同初值对解结果没有影响。

【例6】 修改例 4 中目标函数系数, 得如下数学规划问题。

$$\begin{cases} \text{Min} & x + y \\ \text{ST} & 2.5x + y \leqslant 5 \\ & x + (x+1)y \geqslant 3 \qquad \text{(R)} \\ & y \leqslant 4 \\ & x, \ y \geqslant 0 \end{cases}$$

解：从图 1-8 可以直接得知（用图解法），其最优解为

$$\begin{cases} x = 1 \\ y = 1 \\ OBJ = 2 \end{cases}$$

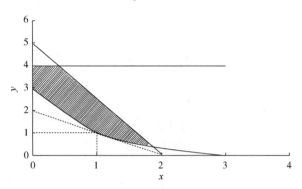

图 1-8　例 6 可行域

现在用直接递归法求解例 6。

设初值

$$x_0 = 1$$
$$x + 2y \geqslant 3 \qquad \text{(R)}$$

解为

$$\begin{cases} x = 0 \\ y = 1.5 \\ OBJ = 1.5 \end{cases}$$
$$\Delta x = -1$$
$$x_1 = 0$$
$$x + y \geqslant 3 \qquad \text{(R)}$$

解为

$$\begin{cases} x = 0 \\ y = 3 \\ OBJ = 3 \end{cases}$$
$$\Delta x = 0$$

因为 $\Delta x = 0$，上述解即为递归收敛解。从图解法已得到本例最优解为 $OBJ = 2$（$x = 1$，$y = 1$），递归收敛解称为此模型的局部最优解。从例 6 递归结果可以看出，用递归方法求解非线性规划问题，即使递归收敛，但不能保证其收敛解为原非线性规划问题的全局最优解。

【例 7】 将例 6 规划问题中非线性约束行的形式稍作修改, 得如下规划模型 (例 6 和例 7 在数学上是等价的)。

$$\begin{cases} \text{Min} & x + y \\ \text{ST} & 2.5x + y \leqslant 5 \\ & (y + 1)x + y \geqslant 3 \quad (\text{R}) \\ & y \leqslant 4 \\ & x, \ y \geqslant 0 \end{cases}$$

用直接递归法求解例 7。

设初值

$$y_0 = 1$$

(R) 约束为

$$2x + y \geqslant 3 \quad (\text{R})$$

解得

$$\begin{cases} x = 1.5 \\ y = 0 \\ OBJ = 1.5 \end{cases} \quad (1)$$

$$y_1 = 0$$

(R) 约束为

$$x + y \geqslant 3 \quad (\text{R})$$

解得

$$\begin{cases} x = 1.333333 \\ y = 1.666667 \\ OBJ = 3.0 \end{cases} \quad (2)$$

$$y_2 = 1.666667$$

(R) 约束为

$$2.666667x + y \geqslant 3 \quad (\text{R})$$

解得

$$\begin{cases} x = 1.125 \\ y = 0 \\ OBJ = 1.125 \end{cases} \quad (3)$$

这次又得到 $y = 0$ 的解, 如果将 $y = 0$ 代入 (R) 约束再进行递归计算, 又将重复上述步骤, 即递归过程发生振荡, 即解(1)→解(2)→解(3)→解(2)→解(3)……。

实际上, 递归过程中解(1)和解(3)均不满足非线性约束(R), 只有 2 满足非线性约束。此解与实际最优解。

$$\begin{cases} x = 1 \\ y = 1 \\ OBJ = 2 \end{cases}$$

相差甚远。

1.3.1.2　通用非线性递归法

上面介绍的直接递归法虽然方法简易，但稳定性较差，通用非线性递归法（GNLR –Generalized Non–Linear Recursion）能改进稳定性。该方法简称通用递归法，是用初始点的一阶泰勒展开式近似非线性函数，把非线性规划问题化为线性规划问题求解。对非线性规划模型中的非线性项：

$$f(x) = x \cdot g(x) \tag{1-30}$$

只要 $g(x)$ 一阶可求导，求导得导函数

$$f'(x) = g(x) + x \cdot g'(x) \tag{1-31}$$

将 $f(x)$ 用 $x = x_0$ 处的一阶泰勒展开式代替得

$$f(x) = f(x_0) + (x - x_0) \cdot f'(x_0) = x_0 \cdot g(x_0) + (x - x_0) \cdot [g(x_0) + x_0 \cdot g'(x_0)]$$

整理后得

$$f(x) = x \cdot [g(x_0) + x_0 \cdot g'(x_0)] - x_0^2 \cdot g'(x_0) \tag{1-32}$$

如果将式（1-32）中 x_0 变到 x，式（1-32）即还原到式（1-30）。

显然，式（1-32）为式（1-30）的一次近似，只要将

$$g(x_0) + x_0 \cdot g'(x_0)$$

作为 $f(x)$ 所在约束中变量 x 的系数，并将

$$x_0^2 \cdot g'(x_0)$$

加到上述约束的右端项中，就完成了非线性约束的线性化。因为 $g(x)$ 是任何一阶可求导的非线性函数，所以上述方法称为通用非线性递归法。

下面例举通用非线性递归法求解的例子。

【例8】

$$\begin{cases} \text{Min} & x + y \\ \text{ST} & y - x \leqslant 1 \\ & y - x^3 + 6x^2 - 12x \geqslant -7 \\ & x, \ y \geqslant 0 \end{cases} \tag{R}$$

如果将（R）约束写成

$$y + (-x^2 + 6x - 12)x \geqslant -7$$

其中

$$f(x) = g(x) \cdot x$$
$$g(x) = -x^2 + 6x - 12$$
$$g'(x) = -2x + 6$$

将 $g(x)$ 在 $x_0 = 3.5$ 处用一阶泰勒展开式近似，因为

$$g(x_0) = -3.25$$
$$g'(x_0) = -1$$

则

$$f(x) = x \cdot g(x) = x \cdot [g(x_0) + x_0 \cdot g'(x_0)] - x_0^2 \cdot g'(x_0) = -6.75x + 12.25$$

（R）约束行变成

$$y - 6.75x \geqslant -19.25 \tag{R_0}$$

解得

$$\begin{cases} x_1 = 3.5217 \\ y_1 = 4.5217 \\ OBJ_1 = 8.0434 \end{cases}$$

将 $x_1 = 3.5217$ 代入 $g(x)$、$g'(x)$ 得 $f(x)$

$$g(x_1) = -3.2722$$
$$g'(x_1) = -1.0435$$
$$f(x) = -6.9471x + 12.9417$$

（R）约束行为

$$y - 6.9471x \geqslant -19.9419 \qquad (R_1)$$

解得

$$\begin{cases} x_2 = 3.5214 \\ y_2 = 4.5214 \\ OBJ_2 = 8.0428 \end{cases}$$

将 $x_2 = 3.5214$ 代入 $g(x)$，$g'(x)$ 得 $f(x)$

$$g(x_2) = -3.2719$$
$$g'(x_2) = -1.0428$$
$$f(x) = -6.9438x + 12.9303$$

（R）约束行为

$$y - 6.9438x \geqslant -19.9303 \qquad (R_2)$$

解得

$$\begin{cases} x_3 = 3.5214 \\ y_3 = 4.5214 \\ OBJ_3 = 8.0428 \end{cases}$$

递归结果已收敛。

当取 $x_0 = 10$ 时，其递归结果如表 1-9 所示。

表 1-9 x 初值为 10 时例 8 递归结果

递归次数	0	1	2	3	4	5	6	7	8
x 优解值	10	7.3717	5.6464	4.5449	3.8972	3.5982	3.5255	3.5214	3.5214

取 $x_0 = 0$ 时，其递归结果如表 1-10 所示。

表 1-10 x 初值为 0 时例 8 递归结果

递归次数	0	1	2	3
x 优解值	0	0.7273	1.4499	无界解

当 x 初值取为 0 时，递归过程不收敛。

1.3.1.3 序贯线性规划法

本节介绍的序贯线性规划法（Successive Linear Programming，SLP）也称为线性逼近递归法，是通用非线性递归法的另一种形式。这种方法不必将非线性项写成变量和函数乘积，将

26

非线性函数在初始点的一阶泰勒展开式作为非线性函数的一次近似，求解线性化的线性规划模型，将线性规划问题最优解作为非线性规划问题的新的起始点，将非线性函数在新起始点的一阶泰勒展开式作为非线性函数新的一次近似，继续求解近似线性规划，将新的优解与上一次优解比较，判断是否收敛，如果不收敛，继续上面步骤。

下面举例说明 SLP 递归法。

将例 8 中的（R）约束改写成

$$y + f(x) \geq -7$$

其中

$$f(x) = -x^3 + 6x^2 - 12x$$

取 $f(x)$ 在 $x = x_0$ 的一阶泰勒展开式得

$$y + f'(x_0)x \geq -f(x_0) + x_0 f'(x_0) - 7 \quad （RA）$$

其中

$$f'(x) = -3x^2 + 12x - 12$$

取初值

$$x_0 = 3.5$$

将 $f(x_0)$ 和 $f'(x_0)$ 代入（RA），即得（R）在 $x = 3.5$ 的一次近似：

$$y - 6.75x \geq -19.25$$

此一次近似式与上节中例 8 所得（R_0）完全一样，解结果同样为

$$\begin{cases} x_1 = 3.5217 \\ y_1 = 4.5217 \\ OBJ_1 = 8.0434 \end{cases}$$

以此类推，变量 x 的迭代结果如表 1-11 所示。

表 1-11 $x_0 = 3.5$ 时例 8 序贯线性规划递归结果

递归次数	0	1	2	3
x 优解值	3.5	3.5217	3.5214	3.5214

如果选初值 $x_0 = 10$，可得如下递归结果，如表 1-12 所示。

表 1-12 $x_0 = 10$ 时例 8 序贯线性规划递归结果

递归次数	0	1	2	3	4	5	6	7	8
x 优解值	10	7.3717	5.6464	4.5449	3.8972	3.5982	3.5255	3.5214	3.5214

如果选初值 $x_0 = 0$，可得如表 1-13 所示的递归结果

表 1-13 $x_0 = 0$ 时例 8 序贯线性规划递归结果

递归次数	0	1	2	3
x 优解值	0	0.7273	1.4499	无界解

当 x 初值取 0 时，递归过程不收敛。

现在用直接递归法求解例 8。

将(R)约束改写成

$$y + (-x^2 + 6x - 12)x \geqslant -7 \qquad (R)$$

令初值

$$x_0 = 3.5$$

(R)约束变成

$$y - 3.25x \geqslant -7 \qquad (R_0)$$

解

$$\begin{cases} y = x + 1 \\ y - 3.25x = -7 \end{cases}$$

即可得第一次递归优解

$$\begin{cases} x_1 = 3.5556 \\ y_1 = 4.5556 \\ OBJ_1 = 8.112 \end{cases}$$

将 $x_1 = 3.5556$ 代入(R)得(R_1)

$$y - 3.3087x \geqslant -7 \qquad (R_1)$$

同理可得第二次递归优解

$$\begin{cases} x_2 = 3.4652 \\ y_2 = 4.4652 \\ OBJ_2 = 7.9304 \end{cases}$$

将递归过程列表如表1-14所示。

表1-14　直接递归法求解例8结果

递归次数	0	1	2	3	4	5	6	7
x 优解值	3.5	3.5556	3.4652	3.6094	3.3736	3.7390	3.1420	3.9601
递归次数	8	9	10	11	12	13	14	15	16
x 优解值	2.7381	3.8673	2.9067	3.9827	2.6976	3.8251	2.9842	3.9995	2.6676

从表1-14所列数据可以看出，即使用较好的初值 $x_0 = 3.5$ ，直接递归法也不能收敛到精确值。

上面已用序贯线性规划递归法、通用递归法成功求解例8的规划模型，下面用图解和代数解法求例8的答案，证明用线性逼近法及通用递归法求得的优解为例8的全局最优解。

将(R)改写成

$$y - (x - 2)^3 \geqslant 1$$

如图1-9所示，图解法可得近似解

$$x = 3.5$$

其最优解位于直线 $y = x + 1$ 和曲线 $y = (x-2)^3 + 1$ 的交点上，将 $y = x + 1$ 代入曲线方程得

$$x^3 - 6x^2 + 11x - 8 = 0$$

欲求得更精确解，必须解此三次方程。

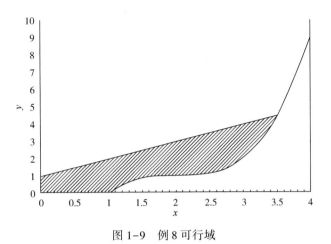

图 1-9　例 8 可行域

由牛顿迭代法得例 8 优解为

$$\begin{cases} x = 3.52138 \\ y = 4.52138 \\ OBJ = 8.04276 \end{cases}$$

迭代过程如表 1-15 所示，其中

$$f(x) = x^3 - 6x^2 + 11x - 8$$

表 1-15　例 8 迭代过程

x_0	3.5	3.521739	3.52138
$f(x_0)$	-0.125	0.002136	1.74×10^{-6}
$f'(x_0)$	5.75	5.947069	5.943791
$x_0 - f(x_0)/f'(x_0)$	3.521739	3.52138	3.52138

1.3.1.4　带可变步长约束的线性逼近递归法[4,5]

线性逼近递归法是将非线性函数在初始可行点和递归点用线性近似来代替，由于线性近似通常只在近似点的附近才有效，如果对递归过程限制步长可进一步保证递归过程的稳定性，避免在递归过程中将 LP 求解过程引向不可行解或无界解。其方法是在近似线性规划模型中增加限制步长的约束条件：

$$\delta_i^{(k)} - |x_i - x_i^{(k)}| \geqslant 0 \qquad (i = 1, 2, \cdots, n)$$

即可求得下一个近似点 $x^{(k+1)}$。如果这一点还是可行的，就在 $x^{(k+1)}$ 作新的线性展开，而且，可取用以前的步长限制 δ_i；如果这一点不可行，就缩小 δ_i 的值，重解原来的线性规划。如此继续，一直到收敛为止。工程中称这种方法为"移动限制"（Move Limit），简称 MAP 方法。

【例 9】

$$\begin{cases} \text{Min} & -2x - y \\ \text{ST} & g_1(x, y) = 25 - x^2 - y^2 \geqslant 0 \\ & g_2(x, y) = 7 - x^2 + y^2 \geqslant 0 \\ & 0 \leqslant x \leqslant 5, \ 0 \leqslant y \leqslant 10 \end{cases}$$

解：设初始点

$$x_0 = 1$$
$$y_0 = 2$$

约束方程在(x_0, y_0)的一次近似为

$$g_1(x, y) \approx 30 - 2x - 4y$$
$$g_2(x, y) \approx 4 - 2x + 4y$$

在初始点将非线性规划问题线性化，得如下对应的线性规划问题

$$\begin{cases} \text{Min} & -2x - y \\ \text{ST} & -2x - 4y \geqslant -30 \\ & -2x + 4y \geqslant -4 \\ & 0 \leqslant x \leqslant 5 \\ & 0 \leqslant y \leqslant 10 \end{cases}$$

第一次近似解为

$$OBJ = -15$$
$$x_1 = 5$$
$$y_1 = 5$$

代入非线性约束

$$g_1(x_1, y_1) = -25$$
$$g_2(x_1, y_1) = 7$$

将(x_1, y_1)代入第一个约束方程不满足，此点不可行，取步长

$$\delta_1^{(0)} = 2$$
$$\delta_2^{(0)} = 2$$

转向求解如下带步长约束的近似线性规划问题

$$\begin{cases} \text{Min} & -2x - y \\ \text{ST} & -2x - 4y \geqslant -30 \\ & -2x + 4y \geqslant -4 \\ & 0 \leqslant x \leqslant 3 \\ & 0 \leqslant y \leqslant 4 \end{cases}$$

第一次近似解变为

$$OBJ = -10$$
$$x_1 = 3$$
$$y_1 = 4$$

将新的第一次近似解代入非线性约束

$$g_1(x_1, y_1) = 0$$
$$g_2(x_1, y_1) = 14$$

新的解$(x_1, y_1) = (3, 4)$为原非线性规划问题可行解，由可行的第一次近似解出发，作第二次线性近似，求解如下近似线性规划问题

$$\begin{cases} \text{Min} & -2x - y \\ \text{ST} & -6x - 8y \geqslant -50 \\ & -6x + 8y \geqslant 0 \\ & 0 \leqslant x \leqslant 5 \\ & 0 \leqslant y \leqslant 10 \end{cases}$$

得到第二次近似解

$$OBJ = -11.45833$$
$$x_2 = 4.6667$$
$$y_2 = 3.125$$

将第二次近似解代入非线性约束

$$g_1(x_2, y_2) = -2.1270$$
$$g_2(x_2, y_2) = -0.5958$$

即第二次近似解 $(x_2, y_2) = (4.6667, 3.125)$ 为原非线性规划问题的不可行解，必须加入步长约束后再求解。由于从第一个可行近似解 $(x_1, y_1) = (3, 4)$ 向第二次不可行近似解 $(x_2, y_2) = (4.6667, 3.125)$ 改变时，x_1 增加，而 y_1 减少，因此求第二次近似时 x_1 的步长为正，y_1 的步长为负。在递归过程中，步长的绝对值一般逐渐缩小，例如第二次近似时可取步长

$$\delta_1^{(1)} = 1$$
$$\delta_2^{(1)} = 1$$

带步长约束的第二次近似线性规划问题为

$$\begin{cases} \text{Min} & -2x - y \\ \text{ST} & -6x - 8y \geqslant -50 \\ & -6x + 8y \geqslant 0 \\ & 0 \leqslant x \leqslant 4 \\ & 0 \leqslant y \leqslant 3 \end{cases}$$

得到新的第二次近似解

$$OBJ = -11$$
$$x_2 = 4$$
$$y_2 = 3$$

将新的第二次近似解代入原非线性约束

$$g_1(x_2, y_2) = 0$$
$$g_2(x_2, y_2) = 0$$

经验证，第二次近似解满足约束方程，因此

$$x_2 = 4$$
$$y_2 = 3$$

为原非线性规划问题的近似最优解，经 excel 中 Solver(具体参阅文献[12])等非线性规划软件验证，此近似最优解即为原非线性规划问题的精确最优解。

31

读者可以验证，用同样的初始$(x_0, y_0) = (1, 2)$，用 SLP 方法可得到同样的结果，其递归过程为

$$(x_0, y_0) = (1, 2)$$
$$(x_1, y_1) = (5, 5)$$
$$(x_2, y_2) = (4.1, 3.4)$$
$$(x_3, y_3) = (4.00122, 3.02353)$$
$$(x_4, y_4) = (4, 3)$$

如果以$(x_0, y_0) = (1, 2)$为初值直接递归法求解，本例不收敛。

从求解例 9 的过程可以看出，用 MAP 方法时必须考虑变量变化界 δ_i 的选取，如果 δ_i 取得太小，算法收敛得很慢，如果 δ_i 取得太大，就会得到不可行解或无界解，从而要减小 δ_i 重作，增加计算时间，最好是选取较好的初值点，可取较小 δ_i。

GNLR、SLP 和 MAP 方法可用于求解一般线性规划问题，每次迭代都要将所有非线性函数线性化，因此比较适合于求解变量和约束比较多，但只有少数约束是非线性的规划问题，炼油化工生产计划数学模型往往属于这类问题。虽然不能保证这几种方法的收敛性，但在实际应用中通常是收敛的。还应指出的是，本书没有例举在目标函数中带有非线性项的例子，但上述三种方法同样适用，具体做法也是将非线性函数线性化。

1.3.1.5 非标准递归型非线性项的处理

有些非线性约束中的非线性项没有写成直接可递归形式，例如约束条件

$$y + f(x) \leqslant 1 \tag{1-33}$$

中的非线性项 $f(x)$ 不能直接用变量和另一个函数相乘的形式［即不能写成 $g(x) \cdot x$ 形式］，因此不能用直接递归法进行递归优化。如果此非线性项是在变量可行域内一阶连续可微分，则可用其一阶泰勒展开式近似该非线性项，用 SLP 方法进行递归优化，如果不能得到上述非线性项的一阶导函数，则不能用 SLP 方法递归求解，此时可做函数变换，将非线性约束变为可直接递归形式，例如可将式(1-33)写成

$$y + h(x) \cdot x \leqslant 1 \tag{1-34}$$

其中

$$h(x) = f(x)/x$$

显然，当 $x \neq 0$ 时，式(1-33)和式(1-34)是等价的。而式(1-34)已转换成直接可递归形式。

【例 10】 用递归法求解下列非线性规划问题

$$\begin{cases} \text{Max} & x + y \\ \text{ST} & y - x \geqslant -2 \\ & y - \ln(x + 1) \leqslant 1 \\ & x, y \geqslant 0 \end{cases} \tag{R}$$

首先用 SLP 方法求解。将 $\ln(x+1)$ 在 $x = x_0$ 处一阶泰勒展开，则例 10 的非线性约束

$$y - \ln(x + 1) \leqslant 1$$

可改写为

$$y - f'(x_0) \cdot x \leqslant 1 + f(x_0) - x_0 \cdot f'(x_0)$$

其中

$$f(x) = \ln(x + 1)$$
$$f'(x) = 1/(x + 1)$$

例如选 $x = 3$ 为初值，即可得如表 1-16 所示递归结果。

表 1-16　例 10 线性逼近递归结果

i	0	1	2	3	4
x_i	3	4.848392	4.749207	4.749031	4.749031
$f'(x_i)$	0.25	0.170987	0.173937	0.173942	0.173942
RHS	1.636294	1.937154	1.922999	1.922974	1.922974

如果将上述约束改写成

$$y - \ln(x + 1)/x \cdot x \le 1$$

即

$$y + h(x) \cdot x \le 1$$

其中，

$$h(x) = -\ln(x + 1)/x$$

这样，例 10 可用直接递归法求解，结果如表 1-17 所示。

表 1-17　例 10 直接递归结果

i	0	1	2	3	4	5	6	7	8
x_i	3	5.5772	4.5297	4.8193	4.7274	4.7559	4.7469	4.7498	4.7491
$f'(x_i)$	0.4621	0.3377	0.3775	0.3654	0.3692	0.3680	0.3684	0.3683	0.3683
RHS	9.1545	7.0593	7.6386	7.4548	7.5117	7.4937	7.4999	7.4982	7.4982

从表 1-17 可得例 10 用直接递归法所得优解

$$\begin{cases} x = 4.7491 \\ y = 2.7491 \\ OBJ = 7.4982 \end{cases}$$

最后，用通用非线性递归法解例 10。将 (R) 约束写成

$$y + [-\ln(x + 1)/x] \cdot x \le 1$$

其中，

$$f(x) = -[\ln(x + 1)/x]$$
$$f'(x) = -\{[x/(x + 1)] - \ln(x + 1)\}/x^2$$

在点 $x = x_0$ 处的一阶泰勒展开式为

$$y + [f(x_0) + x_0 \cdot f'(x_0)]x \le 1 + x_0 \cdot x_0 \cdot f'(x_0)$$

或

$$y + cx \le RHS$$

用通用非线性递归法可求得例 10 的优解。递归过程如表 1-18 所示。

表 1-18　例 10 通用非线性递归结果

I	0	1	2	3	4
x_i	3	4.848392	4.749207	4.749031	4.749031
$f(x_i)$	-0.4621	-0.36428	-0.36829	-0.36829	-0.36829
$f'(x_i)$	0.070699	0.039867	0.040922	0.040924	0.040924
C	-0.25	-0.17099	-0.17394	-0.17394	-0.17394
RHS	1.636294	1.937154	1.922999	1.922974	1.922974

这里用直接递归法、线性逼近递归法和通用递归法分别对例 10 进行求解，均得到优解。

从上面列举非线性规划的几个例子可以看出，在求解非线性规划问题时，即便是针对同一个问题，由于采用的初值不同或求解方法不同，也可能产生不同的结果，例如有的能得到最优解，有的只能得到局部优解，有的甚至会不收敛。

1.4　MINLP 模型求解

前面已经介绍了在求解 MILP 模型时，可能发生求解时间组合爆炸问题，在求解 NLP 模型时发生不收敛或收敛到局部最优解问题，在求解 MINLP 模型时，发生上述问题可能性更大，求解规模较大的 MINLP 模型是数学规划中一个难题。针对不同类型 MINLP 问题，一般需要分别研发一种比较适用的方法，目前，Grossmann 等的外逼近方法 OA（outer-approximation）[6]和外逼近/交互松弛（OA/ER-outer-approximation/equality-relaxation）方法在许多炼油和石油化工生产经营的 MINLP 模型中得到比较广泛的使用。下面介绍一种在炼油化工生产计划模型中普遍使用的求解 MINLP 模型的方法。

无论求解 MILP 模型的分支定界法还是求解 NLP 模型的 SLP 方法和分布递归方法（参阅实例 5），都需要多次调用 LP 求解器，使 MILP 模型中的整型变量满足整数要求，使 NLP 模型递归过程收敛。为了使 MINLP 模型同时满足上述两个条件，可以采用交互松弛求解方法。该方法的主要步骤为：

步骤 1：求解 NLP 模型（例如使用分布递归方法），把 MINLP 模型中的所有整型变量 Z_i 视为相应上下限范围内的连续变量，例如将原始 MINLP 模型中的所有 0-1 整型变量 Z_i 设定为满足该变量上下限约束条件 "$0 \leqslant Z_i \leqslant 1$" 的连续变量，即松弛（relaxation）MIP，使原始 MINLP 模型变成 "NLP 模型"，用分布递归方法求解，如果递归过程在递归次数 $C \leqslant M$ 时收敛，或递归次数 $C = M$ 时没有收敛，均结束非线性递归，执行步骤 2（其中 C 为步骤 1 非线性递归累计次数，M 为用户设定的步骤 1 最大递归次数，例如可以设定 $M=10$）。

步骤 2：求解 MILP 模型，使用步骤 1 递归结束时的 MPS 数据，即固定 NLP 递归过程中修改的非线性递归参数，以便实现 NLP 松弛，并且恢复原始 MINLP 模型中的所有 0-1 整型变量定义，即得到一个 "MILP 模型"，可以按 MILP 模型进行求解，如果得到 MILP 可行解，执行步骤 3；否则结束求解：求解结果为整数不可行解（Ω_2）。

步骤 3：NLP（分布递归）求解：将步骤 2 得到的整数变量解值作为这些整型变量固定值，非线性递归系数初值使用步骤 2 的 MPS 中数据，如果不收敛，最终结果为不收敛（Ω_3）；如果递归收敛，得到 MINLP 优解（Ω_4）。

　　显然，使用这种交互松弛求解 MINLP 模型的方法不保证收敛，也不保证收敛到全局最优解。但由于 MSRP 模型中的整型变量和非线性递归变量很少有直接关联，在实际使用中往往能得到 MINLP 最优解。

　　如果 $C<M$ 时不收敛，修改模型或递归初值等重新计算(Ω_1)。其中 M 为用户设定的递归次数上限，例如设定为 $M=10$。

　　上述求解过程有 4 个出口：

　　(1) 出口 1(Ω_1-"整数不可行")：步骤 2 时出现整数不可行解。表示步骤 2 求解 MILP 时发生整数不可行解，但造成整型不可行的原因并不一定是整型变量造成，因为从步骤 1 接收的 MILP 模型很可能是不收敛的中间结果，即使是收敛的中间结果，步骤 1 是在松弛所有 0-1 整型变量时得到的非线性"收敛解"。

　　(2) 出口 2(Ω_2-"非线性递归不收敛")：步骤 3 在非线性递归时出现非线性递归不收敛。表示在步骤 3 求解 NLP 时发生不收敛，但不收敛的原因也不一定是非线性约束造成的，因为步骤 3 接收的 NILP 模型是利用步骤 2 得到的 MILP 模型的中间结果。

　　(3) 出口 3(Ω_3-"不可行解")：在执行任何步骤时都有可能发生不可行解，由于上述原因，不一定是模型中存在不可行约束方程。

　　(4) 出口 4(Ω_4-"最优解")：步骤 3 时得到 MINLP"最优解"。这个解既满足所有 0-1 整型变量的条件，非线性约束也全部收敛，虽然不保证是最优解，但一定是原始 MINLP 的一个可行解，一般情况下，MINLP 调度模型的可行解可以使用，也可以尝试寻找目标函数更好的"最优解"。

　　显然，上述分步求解 MINLP 模型不保证收敛(即 MINLP 模型实际上存在优解，但求解过程不能获得这个优解)，出口 4 得到的 MINLP 模型"最优解"也不保证是全局最优解。但由于炼油生产计划模型中的整型变量和非线性递归变量很少有直接关联，因此这种方法用于计划模型时在收敛性和得到 MINLP 最优解方面有可能取得较好效果。对于炼油调度模型，调度人员对于 MINLP 调度模型的主要关注点是得到一个可行解，不一定寻求模型的全局最优解。

　　在使用上述方法时，当出现不可行、整型不可行、不收敛时，修改参数 M，有可能得到意想不到的结果，使 MINLP 模型得到"最优解"。

　　当修改参数 M 也不能得到 MINLP"最优解"时，只能使用本书第 7 章实例 31 讨论的修改非线性递归初值、修改判断整型变量的误差精度或递归收敛精度等方法进行尝试，修改模型数据乃至模型结构或者寻找发生不可行或不收敛的原因。

　　【例 11】　第 2 章实例 5 是讨论有汇流(pooling)结构的汽油非线性调合例子(问题和数据参阅 2.5.1 实例 5)，介绍分布递归建模和求解方法。如果对实例 5 中两种调合产品量增加批量要求，例如由于调合产品储罐容量或者运输设备装载容量需要，调合汽油 P1、P2 的调合量必须是 5 的整数倍，即两种调合汽油量必须是 0、5、10、15、20、…、75。例 11(增加批量要求的实例 5)模型将是混合整数非线性规划(MINLP)模型，其行模型为：

E001：X1-X1P1-X1P2=0

E002：X2+X3-X23P1-X23P2=0

E003：X4-X4P1-X2P2=0

E004：P1-X1P1-X4P1-X23P1=0

E005：P2−X1P2−X4P2−X23P2＝0

E006：X2+X3−X23＝0

E007：68X2+78X3−RON23×X23−ERR＝0

G008：−70P1+45X1P1+98X4P1+RON23×X23P1+β1×ERR≥0

G009：−85P2+45X1P2+98X4P2+RON23×X23P2+β2×ERR≥0

L010：X1≤10

L011：X2≤30

L012：X3≤70

L013：X4≤20

Max   OBJ＝2000P1+2200P2−1500X1−1600X2−2000X3−2300X4＝0

E101：−P1B+1×IP11+2×IP12+4×IP13+8×IP14＝0

E102：−P2B+1×IP21+2×IP22+4×IP23+8×IP24＝0

E103：−5×P1B+P1＝0

E104：−5×P2B+P2＝0

其中

P1B—调合产品 P1 的批量，取值 0、5、10、…、75；

P2B—调合产品 P2 的批量，取值 0、5、10、…、75；

IP11、IP12、…、IP24—8 个 0-1 整型变量；

其他变量说明参阅实例 5。

上述行模型的前面 14 行为原来实例 5 的非线性 NLP 模型（E001、E002、……、Max OBJ），后面 4 行（E101、E102、E103、E104）为线性混合整数规划 MILP 模型，18 行作为整体模型为非线性混合整数规划 MINLP 模型。变量 IP11、IP12、IP13、IP14 和 IP21、IP22、IP23、IP24 为 8 个 0-1 整型变量，而 ERR 为可以取负值的自由连续变量，其他变量为非负的连续变量。

根据上述讨论，MINLP 模型（18 行模型）可以用交替松弛方法分 3 个步骤求解。

步骤 1： 松弛 MIP-设定 8 个 0-1 整型变量为连续变量，即 18 行模型为 NLP 模型，可以用分布递归方法求解，其中增加 8 个连续变量约束：

0≤IP11、IP12、IP13、IP14、IP21、IP22、IP23、IP24≤1

递归 4 次后收敛（递归方法参阅实例 5 的 ROWS 表方法）。

步骤 2： 松弛 NLP-视步骤 1 最后一次递归的"LP"模型为 18 行 MILP 模型，即定义变量 IP11、IP12、IP13、IP14、IP21、IP22、IP23、IP24 为 0-1 整型变量，撤消步骤 1 中

0≤IP11、IP12、IP13、IP14、IP21、IP22、IP23、IP24≤1

约束，MILP 模型得到可行解，整型变量解值为（1，1，1，1，1，0，0，1），执行步骤 3。

步骤 3： 松弛 MIP-以步骤 2 得到的整型变量可行解为固定值，在步骤 2 结束时的 MILP 模型为 NLP 初始模型，激活 NLP 递归结构，进行 NLP 分布递归计算，递归 1 次后收敛，即得到"最优解"，结束计算。

上述 MINLP 模型计算过程如表 1-19 所示。其中，步骤 1 分布递归 4 次收敛；步骤 2 得到 MILP 可行解；步骤 3 令 IP11＝1，IP12＝1，IP13＝1，IP14＝1，IP21＝1，IP22＝0，IP23＝0，IP24＝1，在步骤 2 结束时的模型基础上，对 NLP 模型进行分布递归计算，递归 1 次后收敛，整个求解过程结束，得到"最优解"。

表1-19　例11求解过程

项目	初始	第1次 NLP	第2次 NLP	第3次 NLP	第4次 NLP	第5次 MILP	第6次 NLP
OBJ		20737	20029	20035	20035	20022	20022
X2		30.00	30.00	30.00	30.00	30.00	30.00
X3		63.68	60.14	60.18	60.18	60.07	60.07
RON	73	74.80	74.67	74.67	74.67	74.67	74.67
X23P1		65.00	65.00	65.00	65.00	65.00	65.00
X23P2		28.68	25.14	25.18	25.18	25.07	25.07
β1	0.5	0.69	0.72	0.72	0.72	0.72	0.72
β2	0.5	0.31	0.28	0.28	0.28	0.28	0.28
ERR		168.42	-11.34	0.11	0.00	-0.34	0.00
IP11		1.00	1.00	1.00	1.00	1.00	1.00
IP12		1.00	1.00	1.00	1.00	1.00	1.00
IP13		1.00	1.00	1.00	1.00	1.00	1.00
IP14		1.00	1.00	1.00	1.00	1.00	1.00
IP21		0.00	0.00	0.00	0.00	0.00	0.00
IP22		0.87	0.00	0.00	0.00	0.00	0.00
IP23		0.00	0.26	0.26	0.26	0.00	0.00
IP24		1.00	1.00	1.00	1.00	1.00	1.00

值得注意的是，如果在步骤1设置最大递归次数 M，例如 $M=2$，则在第2次递归后NLP模型递归未收敛（ERR＝-11.34），直接转入步骤2，也能得到相同的最优解。用户也可以使用炼油计划优化系统进行求解（具备求解MINLP功能，例如PIMS），也能得到相同的结果。

解结果如表1-20所示。从表1-20可以看出，P1、P2调合量为批量，经过验证，P1、P2的物性RON递归结果也是正确的。

表1-20　例11解结果

项目	组分量	X23	P1	P2	组分RON
X1	10		10	0	45
X2	30				68
X3	60.07				78
X4	19.93		0	19.93	98
X23		90.07	65	25.07	74.67
调合产品量			75	45	
产品RON			70.71	85.00	

★ 1.5　炼油生产经营优化模型的构建和生成

用数学规划优化生产经营的关键要解决3个问题，即生产经营优化模型的构建、模型自动生成和模型的求解。

模型构建(Model Building)是用数学规划解决实际问题的第一步，就是把所要解决的实际问题进行数学描述，需要熟悉生产经营和了解数学规划知识者来完成。H. P Williams 所著 Model building in mathematcal programming[7]专门介绍不同行业数学规划模型的构建方法，其中包括食品生产、工厂计划、炼油计划、奶牛场计划、电站运行、产品分配、仓库选址、农业定价等不同行业共 20 个生产经营实例模型的构建和优化的例子，对每个应用实例分别从问题描述、模型构建、优解结果分析 3 个部分进行讨论，其中有 LP 模型、MILP 模型和 NLP 模型，该书曾经多次再版，许多构模思路和方法对从事数学规划应用工作者有参考价值，感兴趣的读者不妨阅读这本著作。

模型生成(Modeling)是将已经构建的数学规划模型生成能够被数学规划求解器所接受的 MPS(F)标准数据格式(Mathematical Programming System Fomat，简称 MPS 格式)和行模型(用于模型的阅读和检查)。

模型生成有两种方法，第一种是通用模型生成方法，本书定义为 MSGA(Modeling System for General Algebraic)方法。这种方法的优点是通用性，即可以将各种不同应用领域的数学规划模型(已经用代数式进行描述)转换成 MPS 格式数据。例如 GAMS(General Algebraic Modeling System)、Xpress-Mosel、OPL(Modeling with Optimization Programming Language)均属于 MSGA 模型生成系统，可以将各种代数方程转换成 MPS 数据和行模型，其中 Mosel、OPL 为专用编程语句，分别作为 Xpress、Cplex 数学规划解题器的模型生成工具。另外 AIMMS(Advanced Integrated Multidimensional Modeling Software[8])也是一种通用模型生成软件工具。

第二种是专用模型生成方法，本书定义为 MSRP(Modeling System for Refinery Planning)方法，其特点是针对具体应用领域(例如炼油化工计划领域)开发的专用模型生成系统，模型数据用 EXCEL 的数据表(TABLE 表)或数据库给出，不同类型的数据表隐含模型结构，由模型生成程序将 TABLE 表提供的隐含模型结构的数据和信息生成 MPS 标准格式数据和行模型。

炼油和石油化工计划模型生成一般采用第二种模型生成方法。用户只需按照 EXCEL 的 TABLE 表(或数据库)的填写规则，不需要写出具体的数学规划模型代数式。例如，1989 年我国自主开发并在我国所有炼厂使用的"炼油生产计划辅助决策系统"(SPAS-SINOPEC Planning Auxiliary System)以及 1998 年开发的的"炼油计划非线性递归优化系统"(NROS，Nolinear Recursion Optimization System for Refinery Planning)，国外商品化软件如"炼油和石油化工模型生成系统"(RPMS，Refinary and Petrochemical Modeling System)、"流程工业模型生成系统"(PIMS，Process Industry Modeling System)都使用专用模型生成方法。

在炼油生成经营计划优化中，上述两种模型生成方法各有用处。例如，通用模型生成方法 MSGA 适用于炼油调度模型的生成，而炼油计划模型生成普遍使用 MSRP 模型生成系统。为了使读者了解两种模型生成系统的基本原理和主要区别，在 1.5.1 中将以油品调合模型生成为例，介绍两种方法的主要特点。

模型求解(Model Solving)是用数学规划求解器求解已经转换为 MPS 格式数据的 LP、MILP、NLP、MINLP 模型，例如 CPLEX、XPRESS、LINDO 等都是比较成熟的商品化数学规划求解器。

1.5.1 调合计划问题模型构建

有 I 种组分 X_i 调合成 J 种产品 Y_j，有 K 种物性，已知组分 X_i 的物性 k 为 Q_{ik}，每种调合产品物性都必须满足物性规格要求 P_{jk}，物性调合均满足重量线性加和条件，其模型和数据为：

$$\text{Max } OBJ = \sum_i (-C_i \times X_i) + \sum_j (P_j \times Y_j) \tag{1-35}$$

$$X_i = \sum_j (B_{ij}) \qquad i = 1, 2, \cdots, I \tag{1-36}$$

$$Y_j = \sum_i (B_{ij}) \qquad j = 1, 2, \cdots, J \tag{1-37}$$

$$\sum_i (Q_{ik} \times B_{ij} \leq P_j \times Y_j \qquad j = 1, 2, \cdots, J, \ k = 1, 2, \cdots K \tag{1-38}$$

$$LX_i \leq X_i \leq UX_i \qquad i = 1, 2, \cdots, I \tag{1-39}$$

$$LY_j \leq Y_j \leq UY_j \qquad j = 1, 2, \cdots, J \tag{1-40}$$

式中　i、j、k——分别为组分、产品、物性下标；

　I、J、K——分别为组分、产品、物性下标集合；

　　　X_i——组分 i 总调合量(变量)；

　　　Y_j——产品 j 调合量(变量)；

　　　B_{ij}——组分 i 到产品 j 的调合量(变量)；

　　　Q_{ik}——组分 i 的物性 k(常数)；

　　　P_{jk}——产品 j 物性 k 的控制规格(常数)；

LX_i、UX_i——组分 i 可供使用的下限和上限(常数)；

LY_j、UY_j——产品 j 调合量的下限和上限(常数)；

　　　C_i——组分 i 单位成本价格(常数)；

　　　P_j——产品 j 单位销售价格(常数)。

1.5.2　汽油调合计划模型实例数据

以第 2 章实例 1 汽油调合为例，有 6 种汽油调合组分调合成 3 种牌号的车用汽油，控制硫含量 SUL 等 6 个物性。下面以上述调合计划模型为例，使用表 1-21～表 1-26 数据，表中数据物料单位为万吨，经济数据单位为万元。

其中：

表 1-21 调合方式表——3 种汽油 G90、G93、G97 均按物性规格进行调合；

表 1-22 原料购买表——6 种组分 CM1、…、CM6 可供调合的限量和成本单价；

表 1-23 销售表——3 种汽油 G90、G93、G97 的限量和销售价；

表 1-24 调合配置表——每种组分和每种汽油调合配置(是否参与调合)；

表 1-25 组分物性表——每种组分的 5 个物性数据；

表 1-26 调合产品物性规格表——每种产品对每个物性的规格要求。

表 1-21　调合方式表(BLENDS)

	TEXT	SPEC
G90	90 号汽油	1
G93	93 号汽油	1
G97	97 号汽油	1

表 1-22　原料购买表（BUY 或 PURC）

	TEXT	MAX	FIX	COST
CM1	一催化汽油		2.835	2356.3
CM2	二催化汽油		2.205	2396.1
CM3	三催化汽油		4.305	2347.2
CM4	C6 重整油	0.9		2470.8
CM5	>C7 重整油	5.4		2513.8
CM6	MTBE	0.45		3500

表 1-23　销售表（SELL）

	TEXT	MIN	PRICE
G90	90 号清洁汽油	8	3140.0
G93	93 号清洁汽油	6	3328.0
G97	97 号清洁汽油	1	3517.0

表 1-24　调合配置表（BLNMIX）

	TEXT	G90	G93	G97
CM1	一催化汽油	1	1	1
CM2	二催化汽油	1	1	1
CM3	三催化汽油	1	1	1
CM4	<C6 重整汽油	1	1	1
CM5	>C7 重整汽油	1	1	1
CM6	MTBE	1	1	1

表 1-25　组分物性表（BLNPROP）

	SUL	RON	DON	ARW	OLE
*	硫含量	辛烷值	抗爆指数	芳含含量	烯烃含量
CM1	0.04	89.5	84.25	12.7	39.2
CM2	0.04	93.2	87.1	21.4	32.4
CM3	0.04	89.8	84.9	13	39
CM4	0.001	54.8	50	0.05	0
CM5	0.001	98.5	93	70	0
CM6	0.001	114	107	0	0

表 1-26　调合产品物性规格表（BLNSPEC）

	TEXT	G90	G93	G97
*		90 清洁	93 清洁	97 清洁
XSUL	最大硫含量	0.07	0.07	0.07
NRON	最小辛烷值	90.1	93.1	97.1

	TEXT	G90	G93	G97
NDON	最小抗爆指数	85.1	88.1	92.1
XOLE	最大烯烃含量	34	34	34
XARW	最大芳烃含量	40	40	40

1.5.3 通用模型生成方法

根据 1.5.2 实例调合模型结构和数据，可以用 GAMS 生成 MPS 数据和相应行模型并求最优解。下面就是汽油调合实例 GAMS 模型。

```
$ TITLE   A BLEND PROBLEM(QY, SEQ=1)
SETS
     CM 组分 /CM1 * CM6/
     G   产品 /G90, G93, G97/
     K   物性 /SUL, RON, DON, ARW, OLE/
  CMG(CM, G)
/CM1. (G90, G93, G97)
 CM2. (G90, G93, G97)
 CM3. (G90, G93, G97)
 CM4. (G90, G93, G97)
 CM5. (G90, G93, G97)
 CM6. (G90, G93, G97)   /
  CMGQ(CM, G);
  CMGQ(CM, G)=YES $ CMG(CM, G);
PARAMETERS
PRICE(G)产品价格
/G90   3140
 G93   3328
 G97   3517  /
BLMIN(G)   产品调和量下限
/G90   8
 G93   6
 G97   1  /
COST(CM)    组分价格
/CM1   2356.3
 CM2   2396.1
 CM3   2347.2
 CM4   2470.8
 CM5   2513.8
 CM6   3500 /
BUYMIN(CM)    组分使用量的下限
/CM1   2.835
```

```
        CM2     2.205
        CM3     4.305
        CM4     0
        CM5     0
        CM6     0    /
BUYMAX(CM)      组分使用量的上限
/CM1    2.835
 CM2    2.205
 CM3    4.305
 CM4    0.9
 CM5    5.4
 CM6    0.45   /;
```

```
TABLE    PMIN(G, K)    产品的物性下限
```

	SUL	RON	DON	ARW	OLE
G90	0	90.1	85.1	0	0
G93	0	93.1	88.1	0	0
G97	0	97.1	92.1	0	0 ;

```
TABLE    PMAX(G, K)    产品的物性上限
```

	SUL	RON	DON	ARW	OLE
G90	0.07	999	999	40	34
G93	0.07	999	999	40	34
G97	0.07	999	999	40	34 ;

```
TABLE    PCMFIX(CM, K)    组分的物性
```

	SUL	RON	DON	ARW	OLE
CM1	0.04	89.5	84.25	12.7	39.2
CM2	0.04	93.2	87.1	21.4	32.4
CM3	0.04	89.8	84.9	13	39
CM4	0.001	54.8	50	0.05	0
CM5	0.001	98.5	93	70	0
CM6	0.001	114	107	0	0 ;

```
VARIABLES
SCMG(CM, G)
DCM(CM)
DG(G)
COST1
POSITIVE VARIABLE SCMG, DCM, DG;
EQUATIONS
A1(CM)
A2(G)
A3(G, K)
A4(G, K)
A5(CM)
A6(CM)
```

A7(G)

ZMIN；

A1(CM)..

DCM(CM)=E=SUM(G＄CMGQ(CM，G)，SCMG(CM，G))；

A2(G)..　DG(G)=E=SUM(CM＄CMGQ(CM，G)，SCMG(CM，G))；

A3(G，K)..　SUM(CM＄CMGQ(CM，G)，SCMG(CM，G)＊PCMFIX(CM，K))=L=DG(G)＊PMAX (G，K)；

A4(G，K)..　SUM(CM＄CMGQ(CM，G)，SCMG(CM，G)＊PCMFIX(CM，K))=G=DG(G)＊PMIN (G，K)；

A5(CM)..　DCM(CM)=L=BUYMAX(CM)；

A6(CM)..　DCM(CM)=G=BUYMIN(CM)；

A7(G)..　DG(G)=G=BLMIN(G)；

ZMIN..　COST1=E=SUM(G，PRICE(G)＊DG(G))-SUM(CM，COST(CM)＊DCM(CM))；

MODEL QY /ALL/；

OPTION LIMROW=1000，LIMCOL=1000；

OPTION RESLIM=50，ITERLIM=900；

汽油调合实例 GAMS 模型优解如表 1-27 和表 1-28 所示。

目标函数值为：OBJ=12751.25586。

表 1-27　GAMS 调合模型优解(调合配方)

项目	G90	G93	G97	组分量/10⁴t
CM1	0	2.835	0	2.835
CM2	0.856	0	1.349	2.205
CM3	4.075	0.23	0	4.305
CM4	0.585	0.063	0	0.648
CM5	2.484	2.871	0.044	5.399
CM6	0	0	0.45	0.45
产品量/10⁴t	8	5.999	1.843	

表 1-28　GAMS 调合模型优解(产品物性)

项目	G90	G93	G97
硫含量/%	0.03	0.02	0.03
RON	90.31	93.45	98.41
抗爆	85.10	88.10	92.10
芳烃含量/%	30.65	40.00	17.34
烯烃含量/%	23.33	20.02	23.72

1.5.4　专用模型生成方法

炼油计划专用模型生成系统采用输入数据报表驱动方法生成 MPS 数据，即 MPS 数据的要素如行名(约束行和目标函数)、行特性(等于、不大于、不小于、非约束)、矩阵系数、右端项值、变量上下限、整型变量标志、非线性递归结构等全部由数据表进行描述。

调合模型的所有数据可以由表 1-21~表 1-26 所示的 6 张表给出，其表名和表中的列名都是模型生成系统的保留字符，由系统规定并赋予特定的含义，隐含所需要生成模型的结构，所以用户不用提供如式（1-35）~式（1-40）数学模型的代数表达式。

使用 MSRP 方法生成模型时，目标函数和约束行均自动生成。SPAS 系统变量名全部用汉字描述，每个变量字符数不限。NROS 系统和 PIMS、RPMS 的基本变量使用 8 个字符，其中最后 1 位用作周期码，单周期模型空缺。行名和变量名一般采用"特征码+代码"或"特征码+代码+代码"两种方式拼接而成。例如"购买表"（或"BUY"表）的变量为"PURCXXX"（"XXX"代码由购买表 1-22 提供）。调合例子假设调合产品直接销售，调合产品即销售产品变量为"SELLBBB"，调合组分变量为"BAAABBB"，表明调合组分"AAA"调合入调合产品"BBB"的量（"AAA"、"BBB"由调合配置表 1-24 提供）。

MSRP 直接生成调合实例 MPS 数据。

以 90 号汽油物性硫含量 SUL 为例，说明 MSRP 是如何使用报表驱动方法生成调合产品 G90 物性 SUL 控制约束方程（MPS 格式或行模型格式）。

表 1-21 调合方式表"G90"行"SPEC"列的数据"1"：说明 G90 使用物性规格调合；

表 1-26 调合产品规格表"G90"列"XSUL"行的数据"0.07"表明 G90 的物性 SUL 规格为不大于 0.07；

表 1-24 调合配置表"G90"列为"1"的组分将参与 G90 调合，表 1-25 组分物性表"SUL"列提供相应组分的 SUL 物性值；

MSRP 根据上述输入数据报表提供的数据和信息，规定行名、列名的命名规则，例如调合产品规格约束行名和行特性由表 1-26 行名/列名组成："XSULG90"，其中"X"表示不小于约束（由行名 XSUL、列名 G90 提供信息）；调合产品变量为"SELLG90"（假设调合产品直接销售），表示调合产品 G90 的重量，其物料由调合产品物料平衡约束得到；组分 CM1 调和进入 G90 的重量变量命名为"BCM1G90"，其物料由组分 CM1 物料平衡约束得到（美国软件如 PIMS 的物流使用体积计量，定义"BCM1G90"为体积变量）。

由此关于调合产品 G90 物性 SUL 的规格约束由 MSRP 方法生成 MPS 数据：

NAME

ROWS

    G   XSULG90

    ……

COLUMN

SELLG90	XSULG90	0.07
BCM1G90	XSULG90	−0.04
BCM2G90	XSULG90	−0.04
BCM3G90	XSULG90	−0.04
BCM4G90	XSULG90	−0.001
BCM5G90	XSULG90	−0.001
BCM6G90	XSULG90	−0.001

    ……

RHS

    ……

BOUNDS

　　......

ENDATA

　　MSRP 根据输入数据 TABLE 表生成 MPS 数据，根据解题器要求，进行适当处理（例如 COLUMN 数据必须按变量次序进行排序等），可交给解题器求解。

　　行模型可以从 MPS 数据模型生成，也可以直接从 TABLE 表生成：

XSULG90：0.07×SELLG90−0.04×BCM1G90−0.04×BCM2G90−0.04×BCM3G90−0.001×BCM4G90−0.001× BCM5G90−0.001×BCM6G90 ≥0

1.5.4.1　MSRP 生成调合实例行模型

　　以实例1汽油调合计划模型为例，炼油计划模型生成系统必须生成包括目标函数式 (1−35)、组分平衡式(1−36)、产品平衡式(1−37)、产品物性规格式(1−38)、组分限量式 (1−39)和产品限量式(1−40)等内容的调合模型，MSRP 只需从表 1−21 至表 1−26 的 6 张表的数据和信息就能完成全部模型的生成。

　　目标函数($i=1$，2，…6；$j=0$，3，7)：

　　炼油计划模型生成系统 MSRP 将从购买表(表 1−22)和销售表(表 1−23)得到的数据和信息生成目标函数。

OBJFN：

$$\text{MAX} \quad \sum_i(-\text{COST}_i \times \text{PURCCM}_i) + \sum_j(\text{PRICE}_j \times \text{SELLG9}_j)$$

　　组分平衡约束($i=1$，2，…6)：

　　MSRP 由调合配置表(表 1−24)、购买表(表 1−22)得到的数据和信息生成组分平衡约束。

$$\text{EBALCM}_i：-\text{PURCCM}_i+\text{BCMiG93}+\text{BCMiG90}+\text{BCMiG97}=0$$

　　调合产品平衡约束($j=0$，3，7)：

　　MSRP 由调合方式表(表 1−21)、调合配置表(表 1−24)得到的数据和信息生成调合产品平衡约束。

$$\text{EBALG9}_j：\text{SELLG9}_j-\text{BCM1G9}_j-\text{BCM2G9}_j-\text{BCM3G9}_j$$
$$-\text{BCM4G9}_j-\text{BCM5G9}_j-\text{BCM6G9}_j=0$$

　　调合产品物性规格约束($k=$SUL，RON，DON，ARW，OLE；$j=0$，3，7)：

　　MSRP 从调合产品规格表(表 1−26)、调合组分物性表(表 1−25)、调合配置表 (表 1−24)得到的数据和信息生成调合产品物性规格约束(以 $k=$SUL、RON，$j=0$，即 G90 的 SUL 和 RON 为例)，其中约束方程名第一个字母"X"、"N"分别表示规格约束的控制方向 "≥"或"≤"。

XSULG90：0.07×SELLG90−0.04×BCM1G90−0.04×BCM2G90−0.04×BCM3G90−0.001×BCM4G90−0.001× BCM5G90−0.001×BCM6G90≥0

NRONG90：90.1×SELLG90−89.5×BCM1G90−93.2×BCM2G90−89.8×BCM3G90−54.8×BCM4G90−98.5× BCM5G90−114×BCM6G90≤0

　　......

　　调合组分、调合产品上下限约束：

　　MSRP 从购买表(表 1−22)、销售表(表 1−23)得到的数据和信息生成调合组分、调合产品上下限约束。

PURCCM1 = 2.835;

PURCCM2 = 2.205;

PURCCM3 = 4.305;

PURCCM4 ≤ 0.9;

PURCCM5 ≤ 5.4;

PURCCM6 ≤ 0.45;

SELLG90 ≥ 8;

SELLG90 ≥ 6;

SELLG90 ≥ 1。

上面以汽油调合为例,列出了用 MSRP 方法生成的全部行模型,根据 MPS 数据的格式要求,很容易将行模型转换为 MPS 的 ROWS、COLUNS、RHS、BOUNDS 的数据,也可以与生成行模型同时生成 MPS 数据,也可以直接生成 MPS 数据而不生成行模型数据。根据 MPS 数据的要求,COLUNS 数据块必须以变量顺序进行排序,可以在完成所有 COLUNS 数据生成以后调用排序程序进行排序。

1.5.4.2　MSRP 生成汽油调合实例模型优解

由 MSRP 生成调合模型和 GAMS 生成调合模型优解是多重优解(关于多重优解参阅第 2 章实例 1),目标函数、组分总量、产品总量均相同,但调合配方和调合产品物性不完全一致。MSRP 生成调合模型优解如表 1-29 和表 1-30 所示。

OBJ = 12751.2354。

表 1-29　MSRP 生成模型优解(调合配方)

项目	G90	G93	G97	组分量/10^4t
CM1	2.835	0.000	0.000	2.835
CM2	0.856	0.000	1.349	2.205
CM3	0.675	3.630	0.000	4.305
CM4	0.648	0.000	0.000	0.648
CM5	2.985	2.370	0.044	5.400
CM6	0.000	0.000	0.450	0.450
产品量/10^4t	8.000	6.000	1.843	

表 1-30　MSRP 生成模型优解(产品物性)

项目	G90	G93	G97
硫含量/%	0.022	0.025	0.030
RON	90.468	93.237	98.405
抗爆	85.100	88.100	92.100
烯烃含量/%	20.651	23.593	23.712
芳烃含量/%	34.014	35.519	17.342

1.5.5　通用模型生成与专用模型生成方法比较

上面以汽油调合模型为例,介绍通用模型生成(以 GAMS 为例)和专用模型生成(以

MSRP 为例)方法，GAMS 以代数式驱动，只要实际问题的数学规划模型已经以数学表达式进行描述，就可以用 GAMS 语言把表达式转换成 MPS 数据。MSRP 方法以模型输入数据表为驱动，其数学表达式"隐含"在报表中，数学规划模型构建已经由软件开发人员"完成"，用户不需要对具体问题的约束方程和目标函数进行数学描述。用 MSRP 自动生成炼油计划模型时，已经包含了模型优化所需要的约束和目标函数，如果用户需要一些特殊要求，例如需要增加一些逻辑控制功能，MSRP 系统都开辟一个专用窗口，用户可以利用这个窗口，直接输入行模型。根据国内和国外炼油生成经营优化应用情况，MSRP 专用模型生成方法已经在炼油和石油化工计划优化领域获得成功。

对于炼油生产经营优化而言，计划和调度是炼油生产中相互关联的两个主要生产过程，计划为调度提供优化和指导，而调度是以计划为目标，根据设备和实际生产情况制定一系列操作指令，完成炼油生产任务。业内人员普遍认为，没有一个好的计划，就不可能有一个好的调度，没有一个好的调度也不可能实现好的计划。炼油计划和炼油调度都可以通过建立数学规划模型的方法进行优化，两者在模型构建、模型生成和模型求解上都有较大差别。炼油调度考虑因素较多，除了炼油计划的物料平衡约束、能力约束、物性传递和物性控制约束等以外，还必须包含众多逻辑约束、操作指令时间约束和顺序约束等。为此需要使用大量整型变量或 0-1 变量，而且不同炼油调度部门的业务也有很大差异，必须采用灵活多样的模型生成方法，很难像炼油计划模型生成那样，开发一个专用于炼油调度模型生成的软件系统。这就是为什么至今还没有一个用于炼油调度模型生成的商品化优化软件问世的原因。根据国内外文献报道，炼油调度模型采用通用模型生成方法，例如，使用 GAMS[9] 作为炼油调度模型生成工具，也可以使用解题器软件所提供的模型生成系统，如基于 Xpress-MP 解题器的 Xpress-Mosel[10] 和基于 Cplex 解题器的 OPL 建模。

第 2 章 基础应用实例

本章给出 5 个应用实例，都是炼油生产计划模型中应用最普遍的数学规划问题，为了便于理解，都以调合问题作为应用实例进行讨论。实际上，这些数学规划建模方法适用于炼油生产计划模型乃至炼油调度模型的构建。

其中实例 1 和实例 2 介绍数学规划中多重优解和目标规划概念及其在炼油计划模型中的应用。当读者对所得到优解不太满意时，如何在不减少或尽可能小地减少目标函数值（目标函数为经济效益）的条件下得到更满意的优解，如何将多目标问题化为单目标问题，如何建立"软约束"方程等；实例 3 介绍炼油计划模型中一个重要问题，即体积调合和重量调合问题，详细说明问题的由来以及解决方案，正确选择使用两种调合方式的原则以及选择不合理调合方式对解结果的影响等；实例 4 介绍混合整数线性规划（MILP）模型技术在炼油计划和调度中最基础的应用案例，如连续变量的下限门槛、批量、物流个数等问题的建模方法；实例 5 介绍炼油计划和调度模型中非线性问题（重点指 pooling 问题）的产生和求解方法（即分布递归方法），并为读者提供一个"手工递归"小例子，体验递归过程，加深对分布递归方法的理解。

★ 2.1 实例 1：多重优解

2.1.1 问题提出

某炼厂汽油调合组分种类及其主要性质如表 2-1 所示。在三种催化汽油中，2#催化汽油辛烷值最高，该厂在进行汽油调合时，一般是将该催化汽油调入 97 号成品汽油。但该厂汽油调合线性规划（LP）模型获得的优解中，催化汽油中只有 3#催化汽油调入 97 号成品汽油，辛烷值最高的 2#催化汽油并没有调入 97 号成品汽油，而是调入辛烷值要求较低的 93 号成品汽油。

表 2-1　汽油调合组分物性表

*TABLE	BLNNAPH					
	TEXT	SUL	RON	DON	ARW	OLE
*		硫含量	研究法辛烷值	抗爆指数	芳烃含量	烯烃含量
C1N	1#催化汽油	0.04	89.5	84.25	12.7	39.2
C2N	2#催化汽油	0.04	93.2	87.1	21.4	32.4
C3N	3#催化汽油	0.04	89.8	84.9	13	39
R6F	C6 重整油	0.001	54.8	50	0.05	0
R7F	>C7 重整油	0.001	98.5	93	70	0
MTB	MTBE	0.001	114	107	0	0

问题1：为什么LP优解中把RON低(RON=89.5)的3#催化汽油组分调入RON要求最高97成品汽油，将RON高(RON=93.2)的2#催化汽组分油调入RON要求较低的93号成品汽油？

问题2：如果我们把RON高的2#催化汽油强制调入97号汽油，是否会造成"经济损失"(即目标函数值是否变差)？

2.1.2 模型建立

在求解线性规划模型时，对目标函数值而言，最优值是唯一的，但最优值可能对应于多个解(变量和/或约束行取不同值)，即存在多重优解。在线性规划中，多重优解有如下定理：

多重优解的最优目标一定对应于无穷多个最优解值[11]。现以只有两个变量的LP模型为例说明多重优解的几何意义。当描述目标函数的直线与某一个约束方程的直线斜率相同时，目标函数(图2-1所示的虚线)有可能与该约束方程有线段重合(图2-1所示的AB线段)，在重合线段上的所有点(无穷多个)都是最优解，即存在多重优解。当油品调合模型物性控制指标不卡边时，容易发生多重优解。有些LP求解器对导致多重优解的行或列在优解中标有"A"(Alternate)标识。LP求解器只给出多重优解中的一个。一般说来，这个优解就是用户所需要的优解，因

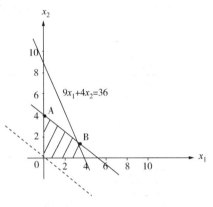

图2-1 多重优解图解说明

为已经满足用户所给定的所有约束条件，而且目标函数已经达到最大值(求目标最大时)[12]。

本实例中3种催化汽油都可以调合到3种产品汽油中，但是从生产和调度角度，为了操作方便、组分物性均匀或调度习惯等，希望将2#催化汽油"尽量"调入97号汽油，在实际调合操作中，首先考虑将辛烷值最高的2#催化汽油(C2N)调入辛烷值指标要求最高的97号汽油。但是上述汽油调合LP模型的优解中，2#催化汽油调入97号汽油量为0。虽然LP优解是最优解，而且满足所有约束条件，但用户"不满意"，用户希望将"2#催化汽油尽量调入97号汽油同时目标函数保持最优"的解。这个问题就是从多重优解中找到一个用户"偏爱"的优解。

2#催化汽油"尽量调入97号汽油"的含义是在不减少目标值条件下，尽量多地将2#催化汽油调入97号汽油。可以有两种做法：

(1) 增加"2#催化汽油调入97号汽油"约束。BC2NG97≥2.205。即强制要求C2N调入G97的量≮2.205。如果解结果不可行，应该降低BC2NG97下限。例如改为BC2NG97≥1.5，直到有"最优解"，检查目标函数是否变差。如果目标函数没有变差，说明这两个解是多重优解。如果目标变差。说明增加约束"BC2NG97≥1.5"后目标要变差，用户可能要进一步尝试继续降低BC2NG97下限。这种方法就是硬约束法，该法有使目标变差或发生不可行解的风险，使用时可能需要多次修改约束条件。

（2）用 ROWS 表在目标函数中加入加权项或罚款项。表 2-2 中，行名为"OBJFN"，列名为"BC2NG97"，系数为"10"，其作用就是为了使 2#催化汽油"尽量"调入 97 号汽油，因为只要有 1t 2#催化汽油调入 97 号汽油就会对目标函数有 10 元的"奖励"，而 2#催化汽油调入其他牌号汽油时则没有这个"奖励"。这种方法就是软约束法，该法没有增加约束，模型一定有优解。比较添加软约束前后两个优解的 MINOBJ 值，如果两者相等，说明这两个优解是多重优解。两个优解 OBJFN 的差值就是因 C2N 调合 G97 而带来的"奖励"。

本实例模型中建立如表 2-2 所示的 4 个 CASE 中，CASE1 是原始模型；CASE2 采用软约束法方法，其加权系数大小表明用户对 2#催化汽油调入 97 号汽油的"偏爱"程度，过度的"偏爱"有可能造成一定的经济效益损失（即 MINOBJ 减少）；CASE3 采用硬约束方法，有可能产生不可行解；CASE4 也是一种常用的软约束方法，用户可以用这种方法测试在不考虑经济效益条件下、满足模型所有约束条件时，最多可以有多少 2#催化汽油调入 97 号汽油。

表 2-2　处理多重优解案例表

TABLE	CASE	
CASE1	原始模型	
*		
CASE2	"奖励"2#催化汽油调 97 号汽油	
TABLE	ROWS	
	TEXT	BC2NG97
OBJFN	加权系数 10 元/t（奖励）	10
*		
CASE3	限定 2#催化汽油调 97 号汽油	
TABLE	BOUNDS	
	TEXT	MIN
BC2NG97	给定下限 10^4t	1
*		
CASE4	测试 2#催化汽油调 97 号汽油最大量	
TABLE	ROWS	
	TEXT	BC2NG97
OBJFN	加权系数 8888 元/t（奖励）	8888

2.1.3　结果分析

三个 CASE 下调合情况如表 2-3 所示，不添加约束时（即 CASE1），2#催化汽油没有调入 97 号汽油，而添加软约束（即 CASE2）或硬约束（CASE3）后，2#催化汽油均参与 97 号汽油的调合。

表 2-3 三个 CASE 调合配方表

CASE NO.	CASE1			CASE2			CASE3		
组分代码	G90	G93	G97	G90	G93	G97	G90	G93	G97
C1N	0.96	1.87	0.00	2.84	0.00	0.00	2.84	0.00	0.00
C2N	0.00	2.20	0.00	0.00	0.86	1.35	1.21	0.00	1.00
C3N	3.32	0.00	0.98	2.05	2.25	0.00	1.60	2.70	0.00
R6F	0.65	0.00	0.00	0.51	0.14	0.00	0.43	0.22	0.00
R7F	3.07	1.92	0.41	2.61	2.75	0.04	1.93	2.93	0.54
MTB	0.00	0.00	0.45	0.00	0.00	0.45	0.00	0.15	0.30
物性代码									
XSUL	0.02	0.03	0.02	0.02	0.02	0.03	0.03	0.02	0.02
NRON	90.26	93.74	97.65	90.31	93.44	98.41	90.44	93.34	98.17
NDON	85.10	88.10	92.10	85.10	88.10	92.10	85.10	88.10	92.10
XOLE	20.91	24.15	20.79	23.89	19.27	23.71	26.57	17.58	17.58
XARW	33.77	34.25	22.52	30.65	40.00	17.34	27.25	40.00	32.13

表 2-4 三个 CASE 调合目标值和组分产品量

CASE NO.	CASE1	CASE2	CASE3
	不罚款	软约束	硬约束
OBJFN	12751.235	12764.726	12751.235
MINOBJ	12751.234	12751.234	12751.234
组分代码			
C1N	2.8350	2.8350	2.8350
C2N	2.2050	2.2050	2.2050
C3N	4.3050	4.3050	4.3050
R6F	0.6480	0.6480	0.6480
R7F	5.4000	5.4000	5.4000
MTB	0.4500	0.4500	0.4500
产品代码			
G90	8.0000	8.0000	8.0000
G93	6.0000	6.0000	6.0000
G97	1.8430	1.8430	1.8430

在 3 个 CASE 下调合组分、调合产品数量及对应点目标函数如表 2-4 所示。可以看出，3 个 CASE 中各调合组分量相同，3 种调合产品的量也完全相同相等。因此，3 个案例经济收益相等，即 3 个案例的"MINOBJ"相等。而 CASE2 的"OBJFN"与"MINOBJ"不同，二者差值为：

$$OBJFN-MINOBJ=12764.726-12751.234=13.492=1.3492\times10$$

即 C2N 调入 G97 的量（BCN2G97 = 1.3492）与其加权系数 10 的乘积。

值得注意的是，在 MSRP 生成的模型一般都设置两个非约束行，例如设定 MINOBJ 为经济效益函数，而 OBJFN 则是模型唯一的目标函数（包含经济效益函数和罚款函数），其表达式如下：

$$MINOBJ = 销售收入 - 原料购买成本 - 装置加工成本$$
$$OBJFN = 销售收入 - 原料购买成本 - 装置加工成本 + 加权 \cdot 罚款。$$

⭐ 2.2 实例2：目标规划方法

2.2.1 问题提出

某汽油调合模型用于优化90号、93号和97号三种牌号汽油（硫含量均要求≯480μg/g）的调合配方，优解如表2-5所示。可以看出，3种产品的 RON 均卡下限，而三种产品的硫含量则相差较大，其中 G90 硫含量达到上限480μg/g，G93 硫含量为335μg/g，G97 硫含量仅为119μg/g。在保证产品物性合格的基础上，不影响或尽量少影响调合经济效益的前提下，能否缩小三种调合产品硫含量的差距？

表 2-5　某汽油调合优解

组分代码	组分名称	G90	G93	G97	组分总量
C1N	1#催汽油	3.058	0.242		3.300
C2N	2#催汽油	0.569	2.631	0.000	3.200
C3N	3#催汽油	1.991	1.888	1.071	4.950
RAO	苯抽提汽油		1.441	0.459	1.900
MTB	MTBE		0.000	0.270	0.270
CMT	加裂轻石	0.000	0.100		0.100
	产品总量	5.618	6.302	1.800	
调合物性					
RON	研究法辛烷值	90.000	93.000	97.000	
ARW	芳烃含量	17.327	32.569	33.874	
OLE	烯烃含量	33.633	30.319	25.140	
SUL	硫含量	480.000	335.007	119.000	
MTB	MTBE 含量		0.000	15.000	

2.2.2 模型建立

为了使汽油 G90 的硫含量从卡边状态下"解脱"出来，可以采用实例1提出的两种处理方法。

（1）"硬约束"法：将 G90 的硫含量上限下调，但有可能减少目标函数值或者造成模型不可行。

（2）"软约束"法：使用目标控制方法，需用"ROWS"行模型实现，这种方法的优点是不会产生不可行解，寻找多重优解（如果存在多重优解）或在尽量减少目标函数值损失的条件下寻找"满意"可行解。

2.2.2.1 硬约束方法

硬约束方法就是修改约束的限制条件,根据 2.2.1 的要求,可以将 G90 的硫含量上限从 480 改为低于 480 的某个数值,比如改为 400。

2.2.2.2 软约束方法

软约束方法中,设变量 X 期望的控制目标为 X_0,使 X"尽量"达到期望值 X_0,解决这种类型问题的基本模型:

$$\text{Min} \quad OBJ = P_1 d^+ + P_2 d^- \tag{2-1}$$

$$\text{ST} \quad X + d^- - d^+ = X_0 \tag{2-2}$$

式中 X——变量,如炼油计划模型中的物流或物性;

X_0——变量 X 的期望值;

d^+——变量 X 与期望值 X_0 的正偏差($d^+ \geq 0$);

d^-——变量 X 与期望值 X_0 的负偏差($d^- \geq 0$);

P_1——正偏差 d^+ 的罚款系数;

P_2——负偏差 d^- 的罚款系数。

该模型是基于目标规划方法(详见 2.2.2.3)建立的,式(2-1)、式(2-2)称为目标控制模型,在本书将多次引用。在炼油调度优化模型中也经常用于优化调度方案,例如为了使汽油调度模型中的催化重整汽油在 97 号汽油中的比例尽量接近计划优化模型中的比例,常常使用这种目标控制模型,以便使调度模型得到可行满意解。

值得注意的是,d^+ 和 d^- 为非负变量,模型结构确保解结果不可能同时取非负值,即如果 $d^+ > 0$,则 $d^+ = 0$;如果 $d^- > 0$,则 $d^+ = 0$。

用户需定义几个与目标控制相关的约束行和变量(不能与 MSRP 生成的变量名或行名重复),例如对 G90 定义:

ESULG90:G90 硫平衡和控制约束行名;

QSULG90:G90 调合硫总量与用户期望硫总量的偏差变量(偏低),系数为"-1";

YSULG90:G90 调合硫总量与用户期望硫总量的偏差变量(偏高),系数为"+1"。

同时也要引用 MSRP 自动生成的变量名或行名(不能有任何变动),例如对 G90:

BWBLG90:G90 汽油调合量(重量),系数为"-363.4",其中"363.4"为用户对 G90 期望的硫含量(组分硫含量加权平均值);

BC1NG90:一催化汽油调入 G90 的调合组分量(体积),系数为 1#催化汽油硫含量 406.8(硫含量×组分 SPG-以下同);

BC2NG90:二催化汽油调入 G90 的调合组分量(体积),系数为 2#催化汽油硫含量 432;

BC3NG90:三催化汽油调入 G90 的的调合组分量(体积),系数为 3#催化汽油硫含量 146;

BCMTG90:加裂轻石脑油调入 G90 的调合组分量(体积),系数为加裂轻石脑油硫含量 0.68;

OBJFN:线性规划模型目标函数行名,该行对应于偏差变量位置填写用户给定的加权(正系数)或罚款(负系数)系数。

本实例中 3 种调合汽油的期望硫含量用所有参加调合组分硫含量的加权平均值，即希望调合组分的硫含量在三种调合汽油中均匀分配。达不到硫含量期望值时，罚款系数为−10，在实际使用时，用户可以根据需要适当增加或降低罚款系数。

由 ROWS 表描述的 3 种调合汽油的罚款方程如表 2-6~表 2-8 所示：

表 2-6 汽油 G90 硫含量目标控制约束 ROWS 表

*TABLE	ROWS1						
	TEXT	QSULG90	YSULG90	BWBLG90	BC1NG90	BC2NG90	BC3NG90	BCMTG90
ESULG90		−1	1	−363.4	460.8	432	146	0.68
OBJFN		−10	−10					

表 2-7 汽油 G93 硫含量目标控制约束 ROWS 表

*TABLE	ROWS2						
	TEXT	QSULG93	YSULG93	BWBLG93	BC1NG93	BC2NG93	BC3NG93	BCMTG93
ESULG93		−1	1	−363.4	460.8	432	146	0.68
OBJFN		−10	−10					

表 2-8 汽油 G97 硫含量目标控制约束 ROWS 表

*TABLE	ROWS3				
	TEXT	QSULG97	YSULG97	BWBLG97	BC2NG97	BC3NG97
ESULG97		−1	1	−363.4	432	146
OBJFN		−10	−10			

2.2.2.3 目标规划介绍

实际数学规划问题往往是多目标的，目标规划就是用于解决多目标规划问题的有效方法[13]。目标规划是用线性规划解决多目标问题的简单方法，即将多目标问题转化为单目标问题求解，例如将多个目标加权合并为一个目标。炼油生产计划模型的主要决策变量是物流变量和物性变量，当用户对优解中某些变量的解值不太满意，希望"尽量"达到某些期望值时，有以下 3 种可能方法：①不修改约束条件，保持优解目标值不变差，使某些变量的解值达到期望值，这就是实例 1 所描述的多重优解；②以很少的目标函数损失使某些变量的解值达到期望值；③稍微放松其他一些约束条件，以换取某些变量的解值达到期望值。

在 2.2.2.1 和 2.2.2.2 中，以汽油调合时物性硫含量的控制为例，用多目标规划的目标控制方法(简称目标规划方法)，调合汽油硫含量除了满足出厂规格要求的硬约束控制方法外，同时用"控制偏离目标最小化"的软约束方法，使调合汽油(部分产品或全部产品)的硫含量"尽量"达到期望的控制目标。该实例实际上是在线性规划模型中引入目标控制约束，采用目标规划处理方法，解决以下多目标问题：

(1) 调合收益最大；

(2) 90 号汽油硫含量与 363.4μg/g 尽量接近(正、负偏差最小)；

(3) 93 号汽油硫含量与 363.4μg/g 尽量接近(正、负偏差最小)；

(4) 97 号汽油硫含量与 363.4μg/g 尽量接近(正、负偏差最小)。

该实例共有 4 个目标，第一个目标是调合收益，即 $MaxZ=$ 调合产品的总销售收入−组分总成本；其他 3 个目标为 3 种牌号调合汽油的硫含量与各自的控制目标（可以不相同）的偏差最小，3 种控制目标达标程度取决于控制目标值、目标控制约束偏差变量的加权或罚款系数以及其它约束条件。

关于目标规划，感兴趣读者可以参阅《决策分析的目标规划》等有关文献[13,14]，书中引入上述文献关于目标规划引例和基本概念，供读者参考。

查尼斯（Charnes A.）和库帕（Cooper W. W.）[15] 给出了下面的目标规划引例，说明什么是目标规划问题：

目标规划引例 LP 模型：

$$MaxZ = X_1 + 0.5X_2;$$
$$3X_1 + 2X_2 \leqslant 12$$
$$5X_1 \leqslant 10$$
$$X_1 + X_2 \geqslant 8$$
$$-X_1 + X_2 \geqslant 4$$
$$X_1 \geqslant 0, \quad X_2 \geqslant 0$$

引例 LP 模型可用线性规划的图解法求解，可行域为空集，上述线性规划问题没有可行解。所以这个问题不能用线性规划求解。如果从另外一个角度考虑问题，假定前两个约束表示现有资源，例如机器生产能力的限制。后两个约束表示管理目标，可以把"求最大利润"的目标函数改变成"达到目标"，正如上面已指出的，目标也许会达不到，但进行管理的目的总是要"尽可能"地接近于希望达到的目标。所以目标函数应该改为：

$$MinZ = |X_1 + X_2 - 8| + |-X_1 + X_2 - 4|$$

这就是目标规划的基本概念。

引例目标规划模型为：

$$3X_1 + 2X_2 \leqslant 12 \qquad （资源 1 约束行）$$
$$5X_1 \leqslant 10 \qquad （资源 2 约束行）$$
$$Min \quad Z = |X_1 + X_2 - 8| + |-X_1 + X_2 - 4| \qquad （管理目标行）$$

如表 2-9 所示，用 MSRP 的 ROWS 表建立的引例目标规划模型，其中行 L001、L002 为目标规划模型资源约束行，E003、E004、OBJFN 构成目标控制行。MINOBJ 是 MSRP 中用来计算经济效益的非约束行，不影响目标规划模型优化计算，增加该行的目的是在解结果中显示原来 LP 模型的经济效益（利润），便于下面的讨论。

表 2-9 用 ROWS 表建立引例目标规划模型

* TABLE	GOAL						
	TEXT	RHS	X_1	X_2	E003+	E003-	E004+	E004-
L001	资源 1 约束	12	3	2				
L002	资源 2 约束	10	5					
E003	管理目标 1	8	1	1	1	-1		
E004	管理目标 2	4	-1	1			1	-1
OBJFN	管理目标 1+2				-1	-1	-1	-1
MINOBJ	LP 目标计算		1	0.5				

伊杰瑞(Y. Ijiri)[16]深入地研究查尼斯和库帕提出的目标规划基本概念，给出了目标的优先等级和优先权因子等概念。

在炼油计划优化模型中，不但希望考虑目标的优先等级问题，还希望将目标规划的这些目标纳入原来 LP 模型目标函数中，合理选择目标规划目标的优先权因子，使目标规划的目标不影响原来 LP 的目标函数(例如多重优解)或者少影响原来 LP 的目标函数。

例如表 2-9 给出的目标规划模型中，如果在 OBJFN 行的 X_1、X_2 列中填入原来 LP 模型的目标函数系数，同时对目标控制变量 E003+、E003-、E004+、E004- 的加权系数进行调整，就会得到关于 LP 经济目标、管理目标 1、管理目标 2 不同的解结果。例如，针对表2-9的 MSRP 模型加入表 2-10 所示的 CASE 表。

表 2-10　建立 CASE 表

CASE1	案例 1						
TABLE	ROWS						
	TEXT	X_1	X_2	E003+	E003-	E004+	E004-
OBJFN	目标函数	0	0	-0.01	-0.01	-0.01	-0.01
CASE2	案例 2						
TABLE	ROWS						
	TEXT	X_1	X_2	E003+	E003-	E004+	E004-
OBJFN	目标函数	1	0.5	-0.01	-0.01	-0.01	-0.01
CASE3	案例 3						
TABLE	ROWS						
	TEXT	X_1	X_2	E003+	E003-	E004+	E004-
OBJFN	目标函数	1	0.5	-100	-100	-0.01	-0.01
CASE4	案例 4						
TABLE	ROWS						
	TEXT	X_1	X_2	E003+	E003-	E004+	E004-
OBJFN	目标函数	1	0.5	-0.01	-0.01	-100	-100

表 2-11　CASE 结果比较表

项目	目标规划	CASE1	CASE2	CASE3	CASE4
OBJFN	-2.40	-0.02	3.44	-197.02	3.18
MINOBJ	3.20	3.20	3.50	3.00	3.20
L001	12.00	12.00	12.00	12.00	12.00
L002	4.00	4.00	10.00	0.00	4.00
E003	8.00	8.00	8.00	8.00	8.00
E004	4.00	4.00	4.00	4.00	4.00
X1	0.80	0.80	2.00	0.00	0.80
X2	4.80	4.80	3.00	6.00	4.80
E003+	2.40	2.40	3.00	2.00	2.40

续表

项目	目标规划	CASE1	CASE2	CASE3	CASE4
E003-	0.00	0.00	0.00	0.00	0.00
E004+	0.00	0.00	3.00	0.00	0.00
E004-	0.00	0.00	0.00	2.00	0.00
总偏差	2.40	2.40	6.00	4.00	2.40

各 CASE 结果对比如表 2-11 所示，可以看出，不同的加权系数得到不同的结果。例如：

CASE1：效益函数不列入目标，管理目标 1（E003）、管理目标 2（E004）目标系数相同，E003+的值为 2.40，即 $X_1+X_2-8=-2.40$，再增加 2.40 管理目标 1 才能达到 0；E004+ = E004- = 0，即 $X_2-X_1-4=0$，管理目标 2 已达标；管理目标 1 和管理目标 2 总偏差在 4 个案例中达到最小 2.40（原来 LP 模型效益函数 3.20，在 4 个案例中居中）。

CASE2：效益函数列入目标，管理目标 1、管理目标 2 的目标系数相同但与效益函数系数相对比较小，效益函数达到最大 3.50，为此，管理目标 1、管理目标 2 总偏差在 4 个案例中达到最大 6.00。

CASE3：效益函数列入目标，增加管理目标 1 的目标系数，效益函数下降到最小值 3.00，为此，管理目标 1 和管理目标 2 总偏差与 CASE2 相比下降 2.00 达到 4.00。

CASE4：效益函数列入目标，增加管理目标 2 的目标系数，其解结果与 CASE2 相比，总偏差减小，但经济目标也明显下降。

目标规划是线性规划的修正和发展。目标规划能够处理带有多个子目标的单目标决策问题。另外，目标规划的目标函数可以由具有不同度量单位的偏差变量构成。管理中的多个目标常常是互相矛盾的，有时候只有在放弃了某些目标后才能达到另外一些目标，正所谓"有所得，必有所失"。

本书不详细讨论目标规划问题，只是在解决线性规划或混合线性规划实际应用例子时引用目标规划处理多目标问题的方法，用线性规划解题器求解。

目标规划方法还可以用于查找由于数据错误造成不可行解的直接原因。当产品限量、原油（原料）限量、装置加工能力、物性规格指标等人工给定的数据不合理时，都有可能造成不可行解。例如 X 为某产品产量，在模型中有限量约束：

$$X=XF(X \geqslant XL \ 或 \ X \leqslant XU)$$

由于固定限量不合适（下限 XL 太大或上限 XU 太小），模型中存在矛盾的约束条件，造成不可行解，但是求解器给出的不可行解信息是"数学意义"上的不可行，有时候会给用户寻找不可行解带来困扰。例如，有时求解器会出现一系列不可行约束方程名称和不可行解值，使用户"无从入手"；有时求解器会"伪造"一个不可行解信息（实际上是数学意义上的不可行转移），令用户"不可理解"。如果将模型中的上述约束 $X=XF$ 改为：

$$X=XF-XF^++XF^-$$
$$MaxOBJ=-8888 \times (XF^++XF^-)$$

式中　XF^+、XF^-——非负罚款变量；

XF^+——X 变量给定值偏大罚款变量；

XF^-——X 变量给定值偏小罚款变量。

"8888"为罚款系数(一个足够大的正数),应该大于产品单价。相当于给约束 $X = XF$ 增加一个"可行阀",当 XF 给定不当(例如 XF 太大)导致模型不可行时,"可行阀"打开,模型自动用 XF^+ 来减少 X 的固定限量,但同时目标函数必须付出"减少 $8888 \times XF^+$"的高昂代价,所以只有在约束 $X = XF$ 不可行时才有可能打开此"可行阀"。一般情况下,$XF^+ = XF^- = 0$。如果在模型中将所有产品限量加上"可行阀",就可以对所有产品限量约束进行可行性检测,帮助用户找到导致模型中所有由于产品限量给定不当导致不可行的产品名称和不可行数值,即找到导致不可行解的直接原因。用同样的方法对原油(原料)限量、装置加工能力、物性规格指标等人工给定限量数据的地方设置"可行阀",找到人为给定的不合理限量。

具体做法可以在"数学模型生成系统"中设置一个或多个测试按钮,启动相应按钮能生成一个带有"可行阀"的测试模型,如果模型确实由于 XF 数据给定不合适造成不可行解,测试模型将打开"可行阀",模型得到"优解","优解"中 XF^+、XF^- 中必定有一个而且只有一个为非零解值,例如

$$XF^+ = 20, \quad XF^- = 0$$

表示产品 X 的定值限量 XF 太大,将 XF 降低到 $XF-20$ 后可以得到可行解;如果 XF^- 为非零解值,表示产品 X 的定值限量 XF 太小,将 XF 增加到 $XF+XF^-$ 后可以得到可行解。

测试模型和工作模型分开,以使正常工作模型包含不必要的变量和约束行,也可以设置不同的按钮,生成不同类型的测试模型,用来测试不同类型的不可行解。例如,对"炼油生产计划模型生成系统"而言,可以设置如下按钮(只有在发生不可行解并且原因分析困难时才启用):

(1)产品销售限量测试(测试产品下限、上限和定量约束);

(2)原油和原料限量测试(测试下限、上限和定量约束);

(3)装置加工能力限量测试(测试上限约束);

(4)产品物性指标测试(测试物性的下限或上限约束);

(5)综合测试,即全部包含上述四种测试功能(用罚款系数的大小区分不同功能测试的优先级别);

(6)其他测试(根据需要,如测试公用工程资源约束等)。

如果测试模型解结果仍然不可行,一般认为测试不成功,选择其它测试方法。如果测试模型的解结果为"最优解",说明测试成功,只需查看"最优解"中罚款变量的解值(非零),分析并发现导致造成不可行解的直接原因。

2.2.3 案例分析

实例 2 中设置如下案例:

CASE1:基础案例(不使用目标规划方法),G90 硫含量达到上限 480;

CASE2:用硬约束方法将 G90 硫含量约束指标由 480 调至 450;

CASE3:用硬约束方法将 G90 硫含量约束指标由 480 调至 400;

CASE4:用软约束目标控制,G90 硫含量控制目标 450,罚款系数 10;

CASE5:用软约束目标控制,G90 硫含量控制目标 400,罚款系数 10;

CASE6:用软约束目标控制,3 个产品硫含量控制目标 363.4,罚款系数 10;

CASE7:用软约束目标控制,3 个产品硫含量控制目标 363.4,罚款系数 2;

CASE8：用软约束目标控制，3 个产品硫含量控制目标 363.4，罚款系数 0.8。

从表 2-12 所列出 6 个案例结果分析比较得出：

CASE2、CASE3 用硬约束分别将 G90 硫含量控制指标由 480 分别下降至 450、400，CASE2 的 MINOBJ 与 CASE1 相同，CASE3 优解比 CASE1 目标函数和调合收益均下降 70，表明如果要使 G90 的硫含量降低到 400，将导致经济效益下降；

CASE4、CASE5 分别将 G90 硫含量控制指标用目标控制的软约束方法，试图将 G90 的硫含量由 480 分别下降至 450、400，CASE4 的 MINOBJ 与 CASE1 相同，CASE3 优解比 CASE1 目标函数和调合收益均下降 70，表明如果要使 G90 的硫含量下降到 400，也将导致经济效益下降；

CASE6 将 G90、G93、G97 三种产品硫含量用目标控制软约束方法尽量控制到平均值 363.4。显然，三种产品硫含量分布比较均匀，但为此使调合收益下降 501(约 5.4%)。

表 2-12 案例结果比较表

项目内容	说明	CASE1	CASE2	CASE3	CASE4	CASE5	CASE6
G90 硫约束	XSUL(G90)		≤450	≤400			
硫含量	罚款系数				10	10	10
目标	G90				450	400	
控制	G90(93/97)						363.5
目标函数	OBJFN	9248	9248	9178	9248	9178	8047
OBJFNi−OBJFN1	目标变化		0	−70	0	−70	−1201
调合收益	MINOBJ	9248	9248	9178	9248	9178	8747
MINOBJi−MINOBJ1	收益变化		0	−70	0	−70	−501
硫含量分布	G90	444	444	400	450	400	363
	G93	367	367	407	363	407	363
	G97	119	119	119	113	119	325

用硬约束方法选择一个合理的硬约束指标比较困难，因为容易产生不可行解。而目标控制软约束方法可以用案例比较方法，筛选一个相对比较合理的罚款系数，兼顾被控指标和经济效益。如表 2-13 所示，当罚款系数选择 10、2、0.8 时，调合效益下降 501、205、198，效益逐步减少；三个产品硫含量与平均值总偏差逐步增加 39、55、57，用户可以从中选取一个"合适"的罚款系数。

表 2-13 不同罚款系数控制效果和调合收益变化

项 目	说明	CASE1	CASE6	CASE7	CASE8
罚款系数变化	罚款系数		10	2	0.8
硫含量控制目标	3 个产品		363.5	363.5	363.5
目标函数	OBJFN	9248	8047	8693	8905
OBJFNi−OBJFN1	目标变化		−1201	−555	−343
调合收益	MINOBJ	9248	8747	9043	9050
MINOBJi−MINOBJ1	收益变化		−501	−205	−198

续表

项　　目	说明	CASE1	CASE6	CASE7	CASE8
硫含量分布	G90	444	363	380	380
	G93	367	363	363	363
	G97	119	325	325	323
产品硫含量与平均值绝对偏差	G90	81	0	16	17
	G93	3	0	0	0
	G97	244	39	39	40
总绝对偏差	总偏差	329	39	55	57

值得注意的是：本例模型中考虑物料密度(SPG)，在罚款方程中组分变量的系数是组分硫含量乘以相应的SPG，因为罚款方程中的变量BWBLG90是重量，如果MSRP方法生成模型中定义的组分变量BC1NG90等是体积变量，物性调合控制方程由模型生成系统自动修改系数。以G90的硫含量控制方程为例：

考虑组分SPG(使用实例组分物性表BLNNAPH中SPG列数据)时，由MSRP自动生成的G90的硫含量控制方程为：

XSULG90：

480BWBLG90−460.8BC1NG90−432BC2NG90−146BC3NG90−0.68BCMTG90≥0

不考虑组分SPG时由MSRP自动生成的G90的硫含量控制方程为：

XSULG90：

480BWBLG90−640BC1NG90−600BC2NG90−200BC3NG90−1BCMTG90≥0

因此，用户在用ROWS表描述物性控制约束行时，也要考虑用组分的SPG修改硫含量物性数据。关于体积调合和重量调合将在实例3中详细讨论。

⭐ 2.3　实例3：重量调合与体积调合

2.3.1　问题提出

在石油产品物性的规格中，有些物性规格与油品重量有关，例如车用汽油产品硫含量(SUL)的控制指标是重量百分比，硫含量就属于重量调合。有些物性规格与油品体积有关，例如车用汽油产品烯烃含量(OLV)的控制指标是体积百分比，烯烃含量就属于体积调合。而炼油计划模型通常有"重量模型"和"体积模型"两种类型，其中"重量模型"物流计量单位为重量，如"吨"或"万吨"；"体积模型"物流计量单位为体积，如"桶"或"千桶"。"重量模型"中如何处理体积调合的物性，"体积模型"中如何处理重量调合的物性？下面以汽油辛烷值调合为例，通过案例对比分析给出合理的处理原则。

汽油辛烷值，是车用汽油抗爆性指标，测算方法是人为规定抗爆性极好的异辛烷的辛烷值为100，抗爆性极差的正庚烷的辛烷值为0，两者的混合物则以其中异辛烷的体积百分含量值为其辛烷值。因此，严格来说，汽油辛烷值是体积调合，但在重量模型中，有时也按重量调合处理，不考虑组分间SPG的差异。但值得注意的是，在使用辛烷值改进剂时，还必须考虑改进辛烷值的添加剂敏感度的计量单位，要保证加剂前辛烷值和加剂辛烷值计算时计量单位的统一,详细内容可参阅实例10。另外有些"物性"是用于控制某一个调合组分在调合产品中的比例。例如,为了控制调合产品中氧含量不超标,用MTBE在调合产品中的百分含量进行控制,在体积模型中使用体积调合,在重量模型中使用重量调合,因为组分量和调合产品量比例一般和模型中物流计量方法一致,除非在WSPECS中特别指明。

所以无论是重量模型还是体积模型,在调合时都会碰到调合物性是"体积调合"还是"重量调合"的问题,应根据调合产品物性规格要求正确选择,才能保证模型中调合产品物性的控制精度。

用线性规划建立油品调合优化模型时,假设物性和物流量是线性可加的,线性调合模型必须满足如下条件:对于重量调合的物性,其调合组分和调合产品的物性都以重量进行线性加和,对于体积调合的物性,其调合组分和调合产品都以体积进行线性加和。因此,对于重量模型来说,调合组分和产品均以重量计量,对重量调合的物性调合约束,可以直接进行描述,但对于体积调合物性,必须把调合组分和调合产品约束(包括物料平衡和物性规格控制约束)以体积量进行描述,即必须将重量模型中的调合组分和产品的重量通过对应密度(SPG)转换成体积量后再进行调合。相同理由,在体积模型中遇到重量调合的物性,也必须将体积模型中的调合组分和产品的体积量通过对应密度(SPG)转换成重量后再进行调合。

2.3.2 调合模型的建立

2.3.2.1 国内软件处理重量调合与体积调合的模型结构

由于国内和国外炼厂采用不同的物流计量单位,在用MSRP方法生成模型时,其模型结构略有不同,下面分别进行讨论。

我国炼油计划物流用重量计量。在用MSRP方法生成模型时,为了使模型生成系统同时满足两种物性调合的需要,在调合模块增加一个用户对调合物性k指定调合特征的参数$WSPECS_k$。$WSPECS_k = 1$表示物性k重量调合,否则物性k为体积调合。炼厂计划模型中由生产装置产生的调合组分以重量计量,物料平衡得到的调合组分和调合产品也以重量计量,对于重量调合物性的行模型如第1章1.5.4.2(MSRP生成调合例子行模型)所示,重量模型调合产品j物性k为重量调合时物性k的物性控制约束为(物性上限为例):

$$QUA_{jk} \times PROW_{jk} \leqslant \sum_i (QUA_{ik} \times CMW_{ij})$$

重量模型调合产品j物性k为体积调合时物性k控制约束为(物性上限为例):

$$QUA_{jk} \times PROW_{jk}/SPG_j \leqslant \sum_i (QUA_{ik} \times CMW_{ij}/SPG_i)$$

其中,SPG_j、SPG_i分别为产品j和组分i的密度,当SPG_i是递归变量时,通过递归过程得到。CMW_{ij}为组分i调合到产品j的组分重量,其他符号说明见2.3.2.2。

2.3.2.2 国外软件重量调合与体积调合的处理方法

国外软件用MSRP方法生成模型时,使用WSPECS表来标明调合物性是重量调合还是体积调合,应特别关注系统规定的缺省规则。例如,PIMS软件WSPECS表的缺省规则是:重量调合的物性必须在WSPECS表中标明,否则就是体积调合(个别重量调合物性如SUL等另有特殊规则)。鉴于目前多数国内炼厂使用国外软件,以PIMS为例,说明国外软件建立重量模型时重量调合和体积调合模型的结构。由于炼厂物流计量单位为"桶"或"千桶"，使用 SPG 进行物流重量/体积转换时还必须考虑桶/立方米的转换因子，其相关参数有：

(1) VOLBASIS Model Basis(基础物流计量方式，即重量模型还是体积模型-Weight/Volume)；

(2) WVT(重量体积转换因子，实际上是立方米和桶的比例系数，国内模型体积使用立方米，使用 WVT=1 为好)；

(3) WSPECS 表(表明物性是重量调合/体积调合标志)，特别注意缺省为体积调合。

MSRP 在构建调合模型时，主要有以下几类约束方程：

1. 调合组分物料平衡约束(体积平衡和重量平衡)

$$PROV_j = \sum_i CMV_{ij} \tag{2-3}$$

$$PROW_j = \sum_i (VTW \times SPG_i \times CMV_{ij}) \tag{2-4}$$

不管是体积模型还是重量模型，调合模型计算调合产品时同时以体积量和重量计量。

2. 调合产品物性约束(以约束物性上限为例)

$$QUA_{jk} \times PROV_{jk} \leqslant \sum_i (QUA_{ik} \times CMV_{ij}) \tag{2-5}$$

$$QUA_{jk} \times PROW_j \leqslant \sum_i (QUA_{ik} \times VTW \times SPG_i \times CMV_{ij}) \tag{2-6}$$

当物性 k 体积调合时，产生物性约束式(2-5)，当物性 k 重量调合时，产生物性约束式(2-6)。

3. 调合组分物料来源平衡约束(体积模型或重量模型)

$$\sum_j CMV_{ij} \leqslant CMV_i \tag{2-7}$$

$$\sum_j (VTW \times SPG_i \times CMV_{ij}) \leqslant CMW_i \qquad i = 1, 2, \cdots I \tag{2-8}$$

当使用体积模型时，产生物性约束式(2-7)，调合组分 CMV_i 以体积计量，CMV_i 去调合产品 j 的调合量 CMV_{ij} 也是体积量，以体积量进行物料平衡；当使用重量模型时，产生物性约束式(2-8)，调合组分 CMW_i 以重量计量，CMW_i 去调合产品 j 的调合量 CMV_{ij} 是体积量，必须将调合组分的体积量转换成重量进行重量物料平衡；

4. 调合产品去向约束(体积模型或重量模型)

$$SPROV_j \leqslant PROV_j \tag{2-9}$$

$$SPROW_j \leqslant PROW_j \tag{2-10}$$

当建立体积模型时，生成调合产品与产品销售进行体积物料平衡为式(2-3)、式(2-4)、式(2-5)、式(2-7)和式(2-9)；

当建立重量模型时，生成调合产品与产品销售进行重量物料平衡式(2-3)、式(2-4)、式(2-6)、式(2-8)和式(2-10)。

变量说明：

i、j、k——下标变量，分别表示调合组分、调合产品和物性下标；

$PROV_j$——调合产品 j 的体积变量；

$PROW_j$——调合产品 j 的重量变量；

CMV_{ij}——调合组分 i 调入产品 j 的的体积变量，按 BLNMIX 表生成；

SPG_i——调合组分 i 的密度，单位为吨/立方米；

QUA_{jk}——调合产品 j 物性 k 控制指标(上限或下限);

QUA_{ik}——调合组分 i 的物性 k 值;

$SPROV_j$——调合产品 j 的体积销售变量;

$SPROW_j$——调合产品 j 的重量销售变量;

VTW——所选体积单位与立方米的比例,所选体积单位为"桶""立方米"和"升"时。

VTW 值如下:

"桶": $VTW = 0.1587$,

"立方米": $VTW = 1$,

"升": $VTW = 0.001$。

值得注意的是,MSRP 生成的调合模型中,省略了"CMW_{ij}"这个变量,用"$VTW \times SPG_i \times CMV_{ij}$"替代"$CMW_{ij}$",相当于隐含约束方程"$CMW_{ij} = VTW \times SPG_i \times CMV_{ij}$",以便有效减少模型的规模。

2.3.2.3 调合模型实例

从以上讨论可以看出,我国使用重量模型,使用国内软件比国外软件相对比较简单,鉴于国内部分炼厂目前使用国外软件建模,以一个简单的调合实例为例,讨论用国外软件(如PIMS)建立调合模型方法。

三种汽油组分调合成一种成品汽油 G97,控制两个物性 RON 和 OLE,在体积模型和重量模型中均假设 RON 为重量调合,OLE 为体积调合。本实例模型中的调合组分性质表(BLNPROP 表)、调合产品规格表(BLNSPEC 表)以及重量调合物性表(WSPECS 表),如表 2-14~表 2-16 所示。

表 2-14 调合组分物性表

* TABLE	BLNPROP			
	TEXT	RON	OLE	SPG
CM1	组分 1	103	1.2	0.73
CM2	组分 2	93	37.8	0.79
CM3	组分 3	115	0	0.71

表 2-15 调合产品物性规格表

* TABLE	BLNSPEC	
	TEXT	G97
NRON	研究法辛烷值	97.1
XOLE	烯烃	34

表 2-16 重量调合物性表

* TABLE	WSPECS
	TEXT
RON	研究法辛烷值

2.3.2.4 调合模型分析

实例 3 中,当 VTW = 0.1587 时,调合模型主要方程(MINOBJ、OBJFN、BOUNDS 略)如下。

1. 调合组分物料平衡约束(体积平衡和重量平衡)

EVBLG97:

BVBLG97-BCM1G97-BCM2G97-BCM3G97=0

EWBLG97：

BWBLG97−0.11585×BCM1G97−0.12537×BCM2G97−0.11268×BCM3G97＝0

式 EWBALG97 中 BCM1G97、BCM2G97 和 BCM3G97 的系数分别是由 VTW 与 CM1、CM2 和 CM3 的密度相乘得到的。

2. 调合产品物性约束(体积调合或重量调合)

NRONG97(重量调合)：

97.1×BWBLG97−11.9325×BCM1G97−11.6594×BCM2G97−12.9582×BCM3G97≤0

XOLEG97(体积调合)：

34×BVBLG97−1.2×BCM1G97−37.8×BCM2G97+0×BCM3G97≥0

式 NRONG97 中，BCM1G91、BCM2G97 和 BCM3G97 的系数分别是由 VTW 与 CM1、CM2 和 CM3 的辛烷值及密度相乘得到的。

3. 调合组分来源物料平衡约束(体积模型或重量模型)

VBALCM1(体积模型)：

−PURCCM1+BCM1G97≤0

VBALCM2(体积模型)：

−PURCCM2+BCM2G97≤0

VBALCM3(体积模型)：

−PURCCM3+BCM3G97≤0

WBALCM1(重量模型)：

−PURCCM1+0.11585B×CM1G97≤0

WBALCM2(重量模型)：

−PURCCM2+0.12537×BCM2G97≤0

WBALCM3(重量模型)：

−PURCCM3+0.11268×BCM3G97≤0

4. 调合产品去向约束(体积模型或重量模型)

VBALG97(体积模型)：

SELLG97−BVBLG97≤0

WBALG97(重量模型)：

SELLG97−BWBLG97≤0

实例 3 模型设置成体积模型时，物性 RON 可选择体积调合或重量调合(分别记为 V−V、V−W)；模型设置成重量模型时，物性 RON 也可选择体积调合或重量调合(分别记为 W−V、W−W)。

体积模型中调合组分为体积量，根据 BLNMAP 表生成分配给产品的调合变量 CMV_{ij}(如 BCM1G97)和调合产品总量 $PROV_j$(如 BVBLG97)，均为体积变量，调合产品也以体积销售(如 SELLG97)，物料平衡约束变量均为体积变量，不需要进行体积/重量转换(如 EVBLG97、VBALCM1、VBALG97)。为了和重量模型一致，并便于用户参照，体积模型也计算调合产品的重量(如由 EWBLG97 方程计算 BWBLG97)，在输出调合配方报表

BLMAP. xls 中同时提供体积调合配方和重量的调合配方。

重量模型中调合组分为重量，由于 PIMS 模型中没有设置组分分配给产品的重量调合变量"CMW_{ij}"，而仍然使用体积调合变量"CMV_{ij}"，为了将重量组分变量"CMW_i"和调入产品体积变量"CMV_{ij}"进行物料平衡，必须进行"体积→重量"的转换。当某些物性需要重量调合时，由于"CMV_{ij}"是体积变量，在物性控制约束中，也必须进行"体积→重量"的转换。总而言之，共包括三种类型的转换：

（1）调入产品组分是体积变量，产品是重量变量（$VTW \times SPG_i \times CMV_{ij}$），如 EWBLG97：BWBLG97-0.11585×BCM1G97-……=0；

（2）调合组分来源是重量变量，调合产品组分是体积变量（$VTW \times SPG_i \times CMV_{ij}$），如 WBALCM1：-PURCCM1+0.11585×BCM1G97≤0；

（3）产品变量是重量，调合组分变量是体积，物性为重量调合（$QUA_{ik} \times VTW \times SPG_i \times CMV_{ij}$），如 NRONG97：97.1×BWBLG97-11.9325×BCM1G97-……≤0；

前面两种类型体积→重量转换，是由重量模型造成的，在物料平衡约束中出现。第三种类型体积→重量转换是出现在物性控制约束中，由重量调合引起，重量模型和体积模型均需要进行转换。

2.3.3 案例分析和结论

2.3.3.1 案例和案例分析

根据模型类型、RON 调合方式和 VTW 值不同，设置如下 6 个不同的实例。

实例 3-1：重量模型（Weight），RON 重量调合；VTW = 0.1587；

实例 3-2：重量模型（Weight），RON 体积调合；VTW = 0.1587；

实例 3-3：重量模型（Weight），RON 重量调合；VTW = 1；

实例 3-4：体积模型（Volume），RON 重量调合；VTW = 0.1587；

实例 3-5：体积模型（Volume），RON 体积调合；VTW = 0.1587；

实例 3-6：体积模型（Volume），RON 体积调合；VTW = 1；

表 2-17 列出 3 个重量模型的解结果比较。实例 3-1 中 RON 是重量调合，VTW = 0.1587，解结果 RON = 97.1，用表中重量调合配方和组分 RON 计算得到 RON = 97.1，其体积调合配方的单位为桶。实例 3-2 中 RON 是体积调合，其体积调合配方的单位为桶，用表中体积调合配方和组分 RON 计算得到 RON = 97.1，如果用重量配方和组分 RON 计算得到 RON = 96.83。也就是说，本实例中 RON 用体积调合验证时辛烷值合格，而用重量调合验证时辛烷值不合格。当然，如果用实例 3-1 中的体积配方优解和组分 RON 计算，得到调合产品的 RON = 97.38，辛烷值过剩。因此，调合物性选择体积调合还是重量调合，会产生不同的调合配方和不同的目标函数，如果物性调合方式选择不对，模型计算的优解中该物性虽然是卡边，但实际上该物性会不合格或过剩。所以正确给定调合物性是体积调合还是重量调合对提高模型的预测精度是很重要的，各调合组分的比重以及优解中卡边的物性相差越大，对模型预测的精度影响就越大。实例 3-3 的 VTW = 1，RON 为重量调合，目标函数和重量调合配方与实例 3-1 一致，其体积调合配方的单位是立方米。

表 2-17　实例 3 重量模型(Weight) 案例比较

实例编号		3-1(RON 重量调合)		3-2(RON 体积调合)		3-3(RON 重量调合)		RON
OBJFN	目标函数	897.42		1155.50		897.56		RON
VTW	转换参数	0.1587		0.1587		1		
		体积量	重量	体积量	重量	体积量	重量	
CM1	组分 1	34.53	4.00	34.53	4.00	5.48	4.00	103
CM2	组分 2	115.55	14.49	119.65	15.00	18.34	14.49	93
CM3	组分 3	17.75	2.00	16.02	1.81	2.82	2.00	115
G97	产品量		20.49	170.20	20.81		20.49	
	产品物性							规格
NRON	辛烷值		97.10	97.10			97.10	97.1
XOLE	烯烃		26.27	26.82			26.27	34.0
RON	验证	97.38	97.10	97.10	96.83	97.38	97.10	

　　表 2-18 为实例 3 体积模型(Volume) 的三个案例(实例 3-4、实例 3-5、实例 3-6) 比较，其内容与表 2-17 类似。

表 2-18　实例 3 体积模型(Volume) 案例比较

实例编号		3-4(RON 重量调合)		3-5(RON 体积调合)		3-6(RON 体积调合)		RON
OBJFN	目标函数	663.7029		897.5610		897.5610		RON
VTW	转换参数	0.1587		0.1587		1		
		体积量	重量	体积量	重量	体积量	重量	
CM1	组分 1	4.00	0.46	4.00	0.46	4.00	2.92	103
CM2	组分 2	5.32	0.67	14.49	1.82	14.49	11.45	93
CM3	组分 3	0.00	0.00	2.00	0.23	2.00	1.42	115
G97	产品量		1.13	20.49			20.49	15.79
	产品物性							规格
NRON	辛烷值		97.1	97.1			97.10	97.10
XOLE	烯烃		22.09	26.96			26.96	34.00
RON	验证	97.10	97.10			97.10		

　　表 2-19 和表 2-20 分别列出实例 3-1、实例 3-2 两个案例主要调合方程的对比结果，可见两个模型只有 RON 的物性控制约束不同，导致目标函数和解结果不同。

表 2-19　实例 3-1 重量模型/RON 重量调合优解分析

变量代码	优解值	相关约束方程
OBJFN	897.42	MAXOBJ：2700×SELLG97-2800×PURCCM1-…
PURCCM1	4.00	WBALCM1：BCM1G97-0.1587×0.73×PURCM1≤0
PURCCM2	14.49	WBALCM2：BCM1G97-0.1587×0.79×PURCM1≤0
PURCCM3	2.00	WBALCM3：BCM1G97-0.1587×0.71×PURCM1≤0

变量代码	优解值	相关约束方程
SELLG97	20.49	WBLG97：SELLG97-BWBLG97≤0
BVBLG97	167.83	EVBLG97：BVBLG97-BCM1G97-…=0
BWBLG97	20.49	EWBLG97：BWBLG97-0.1587×0.73×BCM1G97-…=0
BCM1G97	34.53	BCM1G97…满足下面物性约束：
BCM2G97	115.55	NRONG97：97.1×BWBLG97-0.1587×0.73×103×BCM1G97-…≤0
BCM3G97	17.75	XOLEG97：34×BVBLG97-1.2×BCM1G97-…≥0

表 2-20 实例 3-2 重量模型/RON 体积调合优解分析

变量代码	优解值	相关约束方程
OBJFN	1155.50	MAXOBJ=2700×SELLG97-2800×PURCCM1-…
PURCCM1	4.00	WBALCM1：BCM1G97-0.1587×0.73×PURCM1≤0
PURCCM2	15.00	WBALCM2：BCM1G97-0.1587×0.79×PURCM1≤0
PURCCM3	1.81	WBALCM3：BCM1G97-0.1587×0.71×PURCM1≤0
SELLG97	20.81	WBLG97：SELLG97-BWBLG97≤0
BVBLG97	170.20	EVBLG97：BVBLG97-BCM1G97-…=0
BWBLG97	20.81	EWBLG97：BWBLG97-0.1587×0.73×BCM1G97-…=0
BCM1G97	34.53	BCM1G97…满足下面物性约束：
BCM2G97	119.65	NRONG97：97.1×BWBLG97-103×BCM1G97-…≤0
BCM3G97	16.02	XOLEG97：34×BVBLG97-1.2×BCM1G97-…≥0

2.3.3.2 结论

（1）在构建 MSRP 调合模型时，凡是物性规格与调合产品重量相关的，都要在 WSPECS 表中设置为重量调合，例如硫含量 SUL（质量分数）；

（2）凡是物性规格与调合产品体积相关的，在 WSPECS 表中不出现该物性代码，因为缺省表示用体积调合，例如车用汽油烯烃含量 OLE（体积分数）；

（3）如果用某个组分在产品中百分比作为"物性"进行控制，例如将控制 MTBE 调入产品的比例定义为虚拟物性"MTB"，在 Weight 模型中，应该将"MTB"物性定义为重量调合，这样模型在物性控制约束中将按重量比例进行计算，很可能得到比例卡边优解；如果"MTB"物性没有定义为重量调合，在物性控制约束中将按体积比例进行计算，"MTB"物性定义为重量调合或体积调合的目标函数和调合配方均不一样；

（4）MSRP 中基础物流计量参数（VOLBASIS Model Basis）用来标志模型中由 BUY、SELL、CAPS 等输入数据表给出的数据计量单位，MSRP 将据此生成重量平衡约束方程"WBALXXX"或体积平衡约束方程"VBALXXX"；WSPECS 用来标志 MSRP 进行物性规格调合时，物性是重量调合，则物性控制线性调合方程用"重量×物性"进行计算；物性是体积调合，则物性控制线性调合方程用"体积×物性"进行计算；VTW 是重量体积转换因子，因为物流的密度 SPG 为 t/m^3，因此 VTW 实际上是当重量体积发生转换时，参与转换的体积与立方米的比例系数，例如"桶"参与转换，VTW=0.1587，"立方米"参与转换，VTW=1；"升"参与转换，VTW=0.001；

（5）参数WVT取不同值不会影响目标函数，如实例3-1和实例3-3（同为重量模型，RON均为重量调合，但VTW值不同），实例3-5和实例3-6（同为体积模型，RON均为体积调合，但VTW值不同）。

注意，汽油在调合时，RON一般按照体积调合，本实例中以RON分别采用体积调合和重量调合进行汽油调合，仅是为了说明MSRP模型中体积调合与重量调合的差异，并不代表笔者推荐RON使用重量调合。

⭐ 2.4 实例4：混合整数线性规划建模技术

2.4.1 问题提出

某炼厂用CM1~CM7这7种汽油调合组分调合生产E98、E97、E93、G98、G97、G93和G90这7种牌号的汽油产品，各调合组分量及其主要性质如表2-21所示，调合产品主要控制指标如表2-22所示。

表2-21 汽油调合组分量及其主要性质

项目	组分量/t	辛烷值	抗爆指数	硫含量/%	芳烃含量/%	烯烃含量/%	MTBE含量/%	雷氏蒸气压/kPa
CM1	≤6000	102	97	0.0001	85	0	0	3.3
CM2	10800	92.5	87.5	0.0072	21.4	42	0	7.1
CM3	14200	88.5	83.5	0.0065	22	32	0	6
CM4	≤1000	60.8	58	0	0	0	0	4.7
CM5	≤1000	85	80	0	0	0	0	14.8
CM6	≤2000	115	107	0.0001	0	0	100	8.6
CM7	≤3000	95	94	0.001	0	0.5	0	9

表2-22 汽油调合产品主要性质指标要求

项　　目	E98	E97	E93	G98	G97	G93	G90
最小辛烷值	98.1	97.1	93.10	98.10	97.10	93.10	90.10
最小抗爆指数	93.1	92.10	88.10	93.10	92.10	88.10	85.10
最大硫含量/%	0.02	0.014	0.003	0.07	0.07	0.07	0.07
最大芳烃含量/%	35	41	29	39	39	39	39
最大烯烃含量/%	29	17	9	34	34	34	34
最大MTBE限量/%	10	5	0	12	12	10	
最高蒸气压(夏)/kPa	74	74	74	74	74	74	74
最高蒸气压(冬)/kPa	88	88	88	88	88	88	88

表2-23给出了上述汽油调合LP模型的优解，为了满足实际调合操作的"要求"，即调合配方在满足调合产品质量指标和组分、产品限量的条件下，还要满足以下4个条件：

(1) 调合组分量必须满足门槛下限 100t（即调合组分或者 CM$i \geqslant 100$t 或者 CM$i = 0$, $i = 1 \sim 7$）。

而 LP 优解中，调入 E97 汽油中组分 CM5 为 31.5t，调入 G98 汽油中组分 CM7 为 40.3t，均不满足上述门槛要求。

(2) 每种调合产品中组分品种数量上限为 4 种。

而 LP 优解中，E97 由 6 种组分调合而成，G93 由 5 种组分调合而成，均不满足该要求。

(3) 出口汽油（E98、E97 和 E93）品种数量上限为 2 种。

而 LP 优解中，调合 E98、E97、E93 三种汽油品种，不满足上述要求。

(4) 炼厂有 1000t、3000t 及 4000t 三种规格的汽油调合罐各 5 个，汽油调合操作均要求调合产品量按整罐（满罐）考虑。

而 LP 优解中，E97、E93、G98、G93、G90 均不满足批量要求。

表 2-23 汽油调合 LP 模型优解

项目	E98	E97	E93	G98	G97	G93	G90	合计
CM1	306.5	795.0	1315.4	514.5	237.9	2280.5	550.2	6000.0
CM2	418.2	723.2	0.0	835.3	642.1	2803.3	5377.9	10800.0
CM3	0.0	171.2	1353.7	0.0	0.0	516.2	12158.8	14200.0
CM4						1000.0	0.0	1000.0
CM5	0.0	31.5	968.5	0.0	0.0	0.0		1000.0
CM6	100.0	105.9		189.6	120.0	733.3		1248.8
CM7	175.4	290.8	1244.8	40.3	0.0			1751.2
合计	1000.0	2117.6	4882.4	1579.7	1000.0	7333.3	18086.9	36000.0

2.4.2 模型建立

(1) 设置调合组分量下限门槛 100t。

根据 BLNMIX 表，一共有 39 个不同的组分-产品配对，为了解决组分下限门槛问题，可设置整型变量 IXXXYYY，其中各整型变量均以"I"开头，"XXX"为调合组分代码，分别取 CM1、CM2、……CM7，"YYY"为调合产品代码，分别取 E98、E97、E93、G98、G97、G93 和 G90，这样共设置 39 个 0-1。

建立 39 对组分上限和下限门槛约束：

BCM1E98-100×ICM1E98≥0；
BCM1E98-M×ICM1E98≤0；
BCM2E98-100×ICM2E98≥0；
BCM2E98-M×ICM2E98≤0；
…………
BCM4E90-100×ICM4E90≥0；
BCM4E90-M×ICM4E90≤0。

其中系数 100 即为下限门槛值，"M"为上限门槛值，此例不设上限门槛，故"M"应取一个足够大的正数。

（2）设置调合组分品种数量不超过上限 4。

ICM1E98+ICM2E98+ICM3E98+ICM5E98+ICM6E98+ICM7E98≤4；

ICM1E97+ICM2E97+ICM3E97+ICM5E97+ICM6E97+ICM7E97≤4；

ICM1E93+ICM2E93+ICM3E93+ICM5E93+ICM7E93≤4；

ICM1G98+ICM2G98+ICM3G98+ICM5G98+ICM6G98+ICM7G98≤4；

ICM1G97+ICM2G97+ICM3G97+ICM5G97+ICM6G97+ICM7G97≤4；

ICM1G93+ICM2G93+ICM3G93+ICM4G93+ICM5G93+ICM6G93≤4；

ICM1G90+ICM2G90+ICM3G90+ICM4G90≤4。

（3）设置出口汽油品种数量不超过 2 种。

设置 3 个 0-1 整型变量 IE98、IE97、IE93，分别表示 E98、E97 和 E93 汽油是否销售。建立 3 种出口汽油产品产量连续变量和 0-1 整型变量的关联：

SELLE98≥1000×IE98；

SELLE97≥1000×IE97；

SELLE93≥1000×IE93；

SELLE98≤M×IE98；

SELLE97≤M×IE97；

SELLE93≤M×IE93。

上面各式中"1000"即为下限门槛，"M"即为上限门槛，上限门槛没有要求时可设置为一个足够大的正数（本例中可设"M"为"30000"）。下面约束用于设置出口汽油品种数量不超过 2 种。

IE98+IE97+IE93≤2。

其中 IEmm 为出口汽油 Emm 的 0-1 整型变量，IEmm＝1 时，生产 Emm 产品，IEmm＝0，不生产 Emm 产品。

（4）成品汽油调合量必须满足批量要求。

因各汽油均可能用 1000t、3000t、4000t 三种成品油罐调合，故需定义如下两类整型变量：InEmm 和 InGkk，其中两类整型变量均以"I"字母开头，"n"取值 1、3、4 时分别代表 1000t、3000t 和 4000t 成品油罐，"mm"取值 98、97 和 93 分别代表出口汽油的牌号，"kk"取值 98、97、93 和 90 分别代表清洁汽油的牌号，共设 21 个整数变量。其含义如下所示（以 98 号出口汽油为例，其他省略）：

I1E98：调合 98 号出口汽油所用 1000t 油罐的数量；

I3E98：调合 98 号出口汽油所用 3000t 油罐的数量；

I4E98：调合 98 号出口汽油所用 4000t 油罐的数量。

各汽油产品质量平衡式如下：

SELLE98＝1000×I1E98+3000×I3E98+4000×I4E98；

SELLE97＝1000×I1E97+3000×I3E97+4000×I4E97；

SELLE93＝1000×I1E93+3000×I3E93+4000×I4E93；

SELLG98＝1000×I1G98+3000×I3G98+4000×I4G98；

SELLG97＝1000×I1G97+3000×I3G97+4000×I4G97；

SELLG93＝1000×I1G93+3000×I3G93+4000×I4G93；

SELLG90＝1000×I1G90＋3000×I3G90＋4000×I4G90。

调合用油罐数量控制约束：

I1E98＋I1E97＋I1E93＋I1G98＋I1G97＋I1G93＋I1G90≤5；

I3E98＋I3E97＋I3E93＋I3G98＋I3G97＋I3G93＋I3G90≤5；

I4E98＋I4E97＋I4E93＋I4G98＋I4G97＋I4G93＋I4G90≤5。

21 个整型变量 I1E98、I3E97、……、I4G90 取值可以为 0、1、2、3、4 或 5。

2.4.3　结果分析

表 2-24 为添加门槛、调合组分数量约束、出口汽油种类约束以及调合成品汽油批量约束后的 MILP 模型得到的优解，已经全部满足 2.4.1 所提出的要求：

(1) 调合组分量满足门槛下限 100t；

(2) 每个调合产品的调合组分品种数不超过上限 4 种；

(3) 出口汽油品种数量不超过 2 种；

(4) 成品汽油调合量满足批量要求和不同类别油罐分配，见表 2-25。

从表 2-26 优解比较表可以看出，虽然 MILP 和 LP 优解组分总量和产品总量相等，由于 MILP 模型增加了若干约束条件，目标下降了 33489 元（约下降了 1.43%）。

表 2-24　MILP 优解（调合配方表）

MILP	E98	E97	E93	G98	G97	G93	G90	合计
CM1	919.5	0.0	1349.6	660.8	278.9	1391.6	1399.6	6000.0
CM2	1254.5	0.0	0.0	1020.1	621.1	2442.9	5461.4	10800.0
CM3	0.0	0.0	1376.5	0.0	0.0	0.0	12823.5	14200.0
CM4						672.4	315.5	987.9
CM5	0.0	0.0	1000.0	0.0	0.0	0.0		1000.0
CM6	300.0	0.0		219.1	100.0	493.1		1112.2
CM7	526.1	0.0	1273.9	100.0	0.0			1899.9
合计	3000.0	0.0	5000.0	2000.0	1000.0	5000.0	20000.0	36000.0

表 2-25　MILP 优解产品罐分配表

项目	E98	E97	E93	G98	G97	G93	G90	合计
1000 罐	0	0	1	2	1	1	0	5
3000 罐	1	0	0	0	0	0	4	5
4000 罐	0	0	1	0	0	1	2	4
合计	1	0	2	2	1	2	6	

表 2-26　MILP 优解和 LP 优解比较表

项目	名称	CASE1	CASE2	CASE2-CASE1
		MILP	LP	
OBJFN	目标函数	2302110	2335599	33489

续表

项目	名称	CASE1	CASE2	CASE2-CASE1
CM1	重整汽油	6000.00	6000.00	0.00
CM2	重催汽油	10800.00	10800.00	0.00
CM3	蜡催汽油	14200.00	14200.00	0.00
CM4	抽余油	987.90	1000.00	12.10
CM5	碳五	1000.00	1000.00	0.00
CM6	MTBE	1112.16	1248.78	136.62
CM7	烷基化油	1899.94	1751.22	−148.72
	组分油总量	36000.00	36000.00	0.00
E98	98号出口汽油	3000.00	1000.00	−2000.00
E97	97号出口汽油	0.00	2117.59	2117.59
E93	93号出口汽油	5000.00	4882.41	−117.59
G98	98号清洁汽油	2000.00	1579.73	−420.27
G97	97号清洁汽油	1000.00	1000.00	0.00
G93	93号清洁汽油	5000.00	7333.33	2333.33
G90	90号清洁汽油	20000.00	18086.94	−1913.06
	产品总量	36000.00	36000.00	0.00

★ 2.5 实例5：汇流和分布递归方法

2.5.1 实例描述

在炼油化工生产计划优化数学模型中，经常会碰到多股物料汇合后流向不同的地方，这就是汇流(Pooling)问题，下面以二次调合的例子分析汇流及分布递归方法，二次调合流程如图2-2所示。

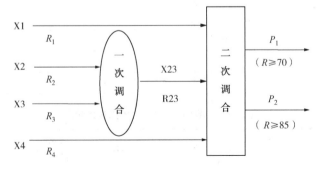

图2-2 二次调合流程

四种组分 X1、X2、X3、X4 调合成两种产品 P1、P2，其中两个组分 X2 和 X3 先混合成 X23 后再调入产品 P1 和 P2。X23 即为 X2 和 X3 汇流（POOLING），X23 的物性由 X2 和 X3 的比例决定，设 R23 为物流 X23 的研究法辛烷值（RON），R2、R3 分别为物流 X2 和 X3 的 RON，因为 X23＝X2+X3 则

R23＝（X2×R2+X3×R3）/（X2+X3）＝（X2×R2+X3×R3）/X23

或 R23×X23＝（X2×R2+X3×R3）

R23 和 X23 在调合模型中都是变量，所以，X2 和 X3 的 POOLING 为非线性问题，本实例讨论求解由 POOLING 产生的非线性问题的实用方法—分布递归方法（Distrubution Recursion，简称 DR 法）。

二次调合实例数据如表 2-27 所示。

表 2-27　汽油二次调合实例数据

变量名	可用量/t	辛烷值（RON）	成本或售价/（元/t）
X1	10	45	1500
X2	30	68	1600
X3	70	78	2000
X4	20	98	2300
P1		≥70	2000
P2		≥85	2200

2.5.2　数学模型

炼化工业中大量存在物流的汇流和分流，如果要考虑物流在分、合过程中物性的变化，就会如 2.5.1 所述产生大量的非线性问题，该非线性其实是双线性问题，数学上双线性问题属于非凸问题。目前，用于求解非线性炼油计划 NLP 模型的方法主要是分布递归（Distrubution Recursion，简称 DR）方法和序贯线性规划（Succesive Linear Programming，简称 SLP）方法。

1977 年，雪佛龙公司（Chevron Corporation）在加利福尼亚埃尔塞贡多（EISegundo）举办 LP 培训班。在该培训班上，雪佛龙公司的高级 LP 建模专家 DonWhite 提出，基于单种原油的虚拟建模方案在处理原油混炼时产生严重过度优解，希望能有更好的方法解决这个问题。在培训班期间，Haverly Systems 公司的高级数学专家 Bill Hart 开发了著名的 DR 技术[17]。

分布递归方法将汇流中上游物流物性变化和下游目的物流物性变化联系起来。

早期版本的 DR 技术使用麻烦，求解速度慢。经过多年发展，DR 技术更加完美、递归速度更快、更实用。DR 技术已得到广泛应用，在炼油化工计划模型系统中普遍采用 DR 技术解决汇流（POOLING）造成的非线性物性传递问题。1987 年，Bonner & Moor 公司在西德威斯巴登（Wiesbaden）召开的用户论文交流会上发表 Bonner 的署名文章[18]，介绍 DR 技术，并宣布该公司的 RPMS 使用 DR 技术获得成功。我国曾经在自主开发的计划软件中使用 DR 技术，用于广州石化和天津石化炼厂的生产计划模型中[19]。

为了便于读者对比分析，更深入了解分布递归方法，此处用 3 种方法求解 2.5.1 提出的 POOLING 问题。

方法1：手工递归方法：直接用LP解题器求解LP模型，人工操作迭代过程，用分布递归方法求解，便于读者理解分布递归方法的基本原理和递归过程。

方法2：汇流子模型方法：用分布递归汇流子模型结构建模，解决汽油二次调合问题。

方法3：调合的调合方法：用调合的调合(Blend in to blend)结构进行描述。

2.5.2.1 方法1：手工递归方法

根据2.5.1对汽油二次调合问题的描述，分布递归模型为：

Max　OBJ = 2000P1+2200P2-1500X1-1600X2-2000X3-2300X4

ST

E001：X1-X1P1-X1P2 = 0

E002：X2+X3-X23P1-X23P2 = 0

E003：X4-X4P1-X2P2 = 0

E004：P1-X1P1-X4P1-X23P1 = 0

E005：P2-X1P2-X4P2-X23P2 = 0

E006：X2+X3-X23 = 0

E007：68X2+78X3-RON23×X23-ERR = 0

G008：-70P1+45X1P1+98X4P1+RON23×X23P1+$\beta1$×ERR ≥ 0

G009：-85P2+45X1P2+98X4P2+RON23×X23P2+$\beta2$×ERR ≥ 0

L010：X1 ≤ 10

L011：X2 ≤ 30

L012：X3 ≤ 70

L013：X4 ≤ 20

G014：ERR ≥ -888

其中：

X_iP_j——组分X_i调入产品P_j的量，i = 1，4，23，j = 1，2。

ERR——误差变量，模型每次递归计算混流X23的"当前"辛烷值总量(68X2+78X3)与"预估"辛烷值总量(RON23×X23)之差，可能取负数，也可能取正值。计算"预估"辛烷值总量时，RON23是上一次递归(第一次递归用初始值)的辛烷值，X23是本次递归物流量(汇流量)。

RON23——汇流X23辛烷值变量。每次递归时设定为常数，第一次递归模型用人工预估值，第二次及以后递归模型用上一次递归模型解结果计算的预估值。

$\beta1$——误差变量分配系数，为调入P1产品中的X23的量与X23总量之比。

$\beta2$——误差变量分配系数，为调入P2产品中的X23的量与X23总量之比。

第一次递归时假设各输入物流分量均相等，例如当X23参与两个产品调合时，$\beta1 = \beta2 = 0.5$。第二次及以后递归模型用上一次递归模型解结果计算。

2.5.2.2 方法2：汇流子模型方法

解决2.5.1问题也可以在MSRP软件中用分布递归数据结构自动生成递归模型，只需根据建模规则，构建如表2-28和表2-29两张输入数据表，其中表2-28描述分布递归物流及平衡关系、递归物流代码、递归物性代码等信息，表2-29提供递归物性初值。而分布系数$\beta1$、$\beta2$初值由递归系统自动计算，迭代过程中3个参数即$\beta1$、$\beta2$和递归物性(RON23)均由MSRP软件自动计算和更新。

表 2-28 分布递归结构表

* TABLE	SX23			
	TEXT	XX2	XX3	X23
WBALXX2	汇流来源	1		
WBALXX3	汇流来源		1	
WBALX23	汇流去向	−1	−1	
RBALX23	递归物流平衡	−1	−1	1
RRONX23	递归物性平衡	−999	−999	999

表 2-29 递归物性初值表

* TABLE	PGUESS	
	TEXT	RON
X23		73

2.5.2.3 方法3："调合的调合"方法

当在调合中发生如2.5.1所述的二次调合时，可以用分布递归方法在调合模块中建立称为"调合的调合"方法。表2-30~表2-36的7张表用于处理2.5.1问题，其中"BUY"、"SELL"、"BLNPROP"与常规调合问题表没有区别。

表 2-30 调合的调合 BUY 表

* TABLE	BUY		
	TEXT	MAX	COST
CM1		10	1500
CM2		30	1600
CM3		70	2000
CM4		20	2300

表 2-31 调合的调合 SELL 表

* TABLE	SELL	
	TEXT	PRICE
G70		2000
G85		2200

表 2-32 调合的调合 BLNPROP 表

* TABLE	BLNPROP	
	TEXT	RON
CM1		45
CM2		68
CM3		78
CM4		98

表 2-33~表 2-36 与常规调合表不一样，例如，在"BLNMIX"表中 C23 同时扮演"组分"和"调合产品"两种角色，作为调合的中间产品，C23 在"BLEND"、"BLNSPEC"表中出现，并且可以在"BLNSPEC"表中进行物性控制，"PGUESS"表为 C23 给定 RON 递归初值。

表 2-33　调合的调合 BLNDS 表

*TABLE	BLENDS	
	TEXT	SPEC
G70		1
G85		1
C23		1

表 2-34　表 5.2-7 调合的调合 BLNMIX 表

*TABLE	BLNMIX			
	TEXT	G70	G85	C23
CM1		1	1	
CM4		1	1	
CM2				1
CM3				1
C23		1	1	

表 2-35　调合的调合 BLNSPEC 表

*TABLE	BLNSPEC			
	TEXT	G70	G85	C23
NRON		70	85	60

表 2-36　调合的调合 PGUESS 表

*TABLE	PGUESS	
	TEXT	RON
C23		73

2.5.3　结果分析

2.5.3.1　手工递归方法

分布递归模型求解步骤：

（1）给定初值。人为设定汇流来源 $X2$ 和 $X3$ 变量比例，例如，$X2:X3=1:1$，由此得到汇流 $X23$ 的 RON：

$$RON23=(68+78)/2=73;$$

人为设定汇流去向分配比例（根据去向个数平均分配），例如：

$$\beta1=0.5，\beta2=0.5;$$

用 RON23、$\beta1$、$\beta1$ 值修改模型中约束行 E007、G008、G009 相应系数，得到递归初始 LP 模型，递归计数器 DGC 清零，执行（2）；

（2）求解 LP 模型，DGC+1，判断分布递归过程是否收敛。如 ERR<ε（ε 为给定允许误差，例如 $\varepsilon=0.001$），递归已收敛，结束递归，LP 优解即为递归优解；否则，判断递归次数 DGC 是否达到规定上限，如达到上限，显示信息"递归次数达到上限，模型不收敛"，结束递归；如未达到上限，执行（3）；

（3）用（2）的 LP 模型优解计算模型参数，例如（2）的优解为：

$$X2=30,\ X3=70;$$

$$X23P1=70,\ X23P2=30$$

计算得到模型参数为：

$$RON23=75,$$

$$\beta1=0.7,\ \beta2=0.3$$

用模型参数更新模型中约束行 E007、G008、G009 相应系数，得到新的 LP 模型。返回（2）。

本实例手工递归，递归过程如表 2-37 所示。

表 2-37　实例 5 手工递归结果

递归结果	第一次解结果	第二次解结果
OBJFN	21000.0000	20200.0000
X1	10.0000	10.0000
X1P1	10.0000	10.0000
X1P2	0.0000	0.0000
X2	30.0000	30.0000
X3	70.0000	70.0000
X23	100.0000	100.0000
X23P1	70.0000	74.0000
X23P2	30.0000	26.0000
X4	20.0000	20.0000
X4P1	0.0000	0.0000
X4P2	20.0000	20.0000
P1	80.0000	84.0000
P2	50.0000	46.0000
ERR	200.0000	0.0000
初始参数	第一次计算参数	第二次计算参数
RON23=73	RON23=75	RON23=75
β1=0.5	β1=0.7	β1=0.7
β2=0.5	β2=0.3	β2=0.3
ERR	200	0（已经收敛）

如果读者想体验递归过程，可以用 LP 解题器人工进行递归。递归过程中只要把上次解结果拷贝到相应位置，模型需要修改的参数用 EXCEL 公式自动更新。当然，2.5.1 问题非常简单，MSRP 所要处理的实际问题要复杂得多，为了处理复杂问题并使迭代过程收敛，需要解决属于计算数学领域的许多技术问题。

2.5.3.2　汇流子模型方法

利用汇流子模型方法计算结果如表 2-38 所示。

表 2-38　方法 2 优解结果

OBJ = 20200	G70	G85
调合配方	最终产品	最终产品
XX1	10	0
XX4	0	20
X23	74	26
产品总量	84	46
产品物性	71.429	85.000

2.5.3.3　"调合的调合"方法

利用"调合的调合"方法计算结果如表 2-39 所示。

表 2-39　方法 3 优解结果

OBJ = 20200	G70	G85	C23
调合配方	最终产品	最终产品	中间产品
CM1	10.0	0.0	
CM4	0.0	20.0	
CM2			30.0
CM3			70.0
C23	74.0	26.0	
产品总量	84.0	46.0	100.0
产品物性	71.429	85.000	75.000

可以看出，2.5.1 所提出的汽油二次调合问题用 3 种方法建模和求解，其解结果完全一致（目标函数、调合配方、调合产品和调合物性），由于使用相同的分布递归方法，使用相同的初值，递归次数也相同。

从模型结构来分析，方法 1 人工构建模型，方法 2 和方法 3 由 MSRP 方法自动生成模型，由于方法 3 采用"调合的调合"思路构建模型，由调合模块自动构建，使模型结构比较复杂。方法 1 和方法 2 的模型结构是一致的，例如从方法 2 模型的行模型得到的递归模型与方法 1 的 ROWS 模型中的递归模型数学上完全一致。

方法 1 递归模型（人工构建模型）：

E006：$X2+X3-X23=0$

E007：$68X2+78X3-RON23 \times X23-ERR=0$

G008：$-70P1+45X1P1+98X4P1+RON23 \times X23P1+\beta1 \times ERR \geqslant 0$

G009：$-85P2+45X1P2+98X4P2+RON23 \times X23P2+\beta2 \times ERR \geqslant 0$

方法 2 递归模型（根据输入数据表由 MSRP 自动生成）：

RBALX23：$-SX23XX2-SX23XX3+SX23X23=0$

RRONX23：$68SX23XX2-78SX23XX3+73SX23X23+RRONX23=0$

NRONPR1：$70BVBLPR1-45BXX1PR1-98BXX4PR1-73BX23PR1-0.5RRONX23 \leqslant 0$

NRONPR2：$85BVBLPR2-45BXX1PR2-98BXX4PR2-73BX23PR2-0.5RRONX23 \leqslant 0$

第3章 非线性模型应用实例

本章给出 7 个属于非线性规划的应用实例，虽然实例来源于炼油计划模型中的油品调合和装置加工成本问题，但这些非线性问题是数学规划应用领域中处理非线性问题的典型案例，其非线性模型结构和处理方法具有普遍意义。

在第 3 章的应用实例中，书中对大部分实例的优解结果进行了验证。这是因为这些实例都是处理非线性规划问题，求解过程需要递归，而且输入数据与一条或多条"非线性反应曲线"相关。根据作者的经验，在初次建立模型时，容易发生疏漏，模型含不合理约束或缺少必要的约束，模型有时能给出"优解"，如果建模过程的错误不能及时排除，将使解结果与实际产生误差，影响模型的预测精度，因此对优解结果进行验证更为稳妥。验证内容包括解的最优性，优解中添加剂浓度、敏感度、添加剂消耗量是否准确、线性化分段区间是否相邻等。

实例 6 以柴油调合组分馏程之间交互影响非线性调合为例。实例 7 以柴油调合时十六烷值改进剂非线性敏感度为例，处理非线性调合问题。实例 8 以汽油调合辛烷值添加剂非线性敏感度为例，用分布递归方法处理非线性优化问题，但必须由用户利用子模型表自行建立递归结构。实例 9 和实例 10 仍然以实例 8 的汽油调合添加剂非线性敏感度问题为例，介绍将非线性规划问题的线性化处理方法。实例 9 分别建立了线性化 LP 模型和 MILP 模型，重点介绍可以建立 LP 模型的充分条件，在不满足 LP 充分条件时，讨论如何构建 MILP 模型，以确保分段区间相邻性问题。实例 10 讨论考虑组分密度(SPG)时，如何使添加剂敏感度数据和调合组分数据计量单位保持一致，以确保线性化模型的精度。实例 11 讨论非线性加工成本问题，因为不满足 LP 充分条件("凸函数求最大条件")，不能建立 LP 模型，必须建立MILP 模型，并且列举建立 LP 模型导致错误"优解"的案例。线性化 MILP 模型解与 SLP 非线性模型解(CORVE 方法)进行比较，结果完全一致。

⭐ 3.1 实例 6：柴油馏程非线性调合

3.1.1 问题提出

柴油质量指标中有馏程控制，例如轻柴油的 T50(50%馏出温度，以下同)≤300℃，T90≤355℃等。当不同馏程的组分柴油调合时，调合产品的馏程与相关调合组分馏程之间是非线性关系。实例 6 讨论柴油馏程非线性调合的处理方法，具体内容包括：

(1) 方法介绍：Morris[20,21] 推荐用"线性+交互影响"非线性模型解决汽油辛烷值(研究法辛烷值、马达法辛烷值和抗爆指数)调合和柴油馏程非线性调合问题，用于柴油馏程非线性调合时精度在 1℃ 范围内；

(2) 数据验证：用试验数据对"线性+交互影响"调合方法进行验证；

(3) 实例计算：用 MSRP 软件进行实例计算。

3.1.2 模型建立

3.1.2.1 "线性+交互影响"方法

Morris 在介绍调合柴油馏程计算方法的文章中认为，初馏点和干点以外的 ASTM 温度可以用"线性+交互作用"的模型进行计算。其交互系数由试验得到，即两个组分间的 ASTM 温度交互系数可以通过对这两种组分以 50：50(体积比)混合油进行 ASTM 试验。

在没有试验数据的情况下，文章还提供了一套通用柴油调合交互系数计算乘子数据表，柴油调合交互系数可以从这些乘子数据得到，乘子数据基于 89 组柴油调合数据回归得到。

对于调合产品初馏点和终馏点计算，Morris 推荐用逐步计算方法，这种方法可以用于柴油调合模型中产品初馏点和干点的预测计算，不能直接用于初馏点和终馏点优化模型控制。为避免非线性优化计算，可以将组分间交互影响约束置于优化模型之外，如果优化结果使馏程不合格，则对优解进行修改。

MSRP 系统对调合组分物性交互影响建立了非线性递归结构，可以直接进行非线性优化调合。

3.1.2.2 "线性+交互影响"方法精度测试

本小节根据文献[22]的 28 组馏程试验数据，其中的 6 组数据建立柴油馏程"线性+交互影响"非线性调合模型，对所建立模型的预测精度用另外 22 组数据进行了验证，并对非线性调合结果与线性调合结果进行比较。

三种用于调合柴油的组分(航煤、直馏柴油和催化柴油)共有 28 组馏程试验数据，见表 3-1。其中 1~3 组数据为三种组分的馏程数据，4~6 为两两 50：50 调合柴油的馏程数据，7~28 为 22 组不同比例的调合柴油馏程数据，每组数据包括 6 个柴油馏程数据：初馏点、10%馏出温度、20%馏出温度、50%馏出温度、90%馏出温度、终馏点。

表 3-1 柴油调合馏程试验数据

序号	组分 1	组分 2	组分 3	IBP	T10	T20	T50	T90	FBP
1	1	0	0	152	166	171	185	213	231
2	0	1	0	218	253	265	291	331	343
3	0	0	1	195	224	236	266	333	357
4	0.5	0.5	0	161	179	192	231	318	341
5	0.5	0	0.5	161	178	191	218	312	352
6	0	0.5	0.5	204	234	248	279	332	351
7	0.45	0.53	0.02	164	183	197	236	323	347
8	0.39	0.06	0.55	166	185	199	229	324	362
9	0.34	0.2	0.46	170	189	204	237	329	363
10	0.29	0.35	0.36	173	194	208	243	329	358
11	0.25	0.53	0.23	183	205	220	256	339	364
12	0.2	0.72	0.08	188	214	228	263	337	357
13	0.16	0.03	0.81	182	206	219	250	335	368
14	0.12	0.2	0.68	185	210	224	256	332	360

序号	组分1	组分2	组分3	IBP	T10	T20	T50	T90	FBP
15	0.09	0.4	0.52	194	221	236	269	339	363
16	0.05	0.6	0.35	201	230	244	276	334	354
17	0.02	0.82	0.17	212	244	258	287	336	351
18	0.23	0.67	0.09	184	208	222	259	336	358
19	0.42	0.3	0.28	165	183	197	232	323	355
20	0.37	0.13	0.5	168	187	201	232	326	362
21	0.32	0.28	0.41	172	192	207	241	330	362
22	0.27	0.44	0.29	177	199	214	250	334	361
23	0.23	0.62	0.15	183	208	222	258	336	358
24	0.18	0.37	0.44	183	207	222	256	336	363
25	0.14	0.12	0.74	184	208	222	254	335	366
26	0.11	0.3	0.59	189	215	229	262	335	361
27	0.07	0.5	0.43	196	224	238	271	334	356
28	0.03	0.71	0.26	205	236	250	281	333	351

3.1.2.3　交互影响系数计算

调合组分物性交互影响系数计算公式：

$$b_p(i,j)=(P_{ij}-0.5\times x_i-0.5\times p_j)/0.25$$

式中　$b_p(i,j)$——调合组分 i 物性 p 和调合组分物性 j 物性 p 的交互影响系数；

P_{ij}——调合组分 i，j 以50∶50比例调合物的物性 p；

p_i——调合组分 i 的物性 p；

p_j——调合组分 j 的物性 p。

用表3-1的1~6组数据计算每两种馏程组分间交互系数。例如对T10，组分1和组分2的交互系数：

$$b1012=(T1012-0.5T101-0.5T102)/0.25=(179-0.5\times166-0.5\times253)/0.25=-122$$

式中　b1012——组分1和组分2之间馏程T10交互系数；

T1012——组分1和组分2以50∶50比例调合柴油10%馏出温度；

T101——组分1的10%馏出温度；

T102——组分2的10%馏出温度。

3个组分6个馏程(IBP、T10、T20、T50、T90和FBP)18个交互系数如表3-2所示。

表3-2　三个柴油组分馏程交互影响系数表

项目	IBP	T10	T20	T50	T90	FBP
b12	-96	-122	-104	-28	184	216
b13	-50	-68	-50	-30	156	232
b23	-10	-18	-10	2	0	4

3个组分调合产品物性 p 方程为：

$$P = P_1X_1 + P_2X_2 + P_3X_3 + b_{12}X_1X_2 + b_{13}X_1X_3 + b_{23}X_2X_3$$

式中　P——调合产品的物性，如柴油馏程、汽油辛烷值等；

　　　p_i——组分 i 的物性 p，i=1，2，3，以下同；

　　　X_i——组分 i 在产品中的重量（体积）分数；

　　　X_j——组分 j 在产品中的重量（体积）分数，j=1，2，3，以下同；

　　　b_{ij}——组分 i 和组分 j 间交互影响系数($i<j$)。

3.1.2.4　交互影响系数验证

用表3-2柴油组分馏程交互影响系数，按照表3-1给出的7～28号共22组给定调合比的调合配方数据中的每一组进行6个馏程数据的预测计算（"线性+交互影响"和单纯"线性"），非线性调合结果与试验数据的绝对误差如表3-3所示。

表3-3　"线性+交互"预测误差数据表

样品号	IBP	T10	T20	T50	T90	FBP
7	0.39	0.37	0.24	0.13	0.23	0.47
8	0.31	0.09	0.10	0.11	0.15	0.03
9	0.29	0.49	0.11	0.05	0.29	0.30
10	1.36	1.58	2.26	2.54	3.46	4.21
11	3.39	2.41	2.75	2.12	3.40	3.09
12	0.24	0.41	0.47	0.40	0.45	0.23
13	0.37	0.25	0.25	0.18	0.16	0.38
14	1.70	1.92	2.06	2.43	3.35	3.74
15	1.60	2.00	2.47	2.31	3.56	3.31
16	0.21	0.13	0.06	0.00	0.05	0.32
17	2.32	2.35	3.01	2.59	3.45	2.97
18	0.14	0.86	0.86	0.29	0.65	1.42
19	0.02	0.46	0.58	0.59	0.53	0.28
20	0.44	0.31	0.18	0.51	0.05	0.13
21	0.56	0.26	0.58	0.05	1.38	1.45
22	0.09	0.01	0.34	0.29	0.21	0.16
23	0.03	0.78	0.46	0.03	0.22	0.52
24	0.80	0.85	0.51	0.70	0.96	0.73
25	0.06	0.67	0.56	0.26	0.21	0.30
26	0.01	0.31	0.10	0.07	0.40	0.83
27	0.48	0.25	0.66	0.38	0.74	0.58
28	0.76	0.40	0.19	0.14	0.12	0.57
Avr	0.71	0.78	0.85	0.74	1.09	1.18
Max	3.39	2.41	3.01	2.59	3.56	4.21

如果不考虑交互影响，即用表3-1给出的7～28号共22组数据的调合配方进行线性调合，其调结果合与试验数据误差如表3-4所示。

表 3-4 "线性"调合预测误差数据表

样品号	IBP	T10	T20	T50	T90	FBP
7	23.84	30.27	25.12	6.80	45.06	54.12
8	13.61	18.12	13.39	6.91	37.92	54.98
9	14.98	21.08	15.70	6.46	37.20	51.64
10	17.58	23.33	19.30	8.26	31.50	42.44
11	13.43	19.86	15.13	3.07	36.75	45.53
12	14.96	19.28	15.88	4.80	29.44	35.28
13	6.81	9.59	7.47	3.79	21.26	31.58
14	9.44	12.84	10.00	5.28	13.80	20.92
15	6.28	9.32	5.69	0.32	17.49	22.77
16	5.65	8.50	6.15	0.95	8.20	11.70
17	0.82	2.40	0.26	2.31	7.00	7.86
18	16.58	22.15	18.53	5.10	32.23	39.75
19	18.84	25.34	20.40	7.48	41.00	55.12
20	14.08	19.31	14.72	7.28	37.66	53.44
21	15.75	21.66	16.45	6.27	35.57	48.80
22	16.51	22.10	17.21	5.13	34.28	44.18
23	16.37	20.64	17.03	4.87	31.84	38.66
24	12.78	17.29	13.02	4.62	25.57	34.14
25	7.74	11.36	8.38	3.66	19.04	28.32
26	8.17	11.32	8.55	2.59	15.80	22.06
27	7.49	10.44	7.95	1.83	10.40	14.82
28	5.04	6.85	4.64	0.32	5.02	7.72
avr	12.12	16.50	12.77	4.46	26.09	34.81
max	23.84	30.27	25.12	8.26	45.06	55.12

表 3-5 列出了 22 组柴油馏程"线性+交互"和"线性"调合数据和试验数据比较结果,其中"线性+交互"调合的平均绝对误差在 1℃左右,而"线性"调合的平均绝对误差基本上在10℃以上。

表 3-5 "线性+交互"和"线性"调合误差比较表

调合方式	平均绝对误差/℃		最大绝对误差/℃	
	线性	线性+交互	线性	线性+交互
IBP	12.12	0.71	23.84	3.39
T10	16.50	0.78	30.27	2.41
T20	12.77	0.85	25.12	3.01
T50	4.46	0.74	8.26	2.59
T90	26.09	1.09	45.06	3.56
FBP	34.81	1.18	55.12	4.21

3.1.2.5 柴油馏程非线性调合优化模型

由于调合组分物性交互非线性优化在油品调合中经常遇到，大部分 MSRP 软件的调合模块中包含有调合组分物性交互影响的非线性处理系统，只要提供组分对某个物性的交互系数，填入"INTERACT"表，并在"PGUESS"中给出相应调合产品物性的初值，MSRP 就进行非线性递归。调合交互影响的非线性递归曾经用于汽油辛烷值（研究法和马达法辛烷值）调合，提高汽油辛烷值调合精度。从表 3-5 可以看出，柴油馏程的"线性+交互"调合能显著提高调合柴油馏程的预测精度。

如将表 3-1 所列 3 种柴油组分航煤、直柴、催柴分别调合-10 号轻柴油和 0 号轻柴油，柴油馏程的规格为 T50≤260℃，T90≤345℃，组分物性表（BLNPROP）、调合产品规格表（BLNSPEC）和交互系数表（INTERACT）分别如表 3-6~表 3-8 所示。

表 3-6　组分馏程物性表

*TABLE	BLNPROP		
	TEXT	T50	T90
*		50%温度	90%温度
CM1	航煤	185	213
CM2	直柴	291	331
CM3	催柴	266	333

表 3-7　产品馏程规格表

*TABLE	BLNSPEC		
	TEXT	D10	D00
*		-10 号柴油	0 号柴油
XT50	50%温度	260	260
XT90	90%温度	345	345

表 3-8　组分馏程交互系数表

*TABLE	INTERACT			
ROWNAMES	TEXT	CM1	CM2	CM3
*		航煤	直柴	催柴
T50CM1	航煤		-28	-30
T50CM2	直柴			2
T50CM3	催柴			
T90CM1	航煤		184	156
T90CM2	直柴			0
T90CM3	催柴			

3.1.3　结果分析

柴油馏程非线性调合模型实例最优"调合配方"和物性"优化结果"如表 3-9 所示,其中物性"验证结果"是由以下两部分相加得到:(1)根据调合配方计算的"比例"和组分馏程物性计算产品调合馏程的线性部分;(2)由"比例"和交互影响系数计算得到的调合产品馏程的交互影响部分;两者相加得到调合产品"线性+交互"调合馏程结果。计算过程如表 3-10 所示。

表 3-9　调合配方和验证结果

项目	物流	D10		D00	
		调配方合	比例	调配方合	比例
CM1	煤油	545.1	0.3029	54.87	0.0549
CM2	直柴	1000.0	0.5556	0.00	0.0000
CM3	催柴	254.9	0.1416	945.13	0.9451
	合计产品	1800.0		1000.00	
	物性	优化结果	验证结果	优化结果	验证结果
T50	50%温度	249.52	249.52	260.00	260.00
T90	90%温度	333.20	333.19	334.51	334.51

表 3-10　由调合配方计算产品馏程

项　　目	D10	D00	计算方法
煤油调合比($X1$)	0.3029	0.0549	由优化配方计算
直柴调合比($X2$)	0.5556	0.0000	由优化配方计算
催柴调合比($X3$)	0.1416	0.9451	由优化配方计算
线性 T50(p_1)	255.36	261.56	(1):$\sum_i p_i X_i$
交互 T50(p_1)	−5.84	−1.56	(2)*:$\sum_i \sum_j b_{ij} X_i X_j$
结果馏程 T50(p_1)	249.52	260.00	(1)+(2)
线性 T90(p_2)	295.55	326.42	(3)$\sum_i p_i X_i$
交互 T90(p_2)	37.65	8.09	(4)*$\sum_i \sum_j b_{ij} X_i X_j$
结果馏程 T90(p_2)	333.19	334.51	(3)+(4)

* $i<j$。

实例 6 没有考虑组分的密度 SPG,所以没有关注体积调合和重量调合问题。如果调合组分的 SPG 差别比较大时,为了提高模型预测精度,在 BLNPROP 表给出组分的 SPG 数据,并按实例 3 所述,根据物性馏程特征,选择进行体积调合为好。

★ 3.2　实例 7:添加剂非线性敏感度 ADDITIVE 方法

3.2.1　问题提出

柴油调合问题:7 种组分调合 6 种产品,不同组分的物性十六烷值对十六烷值改进剂敏

感度有显著差别，6 种产品中 3 种普通柴油十六烷值指标不低于 46.5，另外 3 种国标柴油十六烷值指标不低于 49.5，调合模型只考虑凝固点和十六烷值 2 个物性指标。

已知某十六烷值改进剂"TJJ"在 0～1000μg/g 浓度范围内敏感度非线性曲线，和 7 种组分在 1000μg/g 浓度下十六烷值指数(CTI，模型中统一用十六烷值指数作为十六烷值的替代指标)，数据如表 3-11 和表 3-12 所示。

表 3-11　十六烷值指数改进和改进剂浓度关系

添加剂浓度/(μg/g)	0	200	400	600	800	1000
十六烷值改进值	0	2.2	3.2	4	4.7	5.2

表 3-12　组分在 1000μg/g 改进剂浓度的十六烷值指数

组　分		加　剂　前	加剂 1000μg/g
代码	名称	十六烷指数	十六烷指数
KE1	常一线	38.0	46.32
KE2	常一线	40.0	48.32
LD1	常二线	41.0	47.24
LD2	常二线	42.0	48.24
HD1	加氢直馏柴油	48.5	52.66
HD2	加氢二次柴油	48.5	51.10
HD3	加氢裂化柴油	54.0	56.08

3.2.2　模型建立

ADDITIVE 方法关键点是已经知道某种改进剂对柴油十六烷值改进的非线性敏感度标准曲线和每个调合组分在改进剂最大浓度点十六烷值增量，可以得到这个改进剂对每种组分的敏感度曲线，即所有组分在敏感度范围内敏感度变化"趋势"由标准曲线确定。由表 3-11、表 3-12 得到表 3-13，表 3-13 用图形表示如图 3-1 所示。可见，在添加剂浓度较低时，改进剂敏感度较高，而随着改进剂浓度增加，敏感度逐渐下降。

表 3-13　组分十六烷值指数改进剂敏感度数据表

*添加剂浓度/(μg/g)	0	200	400	600	800	1000
标准曲线	0	2.20	3.20	4.00	4.70	5.20
常一线	0	3.52	5.12	6.40	7.52	8.32
常一线	0	3.52	5.12	6.40	7.52	8.32
常二线	0	2.64	3.84	4.80	5.64	6.24
常二线	0	2.64	3.84	4.80	5.64	6.24
加氢直馏柴油	0	1.76	2.56	3.20	3.76	4.16
加氢二次柴油	0	1.10	1.60	2.00	2.35	2.60
加氢裂化柴油	0	0.88	1.28	1.60	1.88	2.08

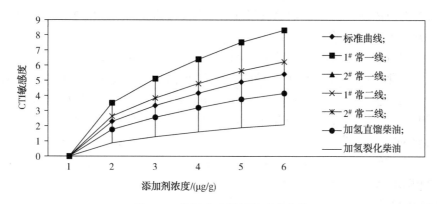

图 3-1 各组分改进剂敏感度曲线

使用 ADDITIVE 方法主要与 3 张 MSRP 输入数据表有关。

1. ADDITIVE 表

ADDITIVE 表（表 3-14）给出了改进剂代码"TJJ"，改进物性十六烷指数代码"CTI"，在浓度归一的 5 个区间点的归一化改进效果，例如"TJJ"归一化浓度为 0.2 时（即 200μg/g），"CTI"增加最大增量的 0.4231 倍。

表 3-14　ADDITIVE 表

* TABLE	ADDITIVE				
* TJJ 敏感度曲线					
ROWNAMES	TJJ	SUS	CTI	* * *	
VCONVERT	1				
DILUTION	1				
C00	0	0	1	0	
C01	0.2	0.4231	1	200	
C02	0.4	0.6154	1	400	
C03	0.6	0.7692	1	600	
C04	0.8	0.9038	1	800	
C05	1	1.0000	1	1000	
* μg/g, TJJ	0	200	400	600	800	1000
* CTI-Gain	0	2.2	3.2	4	4.7	5.2
* CTI-Gain(归一化)	0	0.4231	0.6154	0.7692	0.9038	1.000
* CTI 敏感度		0.011	0.005	0.004	0.0035	0.0025

ADDITIVE 表最后 4 行为注解行，其中，第一行给出添加剂浓度区间的端点浓度：0、200、400、600、800、1000；

第二行给出对应这些添加剂浓度点的物性（十六烷值指数）改进值：0、2.2、3.2、4、4.7、5.2；

第三行给出对应这些添加剂浓度点物性的归一化改进值：0、0.4231、0.6154、0.7692、0.9038、1.000；

第四行为对应浓度区间添加剂物性敏感度(物性改进值/浓度增加量):0.011、0.005、0.004、0.0035、0.0025。

第一、第二行实际上描述添加剂物性改进与添加剂浓度的分段线性化函数;第三行是归一化的分段线性化函数供 MSRP 调用;第四行为 5 个添加剂浓度区间物性变化线段的斜率,用于判断添加剂敏感度曲线是凹函数、凸函数或非凸非凹函数。本例敏感度数据逐步下降,表明该敏感度曲线是凹函数,ADDITIVE 方法只适用于敏感度曲线为"凹函数",这里规定为"凹函数"是针对十六烷值改进剂而言,即满足"凹函数+Max"LP 充分条件,因为改进剂浓度增加导致十六烷值增加对模型目标函数有利(参阅 3.4.2.1)。

2. BLNPROP 表

在 BLNPROP 表(表 3-15)最后一列用 ADDITIVE 表中最大浓度代码"C05"为列名,给出各组分添加最大浓度的添加剂后的十六烷值指数。

表 3-15 BLNPROP 表

* TABLE	BLNPROP				
	TEXT	! SLD	SLI	CTI	C05
*		凝固点	凝固点指数	十六烷指数	MaxCTI
KE1	常一线	−59	0.1080	38.00	46.32
KE2	常一线	−59	0.1080	40.00	48.32
LD1	常二线	−11	1.4420	41.00	47.24
LD2	常二线	−11	1.4420	42.00	48.24
HD1	加氢直馏柴油	5	3.4212	48.50	52.66
HD2	加氢二次柴油	−7	1.7896	48.50	51.10
HD3	加氢裂化柴油	−12	1.3662	54.00	56.08

3. BLNSPEC 表

在 BLNSPEC 表(表 3-16)最后一行给出每个产品中允许归一化浓度的最大值。

表 3-16 BLNSPEC 表

* TABLE	BLNSPEC						
	TEXT	D00	D10	D20	R00	R10	R20
* XSLD	最大凝固点/℃	−1	−11	−21	−1	−11	−21
XSLI	最大凝固点指数	2.47	1.44	0.84	2.47	1.44	0.84
NCTI	最小十六烷指数	46.5	46.5	46.5	49.5	49.5	49.5
XTJJ	添加剂最大浓度	1	1	1	1	1	1

3.2.3 结果分析

实例设置 2 个案例:

CASE1:允许 6 个产品使用最大改进剂浓度(1000μg/g);

CASE2:允许 3 个国标柴油产品使用最大改进剂浓度(1000μg/g),3 个普通柴油产品不使用改进剂。

3.2.3.1 案例分析

在组分品种、物性、用量限制条件全部相同，产品规格、限量条件也相同条件下，CASE2 的经济效益下降 9.89%，两个案例产品调合配方不同。2 个案例配方、效益比较如表 3-17 所示。CASE2 不生产普通柴油，CASE2 添加剂加入量增加 10.739kg。两个案例组分总量和产品总量均相等，但 CASE2 没有生产普通柴油(没有限量，只限制不加剂)。CASE2 只限制普通柴油不加剂以后，为什么改进剂用量显著增加而经济效益显著降低？从表 7-8 和表 7-9 可以看出，CASE1 对产品 D00、D20、R00、R20 的加剂浓度分别为 0.2、0.2、0.145、0.2，而 CASE2 对产品 R00、D10、R10、R20 的加剂浓度分别为 0.2、0.8、0.8。当 CASE1 允许普通柴油加剂时，4 种产品的加剂浓度处于低浓度状态，即加剂效果处在高敏感度区间，只用 3.87×10^4kg 改进剂；相反，CASE2 不允许普通柴油加剂时，3 种产品的加剂浓度有两种处于高浓度状态，即加剂效果处在低敏感度区间，使用 14.608×10^4kg 改进剂，降低了加剂效果。

表 3-17 案例比较表

	项　　目	CASE1	CASE2	CASE1-CASE2
	OBJECTIVE	10704.457	9645.926	1058.531
KE1	常一线	2.000	2.000	0.000
KE2	常一线	2.000	2.000	0.000
LD1	常二线	3.000	3.000	0.000
LD2	常二线	3.000	3.000	0.000
HD1	加氢直馏柴油	1.000	1.000	0.000
HD2	加氢二次柴油	6.000	6.000	0.000
HD3	加氢裂化柴油	3.000	3.000	0.000
TJJ	十六烷值改进剂	3.870	14.608	-10.739
D00	0#普通柴油	0.000	0.000	0.000
D10	-10#普通柴油	11.039	0.000	11.039
D20	-20#普通柴油	3.454	0.000	3.454
R00	0#国标柴油	2.383	2.307	0.076
R10	-10#国标柴油	0.000	11.245	-11.245
R20	-20#国标柴油	3.125	6.449	-3.324

3.2.3.2 十六烷值指数验证

以 CASE1 为例，验证十六烷值指数改进剂 TJJ 用量是否一致、每个产品 TJJ 用量和浓度是否一致以及每个组分十六烷值指数改进和产品最终十六烷值指数是否一致等。

验证步骤：

(1) 验证 TJJ，根据产品总量和添加剂浓度计算每种产品添加剂加入量，将每种产品添加剂加入量相加得到添加剂总量，与优解中添加剂购买总量 PURCTJJ 是否相等；

（2）根据产品中添加剂浓度计算不同浓度下加剂后各组分的十六烷值指数，例如 CASE1 的 D10、D20、R20 添加剂浓度为 0.2，计算 0.2 改进剂浓度下所有调入相应产品组分加剂后十六烷值指数。例如组分 KE1 的加剂后十六烷值指数为：38+0.4231×8.32＝40.56。

上述计算公式中 38 为 KE1 加剂前十六烷值指数，0.4231 为对应于 TJJ 浓度 0.2 的归一化曲线函数值，8.32 为 KE1 最大十六烷值指数增值（对应于 1000μg/g 浓度）。最后根据调合配方计算（线性调合）产品 D10、D20、R20 的调合十六烷值指数，计算结果分别为 46.50、46.50、49.50，与优解结果一致。

对于 R00 产品，TJJ 浓度为 0.145，首先必须在浓度 0 和 0.2 之间进行线性插值，计算出对应于浓度 0.145 的归一化曲线函数值 0.3073，再计算 0.145 改进剂浓度下所有组分加剂后十六烷值指数，用同样的方法计算 R20 的调合十六烷值指数为 49.5，与优解结果一致。表 3-18 和表 3-19 分别列出实例 7.1 两个案例解结果进行验证的相关数据，想使用 ADDITIVE 添加剂非线性调合方法的读者，最好对优解结果进行验证，以便发现建模过程是否有疏漏，通过验证也能深入了解 ADDITIVE 非线性调合方法的设计原理。

表 3-18　CASE1 优解结果验证表

OBJFN	10704.4570	D10	D20	R00	R20	组分	加剂 0.2	加剂 0.145	Max
							CTI	CTI	CTI
KE1	常一线	0.00	1.01	0.00	0.99	38.0	41.52	40.56	8.32
KE2	常一线	0.86	0.82	0.00	0.32	40.0	43.52	42.56	8.32
LD1	常二线	3.00	0.00	0.00	0.00	41.0	43.64	42.92	6.24
LD2	常二线	3.00	0.00	0.00	0.00	42.0	44.64	43.92	6.24
HD1	加氢直馏柴油	0.00	0.00	1.00	0.00	48.5	50.26	410.78	4.16
HD2	加氢二次柴油	3.46	1.16	1.38	0.00	48.5	49.60	49.30	2.60
HD3	加氢裂化柴油	0.72	0.47	0.00	1.82	54.0	54.88	54.64	2.08
	产品产量	11.04	3.45	2.38	3.12	C00	0	0	
						C01	0.2	0.4231	
NCTI	十六烷指数	46.50	46.50	49.50	49.50	C02	0.4	0.6154	
XTJJ	添加剂浓度	0.20	0.20	0.15	0.20	C03	0.6	0.7692	
验证 CTI		46.50	46.50	49.50	49.50	C04	0.8	0.9038	
验证 TJJ	3.8695	2.21	0.69	0.35	0.62	C05	1	1.0000	
PURCTJJ	3.8695					插值	0.145	0.3072	

表 3-19　CASE2 优解结果验证表

OBJFN	9645.926	R00	R10	R20	加剂前	加剂 0.2	加剂 0.8	Max
					CTI	CTI	CTI	CTI
KE1	常一线	0.00	0.00	2.00	38.0	41.52	45.52	8.32
KE2	常一线	0.00	0.68	1.32	40.0	43.52	47.52	8.32
LD1	常二线	0.15	2.85	0.00	41.0	43.64	46.64	6.24

续表

OBJFN	9645.926	R00	R10	R20	加剂前	加剂0.2	加剂0.8	Max
LD2	常二线	0.00	3.00	0.00	42.0	44.64	47.64	6.24
HD1	加氢直馏柴油	1.00	0.00	0.00	48.5	50.26	52.26	4.16
HD2	加氢二次柴油	1.16	2.98	1.86	48.5	49.60	50.85	2.60
HD3	加氢裂化柴油	0.00	1.74	1.26	54.0	54.88	55.88	2.08
	产品产量	2.31	11.24	6.45	C00	0	0	
					C01	0.2	0.4231	
NCTI	十六烷指数	49.50	49.50	49.50	C02	0.4	0.6154	
XTJJ	添加剂浓度	0.20	0.80	0.80	C03	0.6	0.7692	
验证CTI		49.50	49.50	49.50	C04	0.8	0.9038	
验证TJJ	14.6081	0.46	8.99	5.16	C05	1	1.0000	
PURCTJJ	14.6081							

★ 3.3　实例8：添加剂非线性敏感度子模型方法

3.3.1　问题提出

3.2 给出了 ADDITIVE 方法解决调合产品添加剂非线性敏感度问题，本实例(和后面的 3.4、3.5)给出一个与 3.2 类似的问题，但用几种不同的方法进行处理，这些方法包括：子模型递归法、LP 模型法和 MILP 模型法。以改进车用汽油辛烷值(例子中只以研究法辛烷值 RON 为例，同样可以用于马达法辛烷值或抗爆指数)的添加剂为例进行讨论。添加剂以 Ethyl 石油公司开发的汽油辛烷值改进剂——锰添加剂 MMT (Methylcyclopentaduenyl Manganese Tricarbonyl) 为例，虽然目前 MMT 不再使用于改进车用汽油辛烷值，但这种添加剂曾经在国内外炼厂得到广泛使用，建模和优化方法适用于其它添加剂。

某炼厂用 5 种调合组分 CM1～CM5 调合生产 89 号(G89)、92 号(G92)和 95 号(G95) 3 种牌号的汽油产品，其中除 CM4 不能调合 G95、CM5 不能调合 G89 外，其余调合组分均可调入到 3 种牌号的汽油产品中。调合组分可用量及其主要性质如表 3-20 所示，调合产品主要性质指标要求如表 3-21 所示。

表3-20　汽油调合组分量及其主要性质

项目	组分量/10^4t	辛烷值	硫含量/%	芳烃含量/%	烯烃含量/%	苯含量/%	氧含量/%
CM1	0.6	102	0.0001	85	0	0.4	0
CM2	2	92.3	0.0009	21.4	24.8	0.5	0
CM3	1.5	89.3	0.0009	24	19.7	0.5	0
CM4	0.4	51.3	0.0009	0	0.66	0	0
CM5	≤0.5	113	0.001	0	0	0	18.2

表 3-21　汽油调合产品主要性质指标要求

项　　目	G89	G92	G95
最小辛烷值	87	90	93
最大硫含量/%	0.001	0.001	0.001
最大芳烃含量/%	40	40	40
最大烯烃含量/%	24	24	24
最大苯含量/%	1	1	1
最大氧含量/%	2.7	2.7	2.7

已知不同浓度 MMT 添加剂对 89 号汽油、92 号汽油、95 号汽油研究法辛烷值的增值 (RONGain)以及添加剂敏感度(RONSensi)，如表 3-22 所示。

表 3-22　MMT 敏感度数据

MMT 浓度/(μg/g)	0	20	40	60	80	100
89 号汽油 RONGain	0	1.093	1.612	2.023	2.377	2.693
92 号汽油 RONGain	0	0.887	1.308	1.642	1.929	2.186
95 号汽油 RONGain	0	0.598	0.882	1.106	1.300	1.473
89 号汽油 RONSensi	0	0.055	0.026	0.021	0.018	0.016
92 号汽油 RONSensi	0	0.044	0.021	0.017	0.014	0.013
95 号汽油 RONSensi	0	0.030	0.014	0.011	0.010	0.009

如何在优化调合配方的同时优化每个牌号汽油的添加剂加入量。后面 3.4 中的实例 8 不考虑油品的密度(SPG)，即假设所有调合组分的 SPG=1。当考虑组分的 SPG 时，必须同时考虑物性是体积调合还是重量调合问题，将在后面 3.5 的实例 10 中进行详细讨论。

3.3.2　模型建立

MMT 添加剂子模型优化方法曾经在中国石化炼厂汽油调合模型中得到广泛应用，并且将带有 MMT 非线性敏感度优化功能的汽油调合模型嵌入炼厂计划优化模型，有许多炼厂曾经取得显著经济效益。实例 8 重点讨论基于分布递归的子模型方法[23]处理 MMT 添加剂问题，实例 9 对同一个汽油调合问题采用分段线性化方法，建立 LP 模型和 MILP 模型优化处理 MMT 添加剂问题。

3.3.2.1　添加剂敏感度特性

从表 3-22 可以看出，随着 MMT 浓度增加，单位浓度 MMT 的辛烷值增长(即添加剂敏感度)降低，以 89 号汽油的 RONGain 为例，当 MMT 浓度由 0 增至 20μg/g 时，增加 0.055 个 RON；当 MMT 浓度由 20μg/g 增至 40μg/g 时，增加 0.026 个 RON，……，当 MMT 浓度由 80μg/g 增至 100μg/g 时，增加 0.016 个 RON。分段线性化的敏感度非线性曲线满足"凹函数+Max"条件(ADDITIVE 方法也有同样条件)。从敏感度表还可以看出，MMT 敏感度不但随着 MMT 浓度的增加而降低，不同标号汽油加入相同浓度的 MMT 后其敏感度也不同。例如，同样加入 20μg/g 浓度的 MMT，95 号汽油的 RON 敏感度大约为 89 号汽油敏感度的一半。在不影响其他汽油质量条件下，相同数量的 MMT 添加到两种汽油中比添加到一种汽油中合算。

从上面讨论可以看出，每种调合汽油是否使用添加剂以及如何合理调配添加剂浓度有较大优化空间。用子模型法提供 MMT 在汽油调合中的优化配方，应提供 MMT 对各成品油非线性敏感度曲线，如何得到满足要求的敏感度数据，成为优化 MMT 添加剂配方的关键。

3.3.2.2 子模型方法与 ADDITIVE 方法的区别

两种方法的目标，都是用于处理调合产品添加剂非线性敏感度问题，都是用非线性递归方法优化求解。其中，ADDITIVE 方法的模型完全由 MSRP 自动生成，而且早期的汽油加铅也普遍使用 ADDITIVE 方法。

汽油调合 MMT 添加剂非线性优化方法在中国石化炼厂推广应用前，曾经在有些企业对使用 ADDITIVE 方法和子模型方法进行比较，认为对汽油调合而言，由于汽油牌号是按照汽油辛烷值大小进行编排，添加剂的改进目标也正好是汽油辛烷值，添加剂敏感度曲线的纵坐标-横坐标就是"加剂辛烷值增量-添加剂浓度"曲线，相同浓度的添加剂加入不同牌号汽油的敏感度有显著差别，子模型方法能更加有效和直观地描述其敏感度特性。子模型方法在中国石化炼厂的全厂计划模型和汽油调合调度模型中得到广泛应用，取得良好效果。

两个方法的主要区别是：ADDITIVE 方法使用添加剂对调合组分的敏感度数据，并假设各调合组分的敏感度"趋势"是一致的，即只需要提供一条"标准"的敏感度曲线和各组分在最大添加剂浓度点的物性改进值，从而得到各组分对"标准"敏感度的比例系数 α_i(组分 i 最高浓度点物性改进值/"标准"曲线最高浓度点物性改进值)，用此系数乘以"标准"敏感度曲线(曲线上的所有点)得到相应组分敏感度曲线，不需要产品的敏感度曲线数据；而子模型方法则使用调合产品(而不是调合组分)对添加剂的敏感度数据，得到不同牌号调合产品的敏感度曲线。由于两种方法所需要的敏感度数据不同，因此为获取这些数据所需要的试验设计也不同，如果所有敏感度数据从试验获得，例如对于由 6 个组分调合 3 个牌号产品的汽油调合，假设添加剂浓度区间均为 5 个，采用 ADDITIVE 方法需要 18 个敏感度数据("标准"敏感度曲线 6 个数据点，其他 6 个调合组分获取最大添加剂浓度点物性改进值 12 个试验点)；而子模型方法 3 个调合产品均需要有一条由 6 个数据点(含未加剂试验)构成的敏感度曲线，共 18 个敏感度数据。

3.3.2.3 敏感度试验数据的平滑

如表 3-23 所示，MMT 对某个牌号汽油加剂的 RON 和 MON 的 6 组试验数据存在一定的试验和测量误差，从直接使用试验数据得到的 RONSesi 和 MONSesi 敏感度数据分析，浓度在 $60 \sim 100\mu g/g$ 时，RON 和 MON 的敏感度数据不满足"敏感度曲线必须是凹函数"的条件。

表 3-23　平滑前 MMT 敏感度试验数据

MMT 浓度/($\mu g/g$)	0	20	40	60	80	100
RON	88.3	89.3	89.8	90.1	90.5	90.8
RONGain	0	1	1.5	1.8	2.2	2.5
RONSesi	0	0.050	0.025	0.015	0.020	0.015
MON	79	79.5	79.9	80	80	80.1
MONGain	0	0.5	0.9	1	1	1.1
MONSesi	0	0.025	0.020	0.005	0	0.005

大部分添加剂物性改进曲线(以添加剂浓度为自变量,加剂后物性增量为应变量)可以用幂指数函数进行描述,例如以 MMT 对 RON 和 MON 为例:

设 RON(或 MON)增长为 Y,添加剂浓度为 X,用幂指数函数

$$Y = A \times X^B$$

进行描述,为了使用 EXCEL 的线性回归工具,将上述公式改写为:

$$LN(Y) = LN(A) + B \times LN(X)$$

调用 EXCEL 的线性回归工具得到结果如表 3-24 ~ 表 3-26 所示。

表 3-24　线性回归结果

	RONGain	MONGain
MultipleR	0.9960	0.9355
F	1150.5114	21.0432
LN(A)	−1.6902	−1.9849
A	0.1845	0.1374
B	0.5640	0.4665

表 3-25　回归过程中间结果

X	RONGain	MONGain	计算 RON	RON 绝对误差	计算 MON	MON 绝对误差
20	1	0.5	0.9995	0.0005	0.5558	0.0558
40	1.5	0.9	1.4777	0.0223	0.7680	0.1320
60	1.8	1	1.8574	0.0574	0.9279	0.0721
80	2.2	1	2.1847	0.0153	1.0612	0.0612
100	2.5	1.1	2.4777	0.0223	1.1776	0.0776

表 3-26　平滑后的 MMT 敏感度数据

MMT 浓度/($\mu g/g$)	0	20	40	60	80	100
RONGain	0	1.000	1.478	1.857	2.185	2.478
RONSesi	0	0.0500	0.0239	0.0190	0.0164	0.0147
MONGain	0	0.5558	0.7680	0.9279	1.0612	1.1776
MONSesi	0	0.0278	0.0106	0.0080	0.0067	0.0058

用幂指数函数 $Y = A \times X^B$ 平滑"物性改进-添加剂浓度"试验数据,确保敏感度曲线为凹函数,可以用于非线性调合优化模型,同时降低了试验和测量误差对模型精度的影响。

实际上,用幂指数函数平滑"物性改进-添加剂浓度"试验数据方法,也可以用于油品调合调度人员手工计算添加剂加入量。例如某厂负责计算柴油降凝剂添加量的调度员,根据现有"冷滤点改进-降凝剂浓度"数据(平时的加剂效果数据),用上述方法得到该降凝剂对冷滤点的"冷滤点-浓度"幂指数预测公式。例如根据的数据得到-20 号柴油"冷滤点改进-降凝剂浓度"公式为:

$$X = \exp\left\{ [\ln(Y) + 2.3584] / 0.616073 \right\}$$

其中,Y 为需要下降的冷滤点温度(℃),X 为需要加入的降凝剂浓度($\mu g/g$)。当已知加剂前-20 号调合柴油冷滤点为-17℃,与出厂规格差 3.1℃,只需要将 $Y = 3.1$ 代入公式得到

$X = 288.5\mu g/g$，按此浓度加剂后的预测冷滤点为 $-20.1℃$。

3.3.2.4 子模型表和其他约束表

子模型表见表 3-27。

表 3-27 子模型表（89 号汽油为例）

*TABLE	SR89							
ROWNAMES	TEXT	G89	MG1	MG2	MG3	MG4	MG5	S89
EBALG89	行 3	1						
EVOLS89	行 4	-1						1
LRONR89	行 5	-999	-0.055	-0.026	-0.021	-0.018	-0.016	89.2
LG89MG1	行 6	-20	1					
LG89MG2	行 7	-20		1				
LG89MG3	行 8	-20			1			
LG89MG4	行 9	-20				1		
LG89MG5	行 10	-20					1	
LG89MG6	行 11	-100	1	1	1	1	1	
UBALMMT	行 12		0.001	0.001	0.001	0.001	0.001	
*	μg/g	0	20	40	60	80	100	
*	RONGain	0	1.093	1.612	2.023	2.377	2.693	
*	RONSeni	0	0.055	0.026	0.021	0.018	0.016	

注：表中"TEXT"为子模型表每行的注解信息，现在用作行号，便于说明每一行功能，实际子模型表中更换为注解信息。

下面以 89 号汽油为例，对子模型表进行逐行说明：

第 2 行给出成品油代码、添加剂分段代码和成品油别名（递归用）。

第 3 行给出递归模型中调合产品的代码（SR89G89），由 ROWS 表完成与调合模块调合产品代码进行连接（物料平衡）。如果 ROWS 表用 SR89G89=BWBLG89 连接，表示 SR89G89以重量计量（例如为万吨），测试敏感度时，根据国内习惯，添加剂的浓度单位是"mg/t"即"μg/g"，第 12 行系数为 0.001 时，MMT 的单位为 0.001 万吨，即万千克；如果 ROWS 表用SR89G89=BVBLG89 连接，表示 SR89G89 为体积量（例如为桶），测试敏感度时添加剂的浓度单位是"mg/bbl"。

第 4 行建立调合产品代码（SR89G89）与替换名代码（SR89S89）平衡方程，设置调合产品的替换名是为了满足非线性递归要求。

第 5 行建立添加剂 RON 敏感度增值和成品油质量非线性递归约束方程，该行"S90"列给出所描述调合产品加剂后的 RON 控制指标。成品油规格表（BLNSPEC）中所列出相应"RON 控制指标"为加剂前 RON 控制指标，其值应小于加剂后的 RON 控制指标。如果不给定加剂前辛烷值控制指标（缺省值为 -1000），可以扩展优化空间，也可以将 BLNSPEC 中所列相应"RON 控制指标"小到使该值不起作用，例如 RON≥80。该行"MG1"、"MG2"、……列给出 MMT 在相应敏感段的敏感度，例如"MG1"列给出的"-0.055"表示 MMT 在第一敏感段的 RON 单位敏感度，即 MMT 浓度在 0 到 20μg/g 范围内变化时，MMT 浓度每增加 1μg/g，RON 将增加 0.055；当 MMT 浓度在 20μg/g 到 40μg/g 范围内变化时，MMT 浓度每增加1μg/g，RON 将增加 0.026，依此类推。

值得注意的是，RON 增值与 MMT 浓度之间呈非线性关系，确切地说，RON 增值与

MMT 浓度是用分段线性化函数来描述，当 MMT 浓度在不同敏感段（敏感区间）时，RON 增值将按不同方式计算，例如 MMT 在第一敏感区间浓度为 MMT1 = 10μg/g、在第二敏感区间 MMT2 = 35μg/g 和在第三敏感区间 MMT3 = 55μg/g 时相应 RON 增值分别用下式进行计算：

RON1(10) = 10×0.055 = 0.55；

RON2(35) = RONGain(20) + (35−20)×RONSensi(40) = 1.48204；

RON3(55) = RONGain(40) + (55−40)×RONSensi(60) = 1.92007。

第 6~11 行为 MMT 浓度敏感区间的范围控制行，第 6~11 行约束方程为：

SR89MG1 ≤ 20×SR89G90；

SR89MG2 ≤ 20×SR89G90；

SR89MG3 ≤ 20×SR89G90；

SR89MG4 ≤ 20×SR89G90；

SR89MG5 ≤ 20×SR89G90；

SR89MG1+SR89MG2+SR89MG3+SR89MG4+SR89MG5 ≤ 100×SR89G90。

第 12 行建立添加剂 MMT 成本换算公式（用于单位换算）：

$$MMT = 0.001×MG1 + 0.001×MG2 + 0.001×MG3$$

为了说明如何确定第 12 行系数（使用"0.001"理由），先列出第 5 行加剂后调合汽油 RON 约束方程。

LRONR89：

−89×SR89G89−0.05465×SR89MG1−0.02594×SR89MG2−0.02056S×R89MG3−0.01769×SR89MG4−0.01583×SR89MG5+89.2×SR89S89−RRONG89 ≤ 0

如果调合汽油计量单位为"10^4t"，约束"LRONR89"中第一项"−89×SR89G89"单位为"RON×10^4t"，项"−0.05465×SR89MG1"单位也应该是"RON×10^4t"。其中，"−0.05465"是添加剂敏感度系数，单位为 μg/g，即"g/t"，即每 1 万吨汽油中加入 1 万克添加剂。为了使添加剂消耗量"万克"与调合汽油量"万吨"在数量级上相差不要太大，将添加剂用量单位由"万克"改为"万千克"。因此，在第 12 行添加剂平衡约束"UBALMMT"中使用系数"0.001"，在"UTILBUY"表中 MMT 的计量单位为"万千克"，成本价单位为"万元/万千克"或"元/千克"，在解结果（Solution. xls、Primal. xls 等）给出的 MMT 单位为"万千克"或"10 吨"。

（1）子模型必须在子模型目录表 SUBMODS"登记" 将各成品油的添加剂子模型表名列入，见表 3−28。

表 3−28 子模型目录表

* TABLE	SUBMODS
	TEXT
SR89	89 号汽油 MMT 子模型
SR92	92 号汽油 MMT 子模型
SR95	95 号汽油 MMT 子模型

（2）ROWS 表 与表 3−27 中第 3 行共同完成调合产品物料平衡，ROWS 表行名必须与表 3−27 中第 3 行行名一致，列名在两个成品油代码 BVBLG90 和 BWBLG90 中选择其中之一，选择标准是应该确保约束"LRONXXX"中各项单位的一致性。

表 3-29　调合产品代码

*TABLE	ROWS		
	TEXT	BWBLG90	BWBLG93
EBALE93		-1	
EBALG97			-1

（3）添加剂成本表 UTILBUY　给出添加剂单位成本（应与添加剂敏感表 12 行所给出的换算系数匹配）。

表 3-30　添加剂成本表

*TABLE	UTILBUY				
	TEXT	MIN	MAX	FIX	COST
MMT	MMT 消耗				300

（4）递归变量初值表 PGUESS　给出所需递归成品油名的物性初值。

表 3-31　递归变量初值表

*TABLE	PGUESS	
ROWNAMES	TEXT	RON
G89	G89 的 RON 递归初值	89
G92	G92 的 RON 递归初值	92
G95	G95 的 RON 递归初值	95

3.3.3　解结果物性验证和案例比较分析

3.3.3.1　解结果物性验证

用子模型方法建立非线性递归模型优解目标函数 OBJ=2881.523 万元，调合配方和调合产品物性如表 3-32 所示，表 3-33 对物性 RON 进行验证，表 3-34 给出添加剂分配和平衡。

表 3-32　调合配方表　　　　　　　　　　　　　　　　　10^4t

代　码	说　明	G89	G92	G95
CM1	重整汽油	0.000	0.344	0.256
CM2	重催汽油	0.000	2.000	0.000
CM3	蜡催汽油	0.226	0.000	1.274
CM4	精制油	0.015	0.385	
CM5	MTBE		0.271	0.229
合计	调合产品量	0.241	3.000	1.759
RON	辛烷值（加剂前）	87.000	90.014	94.237
SUL	硫含量	0.001	0.001	0.001
ARW	芳烃含量	22.547	24.002	29.768
OLE	烯烃含量	18.548	16.618	14.263
BNZ	苯含量	0.470	0.379	0.420
OXY	氧含量	0.000	1.644	2.369

表 3-33 对 3 种调合汽油加入添加剂后 RON 的增值进行验证。以调合汽油 G89 为例，表 3-33 前两列数据来源于优解文件。其中"添加剂(i)"列为添加剂在每个敏感度区间内的用量，"敏感度(i)"是子模型表中 RON 控制约束行"LRONR89"中给出的敏感度数据，这两列数相乘得到 RON 的总增值。例如"SR89MG1"行中，$RONGain(1) = 4.8217 \times 0.055 = 0.26$，是在 G89 汽油中加入 4.8217 添加剂后增加了 0.26 的 RON，因为 G89 = 0.241，添加剂浓度为 4.8217/0.241 = 20，这就验证了 G89 在第一个敏感度区间加入添加剂量及 RON 增加 0.26 是正确的。添加剂加入 G89 到第 4 个区间时，由于敏感度下降，只加入 2.4139 添加剂，RON 只增加 0.04。因此，加入 G89 添加剂总量、RON 总增值量：

$$\sum_i 添加剂(i) = 16.8789$$

$$\sum_i RONGain(i) = 0.53$$

这是 0.241 万吨 G89 的 RON 增值总量，G89 加剂后 RON：

$$RON(G89) = 87 + 0.53/0.241 = 89.2。$$

表 3-33 物性 RON 验证表

变量代码	添加剂(i)	敏感度(i)	RONGain(i)	说　明
SR89MG1	4.8217	0.055	0.26	G89 区间 1 数据
SR89MG2	4.8217	0.026	0.13	G89 区间 2 数据
SR89MG3	4.8217	0.021	0.10	G89 区间 3 数据
SR89MG4	2.4139	0.018	0.04	G89 区间 4 数据
SR89MG5	0.0000	0.016	0.00	G89 区间 5 数据
合计	16.8789		0.53	$\sum$ G89×RONGain
SR89S89	0.2411			G89 调合量
RONGain			2.20	G89 RON 增长
SR92MG1	60.0000	0.044	2.66	G92 区间 1 数据
SR92MG2	60.0000	0.021	1.26	G92 区间 2 数据
SR92MG3	60.0000	0.017	1.00	G92 区间 3 数据
SR92MG4	60.0000	0.014	0.86	G92 区间 4 数据
SR92MG5	60.0000	0.013	0.77	G92 区间 5 数据
合计	300.000		6.56	$\sum$ G92×RONGain
SR92S92	3.0000			G92 调合量
			2.19	G92 的 RON 增长
SR95MG1	35.1783	0.030	1.05	G95 区间 1 数据
SR95MG2	35.1783	0.014	0.50	G95 区间 2 数据
SR95MG3	12.7645	0.011	0.14	G95 区间 3 数据
SR95MG4	0.0000	0.010	0.00	G95 区间 4 数据
SR95MG5	0.0000	0.009	0.00	G95 区间 5 数据
合计	83.1211		1.69	$\sum$ G95×RONGain
SR95S95	1.7589			G95 调合量
			0.96	G95 的 RON 增长

表 3-34 给出每种汽油在每个敏感度区间 MMT 用量，例如"SR89"列表明，G89 在 4 个敏感度区间分别使用 4.8217kg、4.8217kg、4.8217kg、2.4139kg MMT（数据来自优解输出文件的 SR89MG1 ……），共消耗 16.8789 × 10kgMMT 调合入 0.2411 × 10^4tG89，浓度为 70.0126μg/g，3 种汽油总计消耗 4000kg MMT，与优解值添加剂购买量一致（0.4×10^4kg）。

表 3-34 MMT 消耗

项　　目	SR89	SR92	SR95	MMT 总量
MG1/(10kg)	4.8217	60	35.1783	
MG2/(10kg)	4.8217	60	35.1783	
MG3/(10kg)	4.8217	60	12.7645	
MG4/(10kg)	2.4139	60	0.0000	
MG5/(10kg)	0.0000	60	0.0000	
合计/(10kg)	16.8789	300	83.1211	400.00
PURCMMT/10^4kg				0.40
产品量/10^4t	0.2411	3	1.7589	4.92
MMT 浓度/(μg/g)	70.0126	100	47.2570	

3.3.3.2 案例和分析

在 3.3.1 优解基础上（CASE1），在相同市场条件下，希望通过多调合销售 95 号汽油，以便增加经济效益，是通过多购买 MMT 添加剂还是多购买 MTBE，3 个案例和结果比较如表 3-35 所示。

表 3-35 案例比较表

案例号	CASE1	CASE2	CASE3
添加剂上限	MMT≤0.4	MMT≤10	MMT≤10
MTBE 上限	CM5≤0.5	CM5≤0.5	CM5≤10
目标函数/万元	2881.53	2964.06	3030.13
比 CASE1 目标增长		82.54	148.60
比 CASE1 目标增长%		2.86%	5.16%
重整汽油/10^4t	0.600	0.600	0.600
重催汽油/10^4t	2.000	2.000	2.000
蜡催汽油/10^4t	1.500	1.500	1.500
精制油/10^4t	0.400	0.400	0.400
MTBE/10^4t	0.500	0.500	0.556
MMT 消耗/10^4kg	0.400	0.497	0.464
89 号汽油/10^4t	0.241	0.108	0.000
92 号汽油/10^4t	3.000	3.000	3.000
95 号汽油/10^4t	1.759	1.892	2.056

从表 3-35 可以看出，在 4 种组分用量和 92 号汽油销售量固定情况下，增加组分 MTBE

购买量或者增加 MMT 添加剂加入量，多调合销售 95 号汽油，减少 89 号汽油调合销售量，都可以增加经济效益。CASE2 比 CASE1 增加效益 82.54 万元(2.86%)，CASE3 比 CASE1 增加效益 148.60 万元(5.16%)。

表 3-36 给出每个案例 3 种汽油添加剂 MMT 浓度。

表 3-36 各个案例 MMT 浓度 μg/g

项目	CASE1	CASE2	CASE3
G89	70.01	70.01	
G92	100.00	100.00	100.00
G95	47.26	100.00	80.00

由于 CASE1 添加剂用量上限为 4000kg，在相同浓度下，3 种汽油敏感度从高到低次序为 G89、G92、G95，G89 的加剂浓度低于 G92。其原因是 G89 的加剂前 RON 下限为 87(在 BLNSPEC 表给定)，即最多加剂 RON 增值为 89.2-87=2.2，对应浓度为 70.01μg/g。如果撤消 G89 的加剂前 RON 下限 87，G89 的加剂浓度达到上限 100μg/g，加剂 RON 增加 2.69，并增加经济效益。因此若无特殊情况，降低或撤消加剂前 RON 下限为好。

CASE3 将 MMT 和 MTBE 上限均放开，MTBE 的成本价高于 G95 的销售价，但通过优化，适当多购买 MTBE，调整调合配方，还是能提高经济效益。

另一点值得注意的是，当汽油调合模型中对某一油品性质(如研究法辛烷值 RON)要同时处理添加剂敏感度和组分间交互影响两种非线性问题时，宜采用子模型方式。

3.4 实例 9：添加剂非线性敏感度 LP-MILP 模型方法

3.4.1 问题提出

3.2 提出了用子模型分布递归方法解决调合产品添加剂非线性敏感度问题，本题讨论用分段线性化方法建模和求解添加剂非线性敏感度问题，采用线性规划(LP)模型法和混合整数线性规划(MILP)模型法两种处理方法。

实例 9 的数据(和调合要求)与实例 8 完全一致(参阅 3.2)。添加剂 MMT 敏感度数据见表 3-37。

表 3-37 添加剂 MMT 敏感度数据

MMT 浓度/(μg/g)	0	20	40	60	80	100
89 号汽油 RONGain	0	1.093	1.612	2.023	2.377	2.693
92 号汽油 RONGain	0	0.887	1.308	1.642	1.929	2.186
95 号汽油 RONGain	0	0.598	0.882	1.106	1.300	1.473
89 号汽油 RONSensi	0	0.055	0.026	0.021	0.018	0.016
92 号汽油 RONSensi	0	0.044	0.021	0.017	0.014	0.013
95 号汽油 RONSensi	0	0.030	0.014	0.011	0.010	0.009

3.4.2 模型建立

在数学规划问题中，凡是变量可分离的或可以化为变量可分离的非线性函数项，无论这些非线性项出现在目标函数中还是约束方程中，都可以使用分段线性化方法，将非线性规划问题转化为线性规划问题进行求解。在表 3-37 中，（MMT 浓度，89 号汽油 RONGain）、（MMT 浓度，92 号汽油 RONGain）、……6 组数据组成 6 个分段线性化函数，以 MMT 浓度、89 号汽油 RONGain 为例，将 RONGain89 视为 MMT 浓度的函数，即有 6 对数据用于 5 个区间(直线段)进行近似描述 MMT 浓度对 89 号汽油 RON 的增值，如图 3-2 所示。

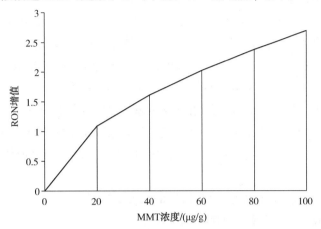

图 3-2　MMT 浓度对 89 号汽油 RON 的增值图

设 $X = X_1 + X_2 + X_3 + X_4 + X_5$，89 号汽油 RONGain 关于 MMT 浓度的函数为 F(X)。

式中　X_1——MMT 在 0~20μg/g 区间的浓度；

　　　X_2——MMT 在 20~40μg/g 区间的浓度；

　　　X_3——MMT 在 40~60μg/g 区间的浓度；

　　　X_4——MMT 在 60~80μg/g 区间的浓度；

　　　X_5——MMT 在 80~100μg/g 区间的浓度。

则 $F(X) = 0.055 \times X_1 + 0.026 \times X_2 + 0.021 \times X_3 + 0.018 \times X_4 + 0.016 \times X_5$，例如当 $X = 40$，则

$$X_1 = 20,\ X_2 = 20,\ X_3 = X_4 = X_5 = 0,$$
$$F(X) = 0.055 \times 20 + 0.026 \times 20 = 1.612;$$

当 $X = 31$，则

$$X_1 = 20,\ X_2 = 11,\ X_3 = X_4 = X_5 = 0,$$
$$F(X) = 0.055 \times 20 + 0.026 \times 11 = 1.379。$$

表 3-38　添加剂在 6 个浓度区间点数据(89 号汽油)

添加剂浓度点 i	0	1	2	3	4	5
MMT 浓度/(μg/g)	0	20	40	60	80	100
RONGain-i	0	1.093	1.612	2.023	2.377	2.693
RONSens-i	0	0.055	0.026	0.021	0.018	0.016

表 3-38 中"RONGain-i"为添加剂浓度区间点 i 的辛烷值增值，"RONSens-i"为添加剂浓度区间点 i 的辛烷值增值斜率(敏感度)，例如将浓度为 60μg/g 添加剂加入 89 号汽油时，RON 增加 2.023；将浓度为 67μg/g 添加剂加入 89 号汽油时，RON 增加值根据浓度为 60μg/g 时的 RONGain 以及浓度 60μg/g 至 80μg/g 区间内的线性插值计算，即

$RONGain(67) = RONGain(60) + RONSens(80) \times (67-60) = 2.023 + 0.018 \times (67-60) = 2.023 + 0.018 \times 7 = 2.149$

上面讨论说明，3.3 提出的问题(也是 3.4 的问题)实际上是已经分段线性化的函数。

3.4.2.1 添加剂浓度分段区间相邻问题

根据上面的数学描述，有没有可能出现以下情况？

$X = 31$，$X_1 = X_3 = X_4 = 0$，$X_2 = 11$，$X_5 = 20$，$F(X) = 0.016 \times 20 + 0.026 \times 11 = 0.606$。显然，这种情况不能正确描述分段线性化函数，从数学定义来看，分段线性化函数必须满足分段区间相邻性条件，以防止出现上述情况。即如果自变量 X 分为 I 段，X_i 取得非零值必须从左到右相邻，而且右边一个取非零解值时相邻左边区间必须达到区间上限，这就是数学规划中处理分段线性化问题时提出的分段区间相邻性问题。根据分段非线性函数在相应约束或目标函数中的情况，有些分段线性化函数自身就满足区间相邻性(称为分段线性化满足 LP 模型的充分条件)，但有些情况需要建模人员建立 MILP 约束，以保证分段线性化函数满足区间相邻性条件。

在数学规划中，分段线性化满足 LP 模型的充分条件是：

(1) 每个分段线性函数都是凸的或都是凹的；

(2) 每个在"≤"约束或目标函数(Max)中出现的凸函数系数都为正；

(3) 每个在"≤"约束或目标函数(Max)中出现的凹函数系数都为负。

对于分段线性函数来说，如果其线段斜率是相继增加的，它为凸函数。与之相反，如果其线段斜率是相继减少的，它就为凹函数。

根据上述规则，我们分析汽油调合 MMT 添加剂非线性敏感度问题是否满足 LP 问题的充分条件。以 G89 为例：

LRONR89：

$-0.055 \times MG89MG1 - 0.026 \times MG89MG2 \cdots\cdots -0.016 \times MG89MG5 + 89.2 \times BWBLG89 \leqslant 0$。

分析上述约束满足 LP 模型充分条件：

(1) 每个分段线性函数都是凹的：线段斜率是相继减少(如 G89 的 $RONSens(i) = 0.055$，0.026，0.021，0.018，0.016)；

(2) 每个在"≤"约束中出现的凹函数系数都为负(即 MG89MGi 变量前面的系数都是负的)。

所以很幸运，汽油调合 MMT 非线性敏感度问题本身就满足分段区间相邻性要求，可用 LP 模型处理。但有些问题不满足充分条件，例如炼油装置单位加工成本随加工负荷率的变化的成本曲线(凹的)。当不满足充分条件时，必须用增加使分段区间满足相邻性要求的约束条件进行限制(即增加 0-1 整型变量，建立 MILP 模型)。

3.4.2.2 汽油 MMT 添加剂调合 LP 模型

在 3.3.2.4 中，SR89 子模型表(表 3-27)用来描述递归方程，而建立 LP 模型只需要手工增加一个加剂后 RON 规格约束方程"LRONR89"和相关添加剂控制约束即可。"LRONR89"约束可以参照 MSRP 自动生成的 RON 加剂前规格约束"NRONG89"建立，只需在原有约束基础上增加添加剂对 G89 产品 RON 的增加值，加剂前 RON 控制约束

"NRONG89" 和加剂后 RON 控制约束 "LRONR89" 比较：

NRONG89(加剂前 RON 规格约束方程)：

88BVBLG89－103BCM1G89－92.8BCM2G89－89.8BCM3G89－51.3BCM4G89≤0；

LRONR89(加剂后 RON 规格约束方程)：

89.2BWBLG89－103BCM1G89－92.8BCM2G89－89.8BCM3G89－51.3BCM4G89－0.055MG89MG1－0.026MG89MG2－0.021MG89MG3－0.018MG89MG4－0.016MG89MG5≤0。

两个约束方程在模型中同时存在，加剂前 RON 规格约束方程 NRONG89 由 MSRP 自动生成，用来控制加剂前 RON，一般情况下，加剂前的 RON 控制值低于加剂后 RON 控制值，两者的差就是加剂 RON 增量的最大允许量。调合产品使用"BVBLG89"，因为在此 MSRP 模型中 RON 按体积含量调合(没有在 WSPECS 表中设置 RON 为重量调合)。加剂后 RON 规格约束方程"LRONR89"由用户用 ROWS 表给出，其中调合产品变量使用"BWBLG89"，这是因为与添加剂敏感度相关的添加剂浓度使用"μg/g"。特别注意，3.4 没有考虑密度，即 SPG＝1，BWBLG89＝BVBLG89。当 SPG≠1 时，要考虑是体积调合还是重量调合问题，将在 3.5 的实例 10 中详细讨论。

添加剂浓度区间及单位转换等问题，可以参照 3.3 的方法进行描述，如表 3-39 所示。表 3-37 为 ROWS 表，实例 8 子模型方法中的 SUBMODS 表(表 3-28)、ROWS 表(表 3-29)、PGUESS 表(表 3-30)等，LP 模型不再需要。

表 3-39 加剂后 G89 的 RON 控制表

* TABLE	R89										
	TEXT	BWBL G89	MG89 MG1	MG89 MG2	MG89 MG3	MG89 MG4	MG89 MG5	BCM1 G89	BCM2 G89	BCM3 G89	BCM4 G89
LRONR89		89.2	−0.055	−0.026	−0.021	−0.018	−0.016	−102	−92.3	−89.3	−51.3
LG89MG1		−20	1								
LG89MG2		−20		1							
LG89MG3		−20			1						
LG89MG4		−20				1					
LG89MG5		−20					1				
LG89MG6		−100	1	1	1	1	1				
UBALMMT			0.001	0.001	0.001	0.001	0.001				

表 3-39 中，BWBLG89、BCM1G89、BCM2G89、BCM3G89、BCM4G89 是 MSRP 模型自动生成的调合产品和调合组分代码，直接借用过来，以建立加剂后 RON 控制约束方程。MG89MG1、MG89MG2、MG89MG3、MG89MG4、MG89MG5 是用户定义的变量，表示在各个浓度区间加入 G89 的添加剂量。

值得注意的是，实例假定用国外软件建立重量模型，除调合组分"BCCCPPP"定义为体积变量外，其他变量均为重量变量，当 VTW≠1 或 SPG≠1 时，应当通过修改调合组分变量的系数，实现同一个约束方程内计量单位(重量×物性)的统一，以便正确实现物性的平衡和控制。

3.4.2.3 汽油 MMT 添加剂调合 MILP 模型

由于汽油调合 MMT 非线性敏感度问题可用 LP 模型处理，一般情况下，没有必要用 MILP 模型来处理，我们在这里建立 MILP 模型的目的，是为了提供建立 MILP 模型的一般方法，即如何实现添加剂浓度区间的相邻性要求，MILP 模型解结果应该和 LP 模型一致（可能有多重优解）。

此处仍以 G89 为例，设 0-1 整型变量 $I89G_j$ 和 $I89M_j$（$j = 1, 2, \cdots, J$，其中 J 为敏感度区间总数，以下同）：

$I89G_j = 1$ 表示 $MG89MG_j > 0$，$I89G_j = 0$ 表示 $MG89MG_j = 0$；

$I89M_j = 1$ 表示 $MG89MG_j$ 达到区间上界，$I89M_j = 0$ 表示 $MG89MG_j$ 未达到上界。

用数学描述为：

$$L_j \times I89G_j \leqslant MG89MG_j \leqslant M_j \times I89G_j \tag{3-1}$$

$$I89G_{j+1} \leqslant I89G_j \tag{3-2}$$

$$I89G_{j+1} \leqslant I89M_j \tag{3-3}$$

$$MG89MG_j - 20 \times BWBLG89 \leqslant M_j \times (1 - I89M_j) \tag{3-4}$$

$$MG89MG_j - 20 \times BWBLG89 \geqslant -M_j \times (1 - I89M_j) \tag{3-5}$$

式中　L_j——$MG89MG_j$ 下限门槛；

　　　M_j——$MG89MG_j$ 上限门槛。

以 G89 为例：

式（3-1）为添加剂变量 $MG89MG_j$ 上下门槛约束，与 0-1 整型变量关联，如表 3-40 所示。

表 3-40　添加剂变量上下门槛

*TABLE	D89-2									
	TEXT	G89MG1	G89MG2	G89MG3	G89MG4	G89MG5	I89G1	I89G2	I89G3	I89G4	I89G5
L89G1		1					-99				
L89G2			1					-99			
L89G3				1					-99		
L89G4					1					-99	
L89G5						1					-99
G89G1		1					-0.1				
G89G2			1					-0.1			
G89G3				1					-0.1		
G89G4					1					-0.1	
G89G5						1					-0.1

式（3-2）和式（3-3）为区间顺序约束，（$j+1$）浓度区间>0，必须 j 浓度区间>0；（$j+1$）浓

度区间>0, j 浓度区间必须达到上限;

表 3-41　区间顺序约束(1)

*TABLE	D89-3									
	TEXT	I89G1	I89G2	I89G3	I89G4	I89G5	I89M1	I89M2	I89M3	I89M4
L89D12		-1	1							
L89D23			-1	1						
L89D34				-1	1					
L89D45					-1	1				
G89E11			-1				1			
G89E12				-1				1		
G89E13					-1				1	
G89E14						-1				1

式(3-4)和式(3-5)约束保证区间相邻性如下。

(1) 当 I89M$_j$ = 1 时,

$$MG89MG_j - 20 \times BWBLG89 \leqslant 0$$
$$MG89MG_j - 20 \times BWBLG89 \geqslant 0$$

即

$$MG89MG_j - 20 \times BWBLG89 = 0$$

MG89MG$_j$ 达到上限, MG89MG$_{j+1}$ 可以取非零值。

(2) 当 I89M$_j$ = 0 时,

$$MG89MG_j - 20 \times BWBLG89 \leqslant 99$$
$$MG89MG_j - 20 \times BWBLG89 \geqslant -99$$

即上面两个约束不起作用(只要选择足够大的"99")。

表 3-42　区间顺序约束(2)

*TABLE	D89-4										
	TEXT	BWBLG89	G89MG1	G89MG2	G89MG3	G89MG4	I89M1	I89M2	I89M3	I89M4	RHS
L89M1		-20	1				99				99
L89M2		-20		1				99			99
L89M3		-20			1				99		99
L89M4		-20				1				99	99
G89M1		-20	1				-99				-99
G89M2		-20		1				-99			-99
G89M3		-20			1				-99		-99
G89M4		-20				1				-99	-99

因此, G89 的 MILP 模型的添加剂浓度区间相邻性由表 3-40~表 3-42 组成。

3.4.3 结果分析

实例 9 和实例 8 是同样一个问题，分别建立了基于非线性递归的 NLP（子模型法）模型、基于分段线性化的 LP 模型和 MILP 模型，其解结果是一致的。因此不再对实例 9 进行优解分析和添加剂非线性敏感度验证。

前面在建立汽油调合添加剂 MILP 模型时曾经提到，对实例 9 这样的分段线性化模型，符合建立 LP 模型的充分条件，没有必要建立 MILP 模型，而建立汽油调合添加剂 MILP 模型的目的，是为了提供建立 MILP 模型的一般方法，即如何实现添加剂浓度区间（或敏感度区间）的相邻性要求，MILP 模型解结果和 LP 模型是一致的（可能有多重优解）。

在现有汽油调合添加剂 LP 模型和 MILP 模型基础上，如果同时将某一个分段线性化函数（如 G89 添加剂敏感度曲线）数据修改为凸函数或非凸非凹函数（数据仅用于比较不同类型分段线性化函数区间相邻性），使其不满足建立 LP 模型的充分条件，其结果是 LP 模型"优解"不满足分段区间相邻性条件，而 MILP 模型满足分段区间相邻性条件。

例如，假设将实例 9 中 G89 添加剂敏感度数据修改为如表 3-43 所示，从 3 组 RON 增值数据得到的敏感度数据 RONSens1、RONSens2、RONSens3，其中第一组逐步下降，为凹函数；第二组逐步上升，为凸函数；第三组有升有降，为非凸非凹函数。

表 3-43　分段线性凹函数、凸函数、非凸非凹函数例

MMT 浓度/($\mu g/g$)	0	20	40	60	80	100
RONGain1	0	1.093	1.612	2.023	2.377	2.693
RONSens1	0	0.055	0.026	0.021	0.018	0.016
RONGain2	0	0.150	0.400	0.900	1.700	2.690
RONSens2	0	0.008	0.013	0.025	0.040	0.050
RONGain3	0	1.093	1.200	2.023	4.377	2.693
RONSens3	0	0.055	0.005	0.041	0.118	-0.084

表 3-43 给定的三种曲线增值数据图形如图 3-3 所示。

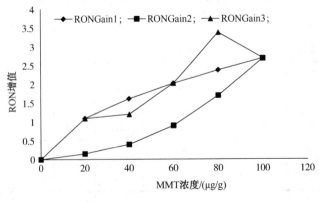

图 3-3　分段线性凹函数、凸函数和非凸非凹函数图

将表 3-43 的 RONSens1、RONSens2、RONSens3 数据作为实例 9 的 LP 模型和 MILP 模型中 G89 的添加剂敏感度数据。从表 3-44 给出的解结果可以看出,LP 模型"优解"中,G89 添加剂浓度区间只有凹函数满足区间相邻性要求,凸函数和非凸非凹函数不满足区间相邻性要求。而 MILP 模型中有区间相邻性约束,凹、凸和非凸非凹 3 种类型函数的优解均满足区间相邻性要求。

表 3-44　LP 模型和 MILP 模型解结果比较

项　　目	函数类型	凹函数	凸函数	非凸非凹
LP 模型 各个浓度区间加剂量	G89MG1	4.8217	0.0000	0.0000
	G89MG2	4.8217	0.0000	0.0000
	G89MG3	4.8217	3.8689	0.0000
	G89MG4	2.4139	4.7182	4.1625
	G89MG5	0.0000	4.7182	0.0000
MILP 模型 各个浓度区间加剂量	G89MG1	4.8217	4.9829	4.7565
	G89MG2	4.8217	4.9829	4.7565
	G89MG3	4.8217	4.9829	4.7565
	G89MG4	2.4139	4.9829	0.3580
	G89MG5	0.0000	2.5166	0.0000

3.5　实例 10:考虑密度的添加剂模型

3.5.1　问题提出

在实例 8 油品调合添加剂非线性敏感度模型中(子模型法),没有考虑调合过程组分的密度(SPG),不用考虑体积调合和重量调合问题,本实例还是以大家熟悉的汽油调合中改进辛烷值的添加剂非线性敏感度为例,进一步讨论考虑 SPG 时的 NLP、LP 和 MILP 添加剂模型。在实例 8 基础上增加组分的 SPG 数据,如表 3-45 所示。

表 3-45　组分密度表

组分代码	组分名称	密度/(g/cm³)	组分代码	组分名称	密度/(g/cm³)
CM1	重整汽油	0.835	CM4	加裂轻石	0.670
CM2	重催汽油	0.720	CM5	MTBE	0.740
CM3	蜡催汽油	0.720			

根据 2.3 中实例 3 关于体积调合和重量调合的讨论,当考虑调合组分 SPG 时,必须考虑体积调合和重量调合问题。将组分 SPG 数据加入 BLNPROP 表后,将 SUL 定义为重量调合(实例 10 只讨论两种调合方法对 RON 的影响,其他物性均假定为体积调合),用两个案例进行优化计算,如表 3-46 所示。

CASE1:RON 定义为体积调合,非线性递归子模型中的调合产品代码在 ROWS 表中用体积变量(BVBLG89，BVBLG92，BVBLG95)连接；

CASE2：RON 定义为重量调合，非线性递归子模型中的调合产品代码在 ROWS 表中用重量变量(BWBLG89，BWBLG92，BWBLG95)连接。

表 3-46 体积、重量调合(RON)案例

CASE NO.	案例号	CASE1	CASE2
RON	调合方式	体积调合	重量调合
OBJ	目标函数	2437.3457	2881.5256
δOBJ	目标差	0	444.18
δOBJ%	目标差%	0	18.22%
CM1	重整汽油	0.6000	0.6000
CM2	重催汽油	2.0000	2.0000
CM3	蜡催汽油	1.5000	1.5000
CM4	精制油	0.4000	0.4000
CM5	MTBE	0.5000	0.5000
MMT	MMT 消耗	0.4000	0.4000
G89	89 号汽油	0.7674	0.2411
G92	92 号汽油	3.0000	3.0000
G95	95 号汽油	1.2326	1.7589

两个案例目标值相对误差 18.22%，其中"体积调合"案例有误，这种错误容易被用户所忽略。实例 10 要解决的第一个问题是 CASE1 产生错误的原因；第二个问题是如何用建立考虑 SPG 情况下的 LP 模型解决添加剂非线性敏感度问题。

3.5.2 模型建立

在炼油生产计划模型中，物流的 SPG 物性扮演着重要角色，原因是在油品调合时，需要进行物流重量和体积的转换。

在炼油计划模型中，基础物流计量可以使用重量，也可以使用体积，物流的物性可能和体积相关，也可能和重量相关，如表 3-47 所示。

表 3-47 调合产品规格举例

物性名称	代码和限制	规格要求(体积还是重量)
研究法辛烷值	NRON(≥)	体积百分比(V%)
抗爆指数	NDON(≥)	体积百分比(V%)
硫含量	XSUL(≤)	重量百分比(W%)
芳烃含量	XARW(≤)	体积百分比(V%)
烯烃含量	XOLE(≤)	体积百分比(V%)
加裂轻石比例	XNAP(≤)	重量或体积百分比(W/V%)
MTBE 比例	XMTB(≤)	重量或体积百分比(W/V%)

注：V 代表体积；W 代表重量。

根据表 3-47 规格要求栏所列，硫含量为重量调合；芳烃含量、烯烃含量为体积调合；加裂轻石比例、MTBE 比例在体积模型中使用体积调合，在重量模型中使用重量调合，因为

组分量和调合产品量比例一般和模型中物流计量方法一致，除非特别指明"比例"是体积比例，则使用体积调合，指明"比例"是重量比例，则使用重量调合；研究法辛烷值、抗爆指数为体积调合，在重量模型中有时也进行重量调合。值得注意的是，在使用改进辛烷值的添加剂时，还必须考虑添加剂改进辛烷值敏感度的计量单位的一致性，即加剂前和加剂后的辛烷值计算的单位需统一。表 3-46 所列"体积调合"解结果产生较大误差，可以从体积调合相关模型进行分析。

3.5.2.1 RON 体积调合递归模型（子模型 NLP 方法）

模型参数：重量模型，RON 体积调合，VTW＝1，添加剂浓度（μg/g）。

LRONR89：（子模型表定义——加剂后汽油 G89 的 RON 递归控制约束）

$(-89) \times SR89G89 - 0.055 \times SR89MG1 - 0.026 \times SR89MG2 - 0.021 \times SR89MG3$

$-0.018 \times SR89MG4 - 0.016 \times SR89MG5 + 89.2 \times SR89S89 - RRONG89 \leqslant 0$

NRONG89：（MSRP 生成——加剂前汽油 G89 的 RON 控制约束）

$87 \times BVBLG89 - 102 \times BCM1G89 - 92.3 \times BCM2G89 - 89.3 \times BCM3G89 - 51.3 \times BCM4G89 \leqslant 0$

EBALG89：（ROWS 表定义——子模型表 SR89 中调合产品变量来源）

$$-BVBLG89 + SR89G89 = 0$$

EVOLS89：（子模型表定义——递归结构要求）

$$-SR89G89 + SR89S89 = 0$$

EVBLG89：（MSRP 生成——调合产品体积量来源）

$$BVBLG89 - BCM1G89 - BCM2G89 - BCM3G89 - BCM4G89 = 0$$

从上面 RON 加剂前、加剂后两个控制约束 NRONG89、LRONR89 以及三个物料平衡约束 EBALG89、EVOLS89、EVBLG89 可以看出，已确保所有调合产品变量 BVBLG89、SR89G89、SR89S89 均为相等的体积变量。

在加剂后 RON 控制约束 LRONG89 中，"$(-89) \times SR89G89$"是递归项，系数（-89）是加剂前 RON 的递归值，"$89.2 \times SR89S89$"是加剂后 RON 的控制目标，单位是"立方米辛烷值"，但下划线部分项是加剂 RON 的增值，单位是"吨辛烷值"，在现有的 LRONG89 中，单位不一致是造成 3.5.1 节 CASE1 得到错误结果的原因。我国使用重量模型，当使用调合添加剂改进 RON 时，建议选用重量调合。

如果某个调合产品物性必须使用体积调合，也使用子模型方法处理添加剂非线性敏感度问题，应该将计算敏感度的添加剂浓度单位由 μg/g 转换为 g/m³，使加剂后物性约束方程单位一致，即"立方米辛烷值"。

3.5.2.2 RON 重量调合递归模型（子模型 NLP 方法）

模型参数：重量模型、RON 重量调合、VTW＝1、添加剂浓度（μg/g）。

LRONR89：（子模型表——加剂后汽油 G89 的 RON 递归控制约束）

$(-89) \times SR89G89 - 0.055 \times SR89MG1 - 0.026 \times SR89MG2 - 0.021 \times SR89MG3$

$-0.018 \times SR89MG4 - 0.016 \times SR89MG5 + 89.2 \times SR89S89 - RRONG89 \leqslant 0$

NRONG89：（MSRP 生成——加剂前汽油 G89 的 RON 控制约束）

$87 \times BVBLG89 - 85.170 \times BCM1G89 - 66.456 \times BCM2G89 - 64.296 \times BCM3G89$

$-34.371 \times BCM4G89 \leqslant 0$

EBALG89：（ROWS 表定义——子模型表 SR89 中调合产品变量来源）

$$-BWBLG89+SR89G89=0$$

EVOLS89：（子模型表定义——递归结构要求）

$$-SR89G89+SR89S89=0$$

EVBLG89：（MSRP 生成——调合产品体积量来源）

$$BVBLG89-BCM1G89-BCM2G89-BCM3G89-BCM4G89=0$$

上述 RON 重量调合递归模型与 3.5.2.1 给出的 RON 体积调合递归模型相比，通过约束"EBALG89"将 G89 的递归变量由体积变量（BVBLG8）转变为重量变量（BWBLG89），因此加剂后汽油 G89 的 RON 递归控制约束"LRONR89"实现 RON 重量调合和约束方程计量单位的统一。加剂前汽油 G89 的 RON 控制约束"NRONG89"通过定义 RON 为重量调合由 MSRP 自动完成调合组分体积变量相应系数的转变：$\beta_i=-RON_i\times SPG_i\times VTW$，比如 BCM1G89 的系数为：$-102\times0.835\times1=85.17$。

3.5.2.3 RON 重量调合 LP 模型

实例 9 中描述 SPG=1 时 RON 重量调合 LP 模型的表 3-39 中"LRONR89"约束行体积组分变量"BCM1G89"等的系数用公式 $\beta_i=-RON_i\times SPG_i\times VTW$ 进行修改，例如 BCM1G89 的系数 $\beta_1=-102\times0.835\times1=-85.17$，如表 3-48 所示。

考虑 SPG 的汽油调合添加剂非线性敏感度线性化 MILP 模型系数修改方法与 LP 模型相同，不再重复。

表 3-48 重量调合 LP 模型 ROWS 表

* TABLE	RLP89									
	TEXT	BWBLG89	G89M1	G89M2	G89M3	G89M4	G89M5	BCM1G89	BCM2G89	BCM3G89	BCM4G89
LRONR89		89.2	−0.055	−0.026	−0.021	−0.018	−0.016	−85.17	−66.46	−64.30	−34.37
LG89MG1		−20	1								
LG89MG2		−20		1							
LG89MG3		−20			1						
LG89MG4		−20				1					
LG89MG5		−20					1				
LG89MG6		−100	1	1	1	1	1				
UBALMMT			0.001	0.001	0.001	0.001	0.001				
* 浓度/（μg/g）		0	20	40	60	80	100	0.835	0.720	0.720	0.670
* RONGain		0	1.093	1.612	2.023	2.377	2.693	102.0	92.3	89.3	51.3
* RONSensi		0	0.055	0.026	0.021	0.018	0.016	1	1	1	1

注：组分变量列最后三行数据分别为其 SPG、RON 和 VTW。

3.5.3 结果分析

上述考虑 SPG 的子模型非线性递归 NLP 模型、LP 模型和 MILP 模型解结果的目标函数、组分和产品量、添加剂分配量均相同，如表 3-49 所示。三个模型优解的调合配方和调合产品物性不同，是多重优解，如表 3-50 所示。

表 3-49　优解

项　　目	NLP 模型	LP 模型	MILP
OBJFN	2881.53	2881.53	2881.53
PURCCM1	0.6	0.6	0.60
PURCCM2	2	2	2.00
PURCCM3	1.5	1.5	1.50
PURCCM4	0.4	0.4	0.40
PURCCM5	0.5	0.5	0.50
PURCMMT	0.4	0.4	0.40
SELLG89	0.24	0.24	0.24
SELLG92	3	3	3.00
SELLG95	1.76	1.76	1.76
SR89MG1	4.82	4.82	4.82
SR89MG2	4.82	4.82	4.82
SR89MG3	4.82	4.82	4.82
SR89MG4	2.41	2.41	2.41
SR89MG5	0	0	0.00
SR92MG1	60	60	60.00
SR92MG2	60	60	60.00
SR92MG3	60	60	60.00
SR92MG4	60	60	60.00
SR92MG5	60	60	60.00
SR95MG1	35.18	35.18	35.18
SR95MG2	35.18	35.18	35.18
SR95MG3	12.76	12.76	12.76
SR95MG4	0	0	0.00
SR95MG5	0	0	0.00

表 3-50　调合配方及物性表

	非线性递归模型（NLP）			线性规划模型（LP）			混合整数规划模型（MILP）		
	G89	G92	G95	G89	G92	G95	G89	G92	G95
重整汽油	0.022	0.385	0.193	0.102	0.245	0.254	0.057	0.000	0.543
重催汽油	0.000	2.000	0.000	0.084	0.456	1.459	0.140	1.586	0.274
蜡催汽油	0.197	0.000	1.303	0.000	1.500	0.000	0.000	0.599	0.901
精制油	0.022	0.378		0.055	0.345		0.045	0.355	
MTBE		0.237	0.263		0.454	0.046		0.460	0.040

	非线性递归模型（NLP）			线性规划模型（LP）			混合整数规划模型（MILP）		
产品总量	0.241	3.000	1.759	0.241	3.000	1.759	0.241	3.000	1.759
辛烷值	87.000	90.014	94.237	87.000	90.014	94.237	87.000	90.014	94.237
硫含量	0.001	0.001	0.001	0.001	0.001	0.001	0.001	0.001	0.001
芳烃含量	26.487	23.922	26.319	40.000	21.376	28.926	30.175	16.030	40.000
烯烃含量	16.256	16.798	14.879	9.214	13.796	21.010	14.807	17.047	14.586
苯含量	0.443	0.382	0.416	0.334	0.357	0.474	0.378	0.362	0.460
氧含量	0.000	1.413	2.700	0.000	2.700	0.469	0.000	2.700	0.425

值得注意的是，实例10和实例8、实例9的优解值目标函数相同，一般情况下，考虑 SPG 和不考虑 SPG(SPG=1)，优解值目标函数会改变。分析本实例考虑 SPG 后目标不变的原因是实例中除了 RON 物性以外，其他物性均没有卡边，同时大部分组分量固定（FIX），添加剂量给定上限，产品 G92 限量固定，使模型优化空间比较小，当添加剂对 RON 的加剂非线性处理采用不同的建模方法时，不影响目标函数(组分量、产品量、添加剂量)。

3.5.4 总结

实例8、实例9、实例10使用同一个汽油调合添加剂非线性敏感度问题实例，分别建立非线性递归 NLP 模型、LP 模型和 MILP 模型，同时对调合时考虑 SPG 时，如何处理体积调合和重量调合问题进行讨论，可以得到如下结果：

(1) 非线性递归方法借用 MSRP 中的分布递归结构，由子模型表建立递归模型。这个方法的最大优点是加剂前调合产品物性由递归变量得到，即加剂前物性计算也可以是非线性的。例如，调合汽油的加剂前辛烷值由于要考虑调合组分的交互影响，或者催化裂化汽油辛烷值由多股物流 POOLING 递归得到，而 LP 和 MILP 模型不能处理这种问题。该方法缺点是必须满足"凹函数+Max"条件，模型结构比较复杂。

(2) LP 模型方法最大优点是模型结构最简单，不需要递归。该方法缺点是必须满足"凹函数+Max"条件，加剂前物性计算必须是线性的。

(3) MILP 模型方法最大优点是不需要满足"凹函数+Max"条件。加剂前物性计算必须是线性的，需要定义整型变量。

(4) 三种模型都可以处理带有 SPG 的体积调合和重量调合问题。

三个实例总结见表3-51。

表3-51 实例8~实例10总结

数据表	方法1	方法2	方法3	说 明
求解方法	NLP	LP	MILP	
实例	8, 10-1	9-1, 10-2	9-2, 10-3	8；9-1, 9-2；10-1, 10-2, 10-3；
条件1		Y	Y	加剂前物性必须线性计算
条件2	Y	Y		必须满足充分条件
SUBMODS	Y			子模型目录表
PGUESS	Y			递归初值表
ROWS	Y			油品换名 ROWS 表

续表

数据表	方法1	方法2	方法3	说　明
UTILBUY	Y	Y	Y	添加剂成本表
SR89	Y			子模型表
R89		Y		物性、敏感度 S
D89			Y	物性、敏感度、相邻性控制
MIP			Y	整型变量表
…	…			…

3.6　实例11：装置非线性加工成本的处理

3.6.1　问题提出

结合装置非线性加工成本的处理问题讨论 MSRP 的 CURVE 方法。主要讨论如下五个问题：

（1）MSRP 中 CURVE 方法的使用方法及注意事项；

（2）建立 MILP 模型方法解决非线性加工成本问题；

（3）是否可以用建立 LP 模型方法解决非线性加工成本问题；

（4）几个方法的分析比较；

（5）在什么情况下装置加工成本需要进行非线性处理。

以某炼油生产装置的加工成本为例进行讨论。设该装置的公用工程电量和辅料加工成本非线性数据如表 3-52 所示（这些非线性成本数据只供非线性加工成本的处理方法研究之用）。已知该装置在加工量可变范围划分为 5 个区间，共 6 对数据，描述 2 种公用工程在区间端点的单位消耗量，如表 3-52 所示。如果计算一下 5 个区间的线段斜率（见表中区间电单耗、区间辅料单耗），按照数学规划对分段线性化函数关于凹凸定义，这两条分段线性函数都是非凸非凹函数。

表 3-52　装置的电量和辅料加工成本非线性数据

区间点	1	2	3	4	5	6
加工量/(10⁴t-CURVE1)	15.00	20.00	25.00	30.00	35.00	38.00
加工量区间/10⁴t	15.00	5.00	5.00	5.00	5.00	3.00
电消耗-CURVE1						
电总消耗	108.45	156.80	202.25	249.30	304.15	334.02
区间电单耗/(kW·h/10⁴t)	7.23	9.67	9.09	9.41	10.97	9.96
平均成本(加工37×10⁴t时)						8.76
辅料消耗-CURVE2						
辅料总消耗	2025	3000	4000	5010	5985	6536
区间辅料单耗/(万元/10⁴t)	135.00	195.00	200.00	202.00	195.00	183.67

区间点	1	2	3	4	5	6
平均成本(加工 37×10⁴t 时)						171.68

3.6.2 模型建立

结合非线性加工成本问题的处理，对处理类似问题的方法进行总结，分别建立如下几个模型：CURVE 模型、MILP 模型、LP 模型(LP 非凸非凹模型、LP 凸函数模型、LP 凹函数模型)。

3.6.2.1 非线性加工成本 CURVE 模型

CURVE 方法是由 MSRP 提供的解决诸如装置非线性加工成本等问题的专用方法。实际上是用于处理已经分段线性化的非线性函数，因为 CURVE 方法提供的非线性数据是分段线性化数据(如表 3-53 所示)，求解方法采用序贯线性规划法(SLP-Successive Linear Programming)。MSRP 使用 NONLIN 和 CURVE 两张数据输入表，为建立 SLP 递归模型提供数据，启用 CURVE 方法时必须将 MSRP 软件"RECURSION"参数设置为工作状态。

CURVE 表用于描述非线性曲线数据，NONLIN 用于标明多套曲线代码与 CURVE 数据的对应关系(按 CURVE 表给出曲线的排列序号)。CURVE 表的自变量数据行(例如处理非线性加工成本时的装置加工量)的上下限必须在加工量上下限范围之内适量外推，例如加工量上限为 37(×10⁴t)，CURVE 表中加工量最右边数据用 38，如果等于或小于 37，MSRP 就会出现警告信息。

CURVE 曲线应足够平滑，实例 11 中有两条曲线，对应 CURVE、NONLIN 表可以描述如表 3-53 和表 3-54 所示。

表 3-53 装置电、辅料 CURVE 数据表

*TABLE	CURVE						
	TEXT	1	2	3	4	5	6
*	电消耗						
XCCU	加工量/(10⁴t-CURVE 1)	15.00	20.00	25.00	30.00	35.00	38.00
YCCU	用电量/(kWh/kt)	72.3	78.4	80.9	83.1	86.9	87.9
*	辅料消耗						
XCCA	加工量/(10⁴t-CURVE 2)	15.00	20.00	25.00	30.00	35.00	38.00
YCCA	辅料/(万元/10⁴t)	135	150	160	167	171	172

表 3-54 装置电、辅料 NONLIN 数据表

*TABLE	NONLIN
	TEXT	SHF1BAS
UBALKWH	1
UBALCCC	2

在装置数据表(表 3-55)的电、辅料单位公用工程数据位置填上递归初值(所以在使用 CURVE 进行递归时不用在 PGUESS 中给出递归初值)，初值必须在 CURVE 给定数据上限和

下限范围内。否则会给出错误信息。

表 3-55 装置数据表

*TABLE	SHF1	
	TEXT	BAS
WBALDF1	装置进料	1
WBALHDK	装置产出柴油	-0.8532
WBALLOS	损失	-0.1468
CCAPHF1	装置处理能力	1
*	公用工程(每吨):	
UBALKWH	电/(kW·h/t)	8.00
UBALCCC	辅料/(元/t)	160.00

3.6.2.2 非线性加工成本 MILP 模型

非线性加工成本的原始数据即 CURVE 表提供的曲线数据是分段线性化数据,因为 MILP 模型保证分段区间的相邻性,可以使用分段线性化方法,建立 MILP 模型进行求解。根据表 3-53 提供的曲线数据,建立如下 MILP 模型:

$15 \times ICURV11 \leqslant DCURV11 \leqslant 15$;

$5 \times ICURV12 \leqslant DCURV12 \leqslant 5 \times ICURV11$;

$5 \times ICURV13 \leqslant 5 \times ICURV12$;

$5 \times ICURV14 \leqslant DCURV14 \leqslant 5 \times ICURV13$;

$5 \times ICURV15 \leqslant DCURV15 \leqslant 5 \times ICURV14$;

$0 \leqslant DCURV16 \leqslant 3 \times ICURV15$;

UBALKWH = 7.23×DCURV11 + 9.67×DCURV12 + 9.09×DCURV13 + 9.41×DCURV14 + 10.97×DCURV15 + 9.96×DCURV16;

UBALKWH = 135×DCURV11 + 195×DCURV12 + 200×DCURV13 + 202×DCURV14 + 195×DCURV15 + 183.67×DCURV16;

SHF1BAS = DCURV11 + DCURV12 + DCURV13 + DCURV14 + DCURV15 + DCURV16。

根据上述 MILP 模型公式,建立 MILP 模型的 ROWS 表和 MIP 表如表 3-56~表 3-58 所示。

表 3-56 装置非线性电、辅料 MILP 模型 ROWS 表

*TABLE	ROWS											
	TEXT	DCURV11	DCURV12	DCURV13	DCURV14	DCURV15	DCURV16	ICURV11	ICURV12	ICURV13	ICURV14	ICURV15	SHF1 BAS
GCURV11		1						-15				
LCURV12			1					-5				
GCURV12			1						-5			
LCURV13				1					-5			
GCURV13				1						-5		

*TABLE	ROWS	DCURV11	DCURV12	DCURV13	DCURV14	DCURV15	DCURV16	ICURV11	ICURV12	ICURV13	ICURV14	ICURV15	SHF1 BAS
	TEXT												
LCURV14					1					−5			
GCURV14					1						−5		
LCURV15						1					−5		
GCURV15						1						−5	
LCURV16							1					−3	
UBALKWH		7.23	9.67	9.09	9.41	10.97	9.96						
UBALCCC		135	195	200	202	195	183.67						
ECURV11		1	1	1	1	1	1						−1

表 3-57 区间长度表

*TABLE	BOUNDS	
	TEXT	MAX
DCURV11	区间 1 长度	15.00

表 3-58 0-1 变量表

*TABLE	MIP	
	TEXT	BV
ICURV11	区间 1 达到上限	1
ICURV12	区间 2 达到上限	1
ICURV13	区间 3 达到上限	1
ICURV14	区间 4 达到上限	1
ICURV15	区间 5 达到上限	1

值得注意的是，CURVE 方法的表 3-53 中 YCCU、YCCA 和 MILP 方法中 UBALKWH、UBALCCC 行的系数的意义是不同的，CURVE 表中系数是相应区间点的加工量的单位加工成本，而表 3-56 中系数是相应区间段的平均加工成本，即线段的斜率。为了处理方便，此处增加了加工量为 0、成本为 0 的数据对，变成 6 个区间，如果加工量不能在这个区间取值，可以设置下限门槛加以限制。

3.6.2.3 非线性加工成本线性化 LP 模型

在讨论 MMT 添加剂模型时，用子模型递归 NLP 方法、MILP 模型方法和 LP 模型方法可以得到相同优化结果。但对于上述非线性加工成本问题，不满足建立 LP 模型的"充分条件"，即不能保证区间相邻性问题，为了验证非线性加工成本线性化不能使用 LP 模型处理，仍采用老办法。列举一个反例：将上述 LP 模型电、辅料的分段线性化成本函数的斜率大小按上升和下降的次序重新排序，人为制造两个函数——凸函数和凹函数。因此，建立电、辅料的分段线性化成本函数都是非凸非凹（LP1）、凸函数（LP2）、凹函数（LP3）共 3 个 LP 模型，对其进行分析比较，其中只有 LP2 满足建立 LP 模型的"充分条件"，见表 3-59。

表 3-59　非线性加工成本 LP 模型案例

CASE1	LP1						
TABLE	ROWS						
	TEXT	DCURV11	DCUR V12	DCURV13	DCURV14	DCURV15	DCURV16	SHF1BAS
UBALKWH		7.23	9.67	9.09	9.41	10.97	9.96	
UBALCCC		135.00	195.10	200.00	202.00	195.00	183.67	
ECURV11		1.00	1.00	1.00	1.00	1.00	1.00	−1.00
CASE2	LP2						
TABLE	ROWS						
	TEXT	DCURV11	DCURV12	DCURV13	DCURV14	DCURV15	DCURV16	SHF1BAS
UBALKWH		7.23	9.09	9.41	9.67	9.96	10.97	
UBALCCC		135.00	183.67	195.00	195.10	200.00	202.00	
ECURV11		1.00	1.00	1.00	1.00	1.00	1.00	−1.00
CASE3	LP3						
TABLE	ROWS						
	TEXT	DCURV11	DCURV12	DCURV13	DCURV14	DCURV15	DCURV16	SHF1BAS
UBALKWH		10.97	9.96	9.67	9.41	9.09	7.23	
UBALCCC		202.00	200.00	195.10	195.00	183.67	135.00	
ECURV11		1.00	1.00	1.00	1.00	1.00	1.00	−1.00

3.6.3　结果分析

3.6.3.1　CURVE 和 MILP 模型优解分析

CURVE 和 MILP 模型优解结果相同，经过验证，其结果都是正确的，如表 3-60 所示。装置加工量达到上限 37×10^4 t。

表 3-60　CURVE 和 MILP 模型解结果表

项　　目	CURVE	MILP
建模方法	SLP 非线性递归	线性混合整数规划
OBJFN	1648.27	1648.97
PURCLD2	21.0000	21.0000
PURCK1D	16.0000	16.0000
PURCKWH	323.9965	324.0634
PURCCCC	6351.6670	6352.3340
SELLHDK	31.5684	31.5684
SELLLOS	5.4316	5.4316
SH1PLD2	21.0000	21.0000
SH1PK1D	16.0000	16.0000
SHF1BAS	37.0000	37.0000

3.6.3.2 LP 模型"优解"分析

非线性加工成本线性化 LP 模型中,加工量由表 3-56 最后一行定义。

表 3-61 列出了成本函数 4 个分段线性化模型(MILP、LP1、LP2、LP3)解结果,其中 MILP 模型和非凸非凹函数 LP1 模型是 3.6.1 的成本函数数据,但只有 MILP 模型解结果是正确的。非凸非凹函数 LP1 模型"优解"不满足区间相邻性条件,解结果不正确;凸函数 LP2 模型"优解"虽然满足区间相邻性要求,但成本函数已经被人为修改,不是 3.6.1 的实际数据;凹函数 LP3 模型"优解"既不满足区间相邻性要求,成本函数也不是 3.6.1 的实际数;结论是对于像 3.6.1 装置成本非线性加工成本问题用分段线性化函数不能用构建 LP 模型的方法解决,因为不满足建立 LP 模型的"充分条件"。

表 3-61 MILP 模型和 LP 模型解结果表

模型类型	MILP	LP1	LP2	LP3
函数特性	非凸非凹	非凸非凹	凸函数	凹函数
解值	优解值	"优解值"	"优解值"	"优解值"
OBJFN	1648.2690	1682.93	1718.38	935.66
SHF1BAS	37.0000	28.00	30.00	21.00
PURCLD2	21.00	21.00	21.00	21.00
PURCK1D	16.00	7.00	9.00	0.00
PURCKWH	324.06	241.52	249.30	192.41
PURCCCC	6352.33	4526.50	4893.83	3873.83
DCURV11	15.00	15.00	15.00	15.00
DCURV12	5.00	5.00	5.00	3.00
DCURV13	5.00	0.00	5.00	5.00
DCURV14	5.00	0.00	5.00	5.00
DCURV15	5.00	5.00	0.00	5.00
DCURV16	2.00	3.00	0.00	3.00

3.6.3.3 非线性加工成本应用

生产装置的加工成本严格来说是非线性函数,如果装置的加工量变化范围不大,用线性加工成本函数描述能满足模型精度要求。当发生如下情况时,需要使用分段线性化成本函数,例如加工装置运行在加工量下限门槛和上限时的单位加工费差别较大,用线性加工成本时两者使用相同的单位加工成本,加工量在下限门槛时模型使用的线性加工成本比实际加工成本偏低;相反,加工量接近上限时模型使用的线性加工成本比实际加工成本偏高。线性加工成本一般用装置的月总加工成本除以月总加工量得到,如果装置加工量变化不是很大,线性加工成本能满足计划模型的精度要求。但在有些情况下,使用非线性加工成本能提高模型精度,下面列举几个应用例子。

【例1】 某厂催化重整装置加工量与市场上 97 号和 98 号高标号车用汽油需求量有关,随着高标号车用汽油需求量波动,催化重整装置加工量变化也较大,其线性加工成本是前一个月平均加工成本(月装置加工量约为加工能力的 85%)。本月高标号汽油需求量增加,根据经验,催化重整装置应该满负荷生产,但月计划模型优化结果是装置加工量没有达到上限

（例如只达到加工能力的 95%）。分析原因是当装置加工能力由加工能力的 95% 增加到 100% 时使用线性加工成本，模型使用的加工成本高于实际加工成本，因为该装置加工量在 95% 增加到 100% 时，实际单位加工费低于线性加工成本，模型优化时，由于加工量"增加"导致的加工成本增加值高于多生产高标号汽油增加的收益。用分段线性化加工成本函数替代该装置线性加工成本，模型优化结果是催化重整装置满负荷生产为最优。如果该装置模型中使用非线性加工成本函数，不管高标号汽油市场需求量如何波动，模型能更正确预测催化重整装置加工量。

【例 2】　某厂催化裂化装置（加工能力为 $120×10^4$ t/a）加工量超过 $100×10^4$ t/a 时需要增加一台主风机，使该装置加工成本有较大增长，如何正确的测算增加装置加工量、增加加工成本，还是不增加装置加工量（不超过 $100×10^4$ t/a）、不增加加工成本（一台主风机）更合理。如果对催化裂化装置的加工成本中对主风机成本进行分段线性化描述，就能提高模型预测精度。由于主风机增加 1 台时加工成本有"突变"，非线性分段线性化函数是非凸非凹函数，可以用上面介绍的 MILP 模型法建模。

【例 3】　某厂有 4 套常减压装置，根据年计划安排的原油计划加工量，常减压装置有两种开工方案：4 套常减压装置全部开工，使生产方案有更多选择；或者开 3 套常减压装置，使 3 套装置满负荷运行，可以减少常减压装置的总加工成本。对这两套方案进行测算时，加工成本是方案选择的重要因素之一。用 MSRP 计划模型进行测算，常减压装置使用线性加工成本，只与原油加工量相关，与每套常减压装置的加工量大小无关，开 4 套常减压和开 3 套常减压的加工成本是相同的，不能比较精确描述满负荷生产 3 套常减压方案和开工 4 套常减压方案成本的差异。如果对 4 套常减压装置建立 MILP 分段线性化加工成本模型，可以得到比较精确的测算结果。如果要考虑装置开工的下限门槛，或者希望将加工成本分解为固定成本和可变成本两部分，可以使用 0-1 整型变量，建立能更加精确描述装置加工成本的 MILP 计划模型。

3.6.3.4　两种模型优解分析

用于解决本实例的装置加工成本非线性的 CUVER 模型和 MILP 模型解结果是否正确，我们设置柴油精制装置加工量允许范围的三个点：

CASE1：最大加工 $37×10^4$ t，位于表 3-53 最后区间非区间边界；

CASE2：中间加工 $28×10^4$ t，位于表 3-53 第三区间非区间边界；

CASE3：最小加工 $20×10^4$ t，位于表 3-53 第一区间右边界；

假定其中焦化柴油必须全部进入精制装置加工（$20×10^4$ t），两个模型的主要优解结果如表 3-62 所示，其中目标函数值、装置进料量和比例、产品产量均相同，电和辅料的消耗量也相同（在误差范围内）。根据表 3-53 给出的数据，由于 CASE3 位于区间边界，电和辅料的消耗量与表 3-53 给出的数据一致；CASE1、CASE2 的消耗验证值可以用线性插入计算，例如 CASE2 的电消耗量计算：

$$KWH(28) = 25×8.09+(30×8.31-25×8.09)/(30-25)×(28-25) = 230.48$$

上述公式是利用加工量 $25×10^4$ t 和 $30×10^4$ t 两点的电消耗量数据用线性插入方法计算加工量 $28×10^4$ t 时的电消耗量。而 MILP 模型优化值为 230.480，CUVER 模型优解值为 230.216，都在误差范围内。感兴趣读者可以对其他点的电、辅料消耗量进行验算。

表 3-62　MILP 模型、CUVER 模型装置成本验算

CASE	案例号	1	2	3
UNIT	加工量限制	CHF1≤37	CHF1=28	CHF1=20
CAPS	装置加工量(优解)	37.000	28.000	20.000
	目标函数	1528.269	1218.394	992.376
实例	常二线(进料)	17.000	8.000	0.000
11-4	焦化柴油(进料)	20.000	20.000	20.000
MILP	精制柴油(产品)	31.568	23.890	17.064
模型	损失	5.432	4.110	2.936
测试	电/kW·h	324.063	230.480	156.800
优解	辅料/元	6352.334	4606.000	3000.000
	目标函数	1528.966	1226.913	992.376
实例	常二线(进料)	17.000	8.000	0.000
11-5	焦化柴油(进料)	20.000	20.000	20.000
CUVER	精制柴油(产品)	31.568	23.890	17.064
模型	损失	5.432	4.110	2.936
测试	电/kW·h	323.996	230.216	156.800
优解	辅料/元	6351.667	4597.600	3000.000
成本	验证(电)/kW·h	324.06	230.48	156.80
验算	验证(辅料/元)	6352.33	4606.00	3000.00

上述验证结果说明用 MILP 线性模型可以替代 CUVER 非线性递归模型,得到满足精度要求的解结果。

3.6.3.5　结论

对于装置非线性加工成本问题,在已经得到非线性加工成本的分段线性化数据条件下,可以使用如下方法之一建模求解:

(1) CURVE 方法,由 MSRP 提供自动建模方法,用 NLP 递归方法求解,分段线性化函数可以是凸的、凹的或非凸非凹的,但要求分段线性化数据适当光滑,分段区间的最左边和最右边有外推数据(EXTRAPOLATING),递归初值在装置模型的单位加工成本的位置给出,初值必须在所提供数据范围内,否则会出错并停止运行,有可能出现不收敛或收敛到局部最优解的情况。

(2) MILP 模型方法,由用户通过 MSRP 的 ROWS 表建模,调用 MSRP 提供的 MILP 解题器求解。分段线性化函数可以是凸的、凹的或非凸非凹的。非线性成本函数分段区间连续性由 MILP 约束条件保证。因为是线性模型,不存在不收敛或收敛到局部最优解问题。MILP 方法具有 CURVE 方法的优点,避免了 CURVE 方法的缺点。在遇到类似问题时,建议读者选用 MILP 模型方法。

(3) LP 模型方法,建模和求解都比较简单,但只适用于分段线性化加工成本函数是凸函数情形(满足建立 LP 模型充分条件),但一般情况下,装置加工成本函数是凹函数或非凸非凹函数,因此不能使用 LP 模型方法。值得注意的是,在实例 9 和实例 10 中,汽油调合 RON 添加剂非线性敏感度分段线性化函数是凹函数,满足 LP 充分条件,而实例 11 中非线性加工成本分段线性化函数也是凹函数,不满足 LP 充分条件,注意两者的区别。

⭐ 3.7　实例 12：柴油多厂调合

3.7.1　问题提出

B 厂为油田炼厂，原油主要来自附近油田，炼厂规模较小，只有常减压蒸馏和催化裂化等装置，没有柴油加氢装置，当油田供给的原油硫含量偏高时，柴油硫含量卡边乃至超标，不能满足商品柴油的硫含量要求，B 厂可以将硫含量未达标的柴油运送到有柴油加氢装置的炼厂进行加氢精制，或者将硫含量未达标的柴油调合到商品重油中销售，两种做法均会影响 B 厂经济效益。

A 厂是离 B 厂不远的大型炼油化工企业，柴油加氢能力较强，有能力生产出硫含量低于规格要求的调合柴油出厂。两个炼厂生产的柴油产品均送到同一个销售公司的成品油罐区销售，因此两个炼厂可以将出厂柴油送往销售公司的同一个成品油罐进行二次调合。

在解决 B 厂硫含量问题同时，A、B 两厂柴油二次调合也有可能改进 A 厂柴油低温流动性问题。因为 B 厂不生产航空煤油，煤油组分调入柴油，B 厂柴油的低温流动性比较好（如冷滤点、凝点过剩），A 厂有可能在一次调合时适当降低柴油低温流动性质量指标要求，以便多生产航空煤油等煤油组分产品。两厂柴油调合组分量及其主要性质如表 3-63 所示。

表 3-63　A、B 两厂柴油调合组分量及主要性质

项　　目	组分量/10^4t	密度/（g/cm³）	硫含量/%	十六烷值指数	凝点/℃
A 厂组分	60.00				
二常石蜡基常一线	5.00	0.8017	0.2586	49.4	−58.4
加氢裂化煤油	5.00	0.7900	0.0005	60.0	−22.0
1#加氢柴油	5.00	0.8330	0.1000	50.0	4.0
2#加氢焦柴	4.00	0.8330	0.1000	50.0	−8.0
柴油加氢柴油	26.00	0.8500	0.0600	51.0	−9.0
中压加氢柴油	10.00	0.8500	0.0005	51.0	5.0
催化裂化柴油	5.00	0.9016	0.8050	33.0	3.0
B 厂组分	22.00				
常二线	5.00	0.8000	0.1600	51.9	−15.0
常二线	7.00	0.8117	0.1600	50.0	−15.0
精制柴油	10.00	0.9000	0.4000	50.0	5.0

两个炼厂柴油进行二次调合的解决方案是：建立 A、B 两厂二次调合模型，B 厂一次调合柴油硫含量不达标，冷滤点、凝点过剩，A 厂一次调合柴油硫含量指标过剩，冷滤点、凝点不达标，但经过二次调合以后，销售公司成品罐外销的柴油的硫含量、冷滤点、凝点全部达标，A 厂和 B 厂柴油质量互补，均能提高效益，达到双赢。

3.7.2　模型建立

多厂油品二次调合可以采用 MSRP 中的"调合的调合（Blend into Blend）"结构，A、B 两厂的组分先各自进行调合，生产出各自的"半成品"柴油，"半成品"柴油的某些质量指标未达到产品销售的指标要求，例如 A 厂"半成品"柴油的冷滤点、凝点未达标，B 厂的"半成品"柴油硫含量未达标，将两个厂的"半成品"柴油再输送到销售点油罐进行二次调合，最后得到的"销售产品"所有质量指标全部合格。

多厂油品调合在单厂一次调合基础上进行，不影响炼厂的生产和调合操作，不需要将 A 厂组分输送到 B 厂，B 厂组分也不用输送到 A 厂，A、B 两个厂的生产（调合）和销售公司的销售方式不变，只需要建立一个二次调合模型，两个炼厂的调合按照二次调合模型的优解结果进行调合操作，不增加二次调合成本。

在多厂油品二次调合模型结构中，需建立 A 厂和 B 厂产品质量递归结构，多炼厂油品二次调合为非线性调合。如上所述，建立二次调合模型可以采用 MSRP 提供的"调合的调合"方法建立二次调合模型，也可以直接构建递归汇流（Pooling），实现柴油的非线性二次调合。

本例分别采用"调合的调合"和"Pooling"方法，建立多厂柴油调合模型。

3.7.2.1 两个炼厂柴油"调合的调合"模型

"调合的调合"模型主要构建 BLNMIX 表和 BLNSPEC 表，其他表和普通调合模型没有区别，不再列出。BLNMIX 表中 D00、D10 为 A 厂柴油一次调合的中间产品，也是二次调合的"组分"，E00、E10 为 B 厂柴油一次调合的中间产品，也是二次调合的"组分"，二次调合产品为 F00 和 F10。BLNMIX 表包含了两次调合的组分–产品配对，其中二次调合的组分–产品配对描述中 D00 只去 F00，不去调合 F10（D10、E00、E10 存在同样情形），其目的是方便二次调合的实施。表明 D00 为 A 厂的初调"0 号柴油"，二次调合时只与 B 厂的初调"0 号柴油"E00 调合成销售的 0 号柴油 F00，同样，D10 为 A 厂的初调"–10 号柴油"，二次调合时只与 B 厂的初调"–10 号柴油"E10 调合成–10 号柴油销售产品 F10。A、B 两个炼厂柴油二次调合由 BLNMIX 表进行描述，如表 3–64 所示。

根据表 3–64 描述，一次调合产品 D00、D10、E00、E10 的调合指标也可以在 BLNSPEC 表中规定，但一般情况下其指标要尽量宽松甚至空缺（空缺时使用 MSRP 缺省值），以便增加优化空间。本实例的柴油调合产品规格表如表 3–65 所示。

表 3-64 柴油二次调合 BLNMIX 表

*TABLE	BLNMIX						
	TEXT	D00	D10	E00	E10	F00	F10
*		A 厂 0 号柴油	A 厂–10 号柴油	B 厂 0 号柴油	B 厂–10 号柴油	销售 0 号柴油	销售–10 号柴油
KE3	常一线	1	1				
HCJ	加氢裂化煤油	1	1				
H1D	1#加氢柴油	1	1				
H2D	2#加氢柴油	1	1				
H3D	3#加氢柴油	1	1				
MHD	中压加氢柴油	1	1				
FCD	催化裂化柴油	1	1				
* * *							
LD1	常二线 1			1	1		

续表

* TABLE	BLNMIX						
	TEXT	D00	D10	E00	E10	F00	F10
*		A厂0号柴油	A厂-10号柴油	B厂0号柴油	B厂-10号柴油	销售0号柴油	销售-10号柴油
LD2	常二线2			1	1		
HDD	精制柴油			1	1		
* * *							
D00	A厂0号柴油					1	
D10	A厂-10号柴油						1
E00	B厂0号柴油					1	
E10	B厂-10号柴油						1

表 3-65 柴油二次调合 BLNSPEC 表

* TABLE	BLNSPEC						
	TEXT	D00	D10	E00	E10	F00	F10
*		A厂0号柴油	A厂-10号柴油	B厂0号柴油	B厂-10号柴油	销售0号柴油	销售-10号柴油
XSU1	最大硫含量	1	1	1	1	0.18	0.18
NCTI	最小十六烷指数	40	40	40	40	46	46
XFPI	最大凝固点指数	3.071	1.790	3.071	1.790	2.474	1.442
* XFPT	最大凝固点℃	3	-7	3	-7	-1	-11
NSPG		0.79	0.79	0.79	0.79		

为了便于比较，A、B 两个厂柴油二次调合模型设置两个案例：

CASE1：A、B 两个厂柴油进行二次调合模型；

CASE2：A、B 两个厂柴油分别单厂调合模型。

CASE1 使用表 3-65 作为 BLNSPEC 表，其调合结果为二次调合；CASE2 用表 3-66 对表 3-65 进行修改，修改后的解结果中 A 厂的 D00、D10 和 B 厂生产的 E00、E10 已经满足全部物性指标要求，二次调合的所有物性约束放开，是一个"假"的二次调合模型，实际上只进行一次调合，即单厂调合。

表 3-66 柴油单厂调合 BLNSPEC 表

CASE2	单厂调合						
TABLE	BLNSPEC						
	TEXT	D00	D10	E00	E10	F00	F10
*		A厂0号柴油	A厂-10号柴油	B厂0号柴油	B厂-10号柴油	销售0号柴油	销售-10号柴油
XSU1	最大硫含量/%	0.18	0.18	0.18	0.18	1	1
NCTI	最小十六烷指数	46	46	46	46	10	10
XFPI	最大凝固点指数	2.474	1.442	2.474	1.442	4.482	4.482
* XFPT	最大凝固点/℃	-1	-11	-1	-11	10	10

3.7.2.2 两个炼厂柴油调合"Pooling"模型

柴油二次调合"Pooling"模型的思路是将一次调合的"任务"交给汇流子模型来完成，二次调合组分的物性通过 MSRP 提供的子模型递归结构（D00、D10、E00、E10）传递过来。对于熟悉子模型递归结构的用户，Pooling 方法更加直观，例如 A 厂调合 D00 的递归子模型如表 3-67 所示。如果需要，也可以在子模型表中增加相关物性控制约束行。

表 3-67 一次调合递归子模型表（A 厂 D00）

*TABLE	SD00								
	TEXT	KE3	HCJ	H1D	H2D	H3D	MHD	FCD	D00
WBALKE3	二常石蜡基常一线	1							
WBALHCJ	加氢裂化煤油		1						
WBALH1D	1#加氢柴油			1					
WBALH2D	2#加氢焦柴				1				
WBALH3D	柴油加氢柴油					1			
WBALMHD	中压加氢柴油						1		
WBALFCD	催化裂化柴油							1	
WBALD00	A 厂物流平衡	-1	-1	-1	-1	-1	-1	-1	
RBALD00	A 厂递归平衡	-1	-1	-1	-1	-1	-1	-1	1
RSULD00	硫含量	-999	-999	-999	-999	-999	-999	-999	999
RCTID00	十六烷指数	-999	-999	-999	-999	-999	-999	-999	999
RFPID00	凝固点指数	-999	-999	-999	-999	-999	-999	-999	999

3.7.3 结果分析

从表 3-68"调合的调合"两个案例主要结果比较表可以看出，A、B 两厂实现联合二次调合后，两个厂的所有柴油组分全部调合到柴油产品或航空煤油中。如果单厂调合，由于 B 厂柴油组分硫含量不能达标，部分柴油组分调入商品重油，影响经济效益（CASE2），CASE1 的销售收入比 CASE2 增加 9646 万元（3.13%）。

表 3-68 案例比较

调合方式	二次调合	单厂调合	差 值
案例	CASE1	CASE2	CASE1-CASE2
销售收入(OBJ)/万元	317548.406	307902.250	9646.156
(OBJ1-OBJ2)/%			3.13%
A 厂灯煤/10^{4}t	0.000	0.000	0
A 厂航煤/10^{4}t	6.000	6.000	0
B 厂商品重油/10^{4}t	0.000	8.909	-8.909
销售 0 号普通柴油/10^{4}t	51.658	35.743	15.915
销售-10 号普通柴油/10^{4}t	24.342	31.348	-7.006

表 3-69 是二次调合配方表，数据由 MSRP 的解结果得到，已经包含了一次调合和二次调合的全部配方数据。

表 3-69　二次调合（实例 12-1 模型）配方（CASE1）　　　　10^4t

中间、最终产品	A 厂产品		B 厂产品		销售产品	
两次调合产品	D00	D10	E00	E10	F00	F10
常一线	0.46	3.54				
加氢裂化煤油	0.00	0.00				
1#加氢柴油	5.00	0.00				
2#加氢焦柴	4.00	0.00				
3#加氢柴油	19.33	6.67				
中压加氢柴油	10.00	0.00				
催化裂化柴油	5.00	0.00				
A 厂合计	43.79	10.21				
常二线 1			1.22	3.78		
常二线 2			0.00	7.00		
精制柴油			6.65	3.35		
B 厂合计			7.87	14.13		
A 厂 0 号柴油（D00）					43.79	
A 厂-10 号柴油（D10）						10.21
B 厂 0 号柴油（E00）					7.87	
B 厂-10 号柴油（E10）						14.13
销售合计					51.66	24.34

表 3-70 为二次调合产品物性及验证，A 厂一次调合产品 D00、D10 硫含量均有剩余，B 厂一次调合产品 E00 硫含量没有达标，经过二次调合以后，销售产品 F00、F10 硫含量已经全部满足要求。表 3-70 中前面四行物性数据均来源于 MSRP 二次调合模型优解的解结果，而最后三行"硫含量验证"等数据是根据解结果和输入数据手工计算得到的，例如 A 厂产品 D00"硫含量验证"数据是由表 3-69 中 D00 组分第一次调合配方数据和 BLNREST 输入数据表中相应组分硫含量数据乘积之和再除以 D00 调合总量得到的，而销售产品 F00 数据是由表 3-70 中 F00 一次调合产品 D00、E00 数据和 D00、E00 相应"硫含量验证"数据乘积之和再除以 F00 调合总量得到的。"硫含量验证"等的物性验算结果和模型给出的优解结果（第一行"硫含量"等）完全一致。

表 3-70　二次调合产品物性及验证（CASE1）

中间、最终产品	A 厂产品		B 厂产品		销售产品	
两次调合产品	D00	D10	E00	E10	F00	F10
硫含量/%	0.142	0.129	0.363	0.217	0.175	0.180
十六烷指数	48.722	50.445	50.295	50.508	48.962	50.482
凝固点指数	2.367	1.088	3.071	1.698	2.474	1.442
凝固点/℃	-1.807	-16.207	3.014	-7.963	-0.991	-10.991
硫含量验证	0.142	0.129	0.363	0.217	0.175	0.180
十六烷指数验证	48.722	50.445	50.295	50.508	48.962	50.482
凝固点指数验证	2.367	1.088	3.071	1.698	2.474	1.442

表 3-71 是单厂调合配方表，因为借用二次调合模型结构进行单厂调合，"二次调合"是假调合，一次调合时已经满足所有物性要求。表 3-71 中的"销售产品"是虚拟产品，因为实际上没有进行二次调合，实际销售产品是 D00、D10、E00、E10。

表 3-71　单厂调合配方 (CASE2)　　　　　　　　　　　　　　　10^4 t

中间、最终产品	A 厂产品		B 厂产品		销售产品	
两次调合产品	D00	D10	E00	E10	F00	F10
常一线	0.00	4.00				
加氢裂化煤油	0.00	0.00				
1#加氢柴油	3.40	1.60				
2#加氢焦柴	0.00	4.00				
柴油加氢柴油	17.35	8.65				
中压加氢柴油	10.00	0.00				
催化裂化柴油	5.00	0.00				
A 厂产品合计	35.74	18.26				
常二线 1			0.00	5.00		
常二线 2			0.00	7.00		
精制柴油			0.00	1.09		
B 厂产品合计			0.00	13.09		
A 厂 0 号普通柴油					35.74	
A 厂 -10 号普通柴油						18.26
B 厂 0 号普通柴油					0.00	
B 厂 -10 号普通柴油						13.09
销售产品合计					35.74	31.35

表 3-72 为单厂调合产品物性及验证表，因为"二次调合"把物性指标放开，即"二次调合"物流平衡和物性约束还存在，F00＝D00+E00 和 F10＝D10+E10 还能进行物流计算，但物性约束不能起到约束作用(输出报表时进行实际调合物性计算)，可以得到物流量 F00、F10，也可以从模型计算结果中得到实际调合物性。"硫含量验证"结果和"硫含量"结果一致，"销售产品"物性实际上表示如果 A、B 炼厂的 D00 和 E00 输入同一个罐，其硫含量为 0.151%，D10 和 E10 输入同一个罐，其硫含量为 0.143%，硫含量与指标上限 0.18% 有较大"过剩"。由于是单厂调合，B 厂的精制柴油只有 $1.09×10^4$ t 调入柴油，硫含量已经卡边(0.18%)，其余 8.91 只能调入硫含量要求较低的商品重油销售。

从表 3-72 还可以看出，B 厂柴油 E10 凝点有物性"过剩"，冬季凝点规格要求提高时，B 厂的煤油组分在多厂调合时，也能发挥其作用，例如生产-10 号和-20 号柴油，为了满足柴油低温流动性指标，必须修改柴油生产方案，如果将 B 厂的常一线参加柴油调合(本实例B 厂的常一线没有参与柴油调合)，有利于改进两个炼厂柴油联合二次调合的效果。使二次调合的柴油多生产低凝固点柴油或使 A 厂多销售航空煤油。

表 3-72 单厂调合产品物性及验证(CASE2)

中间、最终产品	A 厂产品		B 厂产品		销售产品	
两次调合产品	D00	D10	E00	E10	F00	F10
硫含量/%	0.151	0.116		0.180	0.151	0.143
十六烷指数	48.387	50.343		50.726	48.387	50.503
凝固点指数	2.474	1.442		1.350	2.474	1.404
凝固点/℃	-0.991	-10.991		-12.205	-0.991	-11.487
硫含量验证	0.151	0.116	0.000	0.180	0.151	0.143
十六烷指数验证	48.387	50.343	0.000	50.726	48.387	50.503
凝固点指数验证	2.474	1.442	0.000	1.350	2.474	1.404

最后给出本实例采用汇流方法解决二次调合问题的解结果(表 3-73)。表 3-73 结果和表 3-69 结果目标函数一致,销售产品 F00 和 F10 的控制物性指标全部满足要求,但调合配方和物性不完全相同,是由多重优解造成。

表 3-73 柴油多厂二次调合 POOLING 模型解结果　　　　　　　　　10^4t

中间、最终产品	A 厂产品		B 厂产品		销售产品	
两次调合产品	D00	D10	E00	E10	F00	F10
常一线	3.16	0.84				
加氢裂化煤油	0.00	0.00				
1#加氢柴油	5.00	0.00				
2#加氢焦柴	4.00	0.00				
3#加氢柴油	16.27	9.73				
中压加氢柴油	10.00	0.00				
催化裂化柴油	3.23	1.77				
A 厂合计	41.66	12.34				
常二线 1			5.00	0.00		
常二线 2			7.00	0.00		
精制柴油			0.00	10.00		
B 厂合计			12.00	10.00		
A 厂 0 号柴油(D00)					41.66	0.00
A 厂-10 号柴油(D10)					0.00	12.34
B 厂 0 号柴油(E00)					0.00	12.00
B 厂-10 号柴油(E10)					10.00	0.00
销售合计					51.66	24.34

表 3-74　POOLING 模型调合产品物性及验证

中间、最终产品	A 厂产品		B 厂产品		销售产品	
两次调合产品	D00	D10	E00	E10	F00	F10
硫含量/%（PRMAP. XLS）	0. 127	0. 180	0. 160	0. 400	0. 180	0. 170
十六烷指数（PRMAP. XLS）	49. 267	48. 310	50. 778	50. 000	49. 409	49. 534
凝固点指数（PRMAP. XLS）	2. 247	1. 714	1. 162	3. 421	2. 474	1. 442
凝固点/℃（LN 数函数计算）	-2. 771	-7. 785	-15. 000	5. 000	-0. 991	-10. 991
硫含量验证/%	0. 127	0. 180	0. 160	0. 400	0. 180	0. 170
十六烷指数验证	49. 267	48. 310	50. 792	50. 000	49. 409	49. 534
凝固点指数验证	2. 247	1. 714	1. 162	3. 421	2. 474	1. 442
凝固点验证/℃	-2. 78	-7. 80	-15. 00	5. 00	-1. 00	-11. 00

在实际应用时，应该考虑密度（SPG）问题，考虑 SPG 后，本例，主要结果如表 3-75 所示。

表 3-75　考虑密度时"调合的调合"、"Pooling"结果比较

二次调合模型	BLEND INTO BLEND		POOLING	
销售收入（含航煤、重油）/万元	317896		317777	
半成品/销售产品/10⁴t	F00	F10	F00	F10
D00	30. 78		31. 87	0. 00
D10		23. 22	0. 00	22. 13
E00	19. 13		8. 64	3. 36
E10		2. 87	10. 00	0. 00
合计	49. 91	26. 09	50. 52	25. 48
硫含量/%	0. 18	0. 17	0. 18	0. 17
十六烷指数	49. 65	49. 28	49. 62	49. 13
凝固点指数	2. 47	1. 44	2. 47	1. 44
凝固点/℃	-0. 99	-10. 99	-0. 99	-10. 99

对用 Pooling 方法结果进行验算时，注意优解中二次调合"组分"BD00F00、BD00F10、……、BE10F10 共 8 个为体积变量，验算时必须乘以相应 SPG 得到重量组分调合量进行验算。

第4章　能耗和经济分析应用实例

本章给出 4 个应用实例，都是较典型的炼厂经济效益分析方法。

实例 13 给出了 MSRP 模型灵敏度分析方法，实例 14 给出了原油保本价测算方法，实例 15 给出了在炼厂计划优化模型中控制炼厂综合能耗的实现方法，实例 16 给出了在炼厂计划优化模型中控制 CO_2 排放的实现方法。

⭐ 4.1　实例 13：灵敏度分析

4.1.1　问题提出

线性规划模型优解灵敏度分析在线性规划（LP）理论和实际应用中占有重要位置，介绍线性规划的书籍都对灵敏度分析进行描述[24,25]，许多介绍线性规划应用的书籍列举许多灵敏度分析应用实例[26~28]。

一个描述实际问题的线性规划模型需要大量数据，而收集准确数据所花费的代价是很昂贵的，这就迫使我们使用一些不完全精确的数据。在数据处理领域，人们经常说的一句行话"进去是垃圾，出来的也是垃圾"。模型使用者理所当然会关心当输入数据变动时，输出结果如何变化。线性规划优解的灵敏度分析就是用以回答这个问题的数学方法。很幸运的是，LP 优解结果中包含有灵敏度分析所需的充分信息，这些信息包括影子价格（Shedow Price、PI Value 或 Dual Price）、折合成本（Reduced Cost）和灵敏度范围（Range）。

1. 影子价格

影子价格定义：某一个约束条件的影子价格是指当该约束的右端项增加一个单位时（模型其它数据均不变），目标函数最优值的变化。影子价格的值就是当该约束的右端项"增加一个小的量"时，目标函数的改进率。

2. 折合成本

折合成本定义：在线性规划解中每个变量均有一个称为折合成本的量。如果目标函数的单位是元，变量单位是吨，则折合成本的单位是元/吨。折合成本的值是这样一个量，当变量在优解中取得正值以前，该变量的价格系数可以改变的范围。当然，如果某变量已经在优解中出现，则该变量的折合成本为零。

折合成本的第二种确切解释就是：如果一个取值零的变量迫使它"增加一个小的量"，目标函数值将变坏，这个比率就是折合成本。

3. 灵敏度范围

在讨论影子价格和折合成本时，强调"增加一个小的量"，也就是说如果"增加一个较大的量"，影子价格不一定是"目标函数的改进率"，折合成本也不一定是"目标函数值变坏的比率"。例如对影子价格来说，灵敏度范围就是当约束方程右端项"增加一个小的量"变大时，这个影子价格不再是"目标函数的改进率"，灵敏度范围就是该影子价格"有效"的右端项可变范围，右端项在这个区间内变化，这个影子价格是目标函数的改进率，如果出了这个区间，可能要使用一个新的影子价格，或者模型变得不可行。在数学上，就是基变量和非基变量发生交换。

灵敏度分析可以为模型使用者指明哪些信息应当特别重视。例如，如果某产品明显无利可图，就没有必要花力量去精确估计该产品的成本。建模的第一个法则是如果在某个参数中的小错误不影响所推荐的决策，就不要把时间浪费在精确估计这个参数上。

从理论上讲，无论是影子价格、折合成本，还是灵敏度范围，原则上只适用于线性规划模型，而目前炼厂的计划优化模型中，为了使模型更加符合炼厂实际，往往增加了一些整型变量或非线性方程，从而使模型的目标函数和大多数约束方程是 LP 模型，但还存在少量是混合整数规划（MIP）或非线性规划（NLP）的约束方程，这种类型的模型中，线性规划模型的分析方法是否还能使用呢？现基于某炼厂（简称 R 炼厂）实际建立 MSRP 模型进行探讨分析。

4.1.2 线性规划引例分析

为了深化对线性规划模型灵敏度分析的经济意义的理解，先引进一个简单的灵敏度分析例子作为灵敏度分析引例。

1. 灵敏度分析引例

有两套石油化工生产装置 A 和 B，使用同一种原料，装置 A 可以生产产品 X 或 Z，装置 B 只能生产产品 Y，产品 X、Y、Z 的原料单耗分别为 1t/t、2t/t、3t/t，如果每天有原料 120t，装置 A 和 B 的加工能力分别为 60t/d 和 50t/d，产品 X、Y、Z 的单位销售价分别为 2000、3000 和 4700 元/t，建立日销售收入最大的 LP 模型并对模型优解进行灵敏度分析（约束行和变量）。

2. LP 模型和优解

$$\text{Max OBJ} = 2000X + 3000Y + 4700Z \tag{4-1}$$

$$\text{ST} \quad \text{L001：} X + Z \leqslant 60 \tag{4-2}$$

$$\text{L002：} Y \leqslant 50 \tag{4-3}$$

$$\text{L003：} X + 2Y + 3Z \leqslant 120 \tag{4-4}$$

$$X \geqslant 0, \ Y \geqslant 0, \ Z \geqslant 0 \tag{4-5}$$

上述 LP 模型优解如表 4-1 和表 4-2 所示。

表 4-1　引例模型行（目标和约束）解值

ROW	ACTIVITY	SLACK	LO RHS	HI RHS	PI VALUE
OBJFN	210000	−210000	−INF	+INF	0
L001	60	0	−INF	60	−500
L002	30	20	−INF	50	0
L003	120	0	−INF	120	−1500

表4-2 引例模型列(变量)解值

COLUMN	ACTIVITY	PRICE	LO BND	HI BND	DJ VALUE
X	60	2000	0	+INF	0
Y	30	3000	0	+INF	0
Z	0	4700	0	+INF	−300

3. 引例模型优解的影子价格和折合成本分析

从行优解值表4-1和列优解值表4-2可以看出，引例优解目标值为21万元，其中 X 产品生产60t，Y 产品生产30t，Z 产品不生产。表4-1最后一列"PI VALUE"给出了行约束的影子价格，表4-2最后一列"DJ VALUE"给出了变量折合成本。利用上面给出的关于影子价格和折合成本的定义，可以对3个约束行影子价格和3个变量折合成本经济意义逐一进行分析。

L001的行解值达到上限，影子价格为500元/t，也就是说，如果装置A的加工能力增加一个单位，目标函数增加500元，如果装置A的加工能力减少一个单位，目标函数减少500元。这个"500"是怎么得出来的呢？当装置A的加工能力从60t/d增加到61t/d，产品 X 产量由60t/d增加到61t/d，使目标函数增加2000元，但是产品 X 产量增加1个单位以后，原料总量120t/d没有增加，留给 Y 的原料只有120−61＝59，产品 Y 只能生产29.5t/d，即减少0.5的 Y 产品，使目标函数减少1500元。也就是说，L001右端项增加1个单位目标函数改变2000−1500＝500，新的目标函数为：

$$OBJ1 = 210000 + 500 = 210500$$

这就是L001影子价格500的经济意义。

L003的影子价格为1500，"1500"是如何计算出来的，留给读者自己去分析计算。

L002的行解值为30，没有达到上限50，影子价格为0，即L002的右端项在50附近小范围内变动(例如改为49或51)不会影响目标函数，L002右端项"50"这个数据是属于"不灵敏"数据。

下面讨论列变量的折合成本。表4-2"DJ VALUE"列给出 X、Y 的折合成本为0，因为它们已经在优解中取非0解值。Z 变量的折合成本为300元/t，即产品 Z 的销售价太低，所以 $Z=0$，如果要产品 Z 销售，只能将 Z 的销售价增加300元/t，即只要 Z 的销售价>5000元/t，Z 的生产量将由0变成非0。

Z 的折合成本为300元/t，我们也可以通过对模型的分析得到。因为要生产1tZ产品，需要3t原料，同时受装置A能力约束，X 产品最多生产59，少用1t原料，这样，还少2t原料，为此可以少生产2tX(OBJ减少4000)或者少生产1tY(OBJ减少3000)，显然为了生产1tZ最佳方案是少生产1tX和1tY，即销售收入(目标函数)要减少2000+3000=5000元，但 Z 的销售价只有4700元，由此 Z 的销售价在原来基础上增加300元/t元以上，才能使生产 Z 产品有利可图，这就是产品 Z 折合成本的经济意义。

如果 Z 的销售价正好为5000元/t，则产生多重优解，例如，下面解都是优解：

$X=60$，$Y=30$，$Z=0$，OBJ=210000；

……

$X=30$，$Y=0$，$Z=30$，OBJ=210000；

如果 Z 的销售价>5000，例如，5010，则优解如表4-3所示。

表 4-3　Z 销售价 5010 时引例优解

ROW	ACTIVITY	SLACK	LO RHS	HI RHS	PI VALUE
OBJFN	210300.0000	-210300.0000	-INF	+INF	0.0000
L001	60.0000	0.0000	-INF	60.0000	-495.0000
L002	0.0000	50.0000	-INF	50.0000	0.0000
L003	120.0000	0.0000	-INF	120.0000	-1505.0000
COLUMN	ACTIVITY	COST	LO BND	HI BND	DJ VALUE
X	30.0000	2000.0000	0.0000	+INF	0.0000
Y	0.0000	3000.0000	0.0000	+INF	-10.0000
Z	30.0000	5010.0000	0.0000	+INF	0.0000

　　感兴趣的读者可以对 Z 销售价为 5010 元时的引例优解中约束方程影子价格和变量折合成本进行分析。

　　从上面对引例影子价格和折合成本分析可以看出，在实际炼油生产计划模型中，所有约束行的影子价格和所有变量的折合成本都包含在模型的优解中，这些信息在优解分析中十分有用，对于一个十分复杂的线性规划模型，由人工计算某些资源的影子价格或某种产品的折合成本是不可能的。

　　4. 引例的灵敏度范围分析

　　线性规划优解灵敏度分析中另外一个十分重要的问题是关于灵敏度范围问题。一般线性规划软件包都具有输出 LP 优解灵敏度范围分析报告的功能。例如在使用 MSRP 时（以 PIMS 为例），在"Report Generation"对话框中"RANGE"打"√"，就能输出 LP 优解灵敏度范围分析报告，引例的灵敏度范围分析报告如表 4-4 和表 4-5 所示。

　　表 4-4 的 L001 行表明，该约束行的影子价格 500 在右端项"20~120"范围内"有效"。也就是说，如果约束"L001：$X+Z \leqslant 60$"改为"L001：$X+Z \leqslant 120$"，新的目标函数值可以按下面公式计算：

$$OBJ1 = 210000 + 500 \times (120-60) = 240000 \qquad (4-6)$$

　　分析原因是生产产品 X 效益最好，当放开装置 A 生产能力时，X 的生产将受到原料总量约束，X 最多生产 120t（因为生产产品 X 的原料单耗为 1），这就是灵敏度范围上限"120"的由来（与经济效益、生产工艺等相关）；如果约束"L001：$X+Z \leqslant 60$"改为"L001：$X+Z \leqslant 20$"，新目标函数值将按下面公式计算：

$$OBJ2 = 210000 - 500 \times (60-20) = 190000 \qquad (4-7)$$

　　这是因为当减少 X 生产量时，把省下来的 40t 原料给装置 B 生产 Y 产品，Y 原料单耗为 2，装置 B 生产能力由原来的 30 增加到上限 50t（受装置 B 生产能力约束，装置 A 右端项最多只能下降 20，再下降这个影子价格又不管用了），这就是灵敏度范围下限"20"的由来。

　　L002 和 L003 的分析留给读者自己进行。

表 4-4　引例约束行灵敏度范围表

ROW. NAME	ACTIVITY	LO. RHS	UP. RHS	PI. VALUE	LO. RANGE	UP. RANGE
L001	60	-INF	60	-500	20	120
L002	30	-INF	50	0	0	60
L003	120	-INF	120	-1500	60	160

表 4-5 是引例列变量折合成本灵敏度范围表，变量 Z 的折合成本为 300，当 Z 的价格从 4700 增加到 5000 以上，或者 X 的价格从 2000 减少到 1700 以下，或者 Y 的价格从 3000 减少到 2700 以下，都能使产品 Z 的折合成本变为零。

表 4-5　引例列变量灵敏度范围表

COL. NAME	ACTIVITY	COST	LO. BND	UP. BND	DJ	LO. COST	UP. COST
X	60	2000	0	INF	0	1700	INF
Y	30	3000	0	INF	0	2700	4000
Z	0	4700	0	INF	−300	−INF	5000

4.1.3　非线性规划实例分析

通过上述引例分析可以看出，用灵敏度分析方法预测 LP 模型的优解结果和案例实测结果一定吻合。但实际问题中，有许多模型是混合整数线性规划（MILP）、非线性规划（NLP）或混合整数非线性规划（MINLP）模型，这些模型是否能够使用上述灵敏度分析方法呢？答案是否定的。对于 MILP 模型，可采取措施将其"变成"LP 模型，然后进行灵敏度分析。具体做法是在得到 MILP 优解以后，增加 0-1 变量"定值约束"，即用优解中所有 0-1 整型变量优解值来固定对应的 0-1 变量，从而使 MILP 模型变成 LP 模型，再求解这个"LP 模型"，其影子价格、折合成本及灵敏度范围等信息可以进行灵敏度分析，因为这些灵敏度信息是从 LP 模型得到的。在完成 MILP 优化计算后，MILP 解题器自动进行"定值约束"运算，将"LP 优解"写入解文件，在执行再求解时，有可能产生"数值难题"（不可行），可参阅第 7 章实例 31 数值难题。

对于 NLP 模型，灵敏度分析结果也不一定准确，必须用案例分析法进行验证，以案例验证结果为准。下面分别以 RLP 炼厂 LP 模型（简称 RLP 模型）进行原油选购、R 炼厂 NLP 模型原油选购及制定外购渣油策略为例，讨论炼油生产计划模型中灵敏度分析方法的应用。

4.1.4　RLP 炼厂 LP 模型原油选购灵敏度分析

为了对 RLP 炼厂原油选购进行灵敏度分析，从 RLP 模型优解的解文件"PRIMAL. XLS"和灵敏度范围文件"RANGE. XLS"中将相关内容摘录出来，整理成表 4-6、表 4-7、表 4-8 和表 4-9，其中表 4-6 和表 4-8 内容来自"PRIMAL. XLS"解文件，表 4-7 和表 4-9 内容来自"RANGE. XLS"文件。

前面已经介绍，在 LP 解文件的变量解中，最后一列"DJ VALUE"给出变量的折合成本，变量"MNS"等在 BUY 表给出了上界，等价给出了"PURCMNS≤22"的约束方程，所以"DJ VALUE"给出的值可以理解为约束方程"PURCMNS≤22"的"影子价格"，例如对 MNS 原油，表 4-6 的"DJ VALUE"和表 4-7 的"DJ"显示相同数据，增加 1 吨 MNS 原油购买量，目标函数增加 67. 2224 元，对变量 MNS 而言，其成本价为 4352 元，因此这里的"目标函数增加 67. 2224 元"应该是"净增加"，即已经扣除了原有的购买成本价。

在表 4-8 和表 4-9 中，给出了 MNS 原油物料平衡"WBALMNS"约束，其中影子价格"PI VALUE"为 4419. 2222。

WBALMNS：− PURCMNS+SC11MNS+SC21MNS+SC22MNS≤0

显然，约束 WBALMNS 方程右端项增加 1 个单位，目标函数增加 4419.222＝67.222＋4352，即约束方程"影子价格"中包含原油购买成本和增加一个单位原油的"净增加"。

表 4-6 R 炼厂 LP 模型优解原油变量优解信息

COLUMN	ACT.	COST	LO BND	HI BND	DJ VALUE
PURCMNS	22.00	−4352.00	0.00	22.00	67.2224
PURCJNO	30.00	−3840.00	0.00	30.00	291.5505
PURCOMN	50.00	−4000.00	0.00	50.00	200.1953

表 4-7 R 炼厂 LP 模型优解原油变量灵敏度信息

COL. NAME	ACT.	COST	LO. BND	UP. BND	DJ	LO. COST	UP. COST
PURCMNS	22	−4352	0	22	67.2224	−4419.2222	INF
PURCJNO	30	−3840	0	30	291.5505	−4131.5503	INF
PURCOMN	50	−4000	0	50	200.1953	−4200.1953	INF

表 4-8 R 炼厂 LP 模型优解原油约束优解信息

ROW	ACT.	SLACK	LO RHS	HI RHS	PI VALUE
WBALMNS	0	0	−INF	0.0000	−4419.2222
WBALJNO	0	0	−INF	0.0000	−4131.5503
WBALOMN	0	0	−INF	0.0000	−4200.1953

表 4-9 R 炼厂 LP 模型优解原油变量约束灵敏度信息

ROW. NAME	ACT.	LO. RHS	UP. RHS	PI. VALUE	LO. RANG	UP. RANG
WBALMNS	0	−INF	0	−4419.2222	−1.8671	0.5551
WBALJNO	0	−INF	0	−4131.5503	−1.4030	3.0435
WBALOMN	0	−INF	0	−4200.1953	−1.5982	15.4129

下面以阿曼(OMN)原油为例，验证 LP 灵敏度分析结果：

由表 4-6 可以看出，阿曼原油最优购买量为 $50×10^4$ t，达到 BUY 表规定的上限，由表 4-9 给出的"LO. RANG"和"UP. RANG"可以计算阿曼原油在优解 50 基础上影子价格灵敏度下限和上限：

$$下限＝50-1.5982＝48.4018$$
$$上限＝50+15.4129＝65.4129$$

只要阿曼原油购买量在灵敏度区间 $[48.4018, 65.4129]$ 内变化，可以用其影子价格(200.1953 元/t)预测目标函数的变化，下面设置的 5 个案例(BUY 表上限)进行验证：

CASE1：OMN≤50，基础模型，得到上述 OMN 原油影子价格和灵敏度范围，OBJ＝21832.66 万元；

CASE2：OMN≤49，在灵敏度范围内，可以预测目标值为

$$OBJ2＝21832.66-200.1953×(50-49)＝21632$$

CASE3：OMN≤65，在灵敏度范围内，可以预测目标值为

$$OBJ3＝21832.66+200.1953×(65-50)＝24836$$

CASE4：OMN≤48，在灵敏度范围外，不保证预测目标值结果

OBJ4 = 21832.66+200.1953×(65-50) = 22233

CASE5：OMN≤66，在灵敏度范围外，不保证预测目标值结果

OBJ5 = 21832.66+200.1953×(66-50) = 25036

利用 MSRP 模型建立上述 5 个 CASE 并进行求解，将求解结果于上述预测结果对比如表 4-10 所示。

表 4-10 R 炼厂 LP 优解敏度范围案例比较

案例号	1	2	3	4	5
案例条件	OMN≤50	OMN≤49	OMN≤65	OMN≤48	OMN≤66
模型优化目标	21833	21632	24836	21423	24979
灵敏度预测		21632	24836	22233	25036
预测偏差		0	0	810	57
米纳斯油	22.00	22.00	22.00	21.86	22.00
杰诺油	30.00	30.00	30.00	30.00	30.00
阿曼油	50.00	49.00	65.00	48.00	66.00

CASE2、CASE3 验证了在灵敏度范围内，其目标可以用影子价格预测。

如果将阿曼原油上界设置为灵敏度上限，然后得到新的灵敏度分析数据，其影子价格会下降，得到新的灵敏度范围上限，再以此灵敏度范围上限再次进行灵敏度分析，直到影子价格为零。这就是灵敏度追踪[29]。RLP 模型对阿曼原油在 $50×10^4$t 基础上增加原油购买量的灵敏度追踪结果如表 4-11 所示。

表 4-11 R 炼厂 LP 优解增购阿曼油敏度追踪

LO. RANGE	UP. RANGE	PI. VALUE	INC. OBJ	MAX OBJ
0	50	200.20		21832.66
50	65.41	102.74	3085.59	24918.25
65.41	73.20	0	800.05	25718.30

如果需要，也可以对 RLP 模型优解的阿曼原油从最小购买量到最大购买量进行灵敏度追踪，其结果如表 4-12 所示。

当 RLP 模型的 OMN 原油购买量小于 $12.3845×10^4$t 时，模型没有可行解。当用"OMN≤12.3845"求解时，得到优解目标函数为 OBJ1 = 11739.2402 万元，由灵敏度分析得到增加 OMN 原油购买量，影子价格为 403.4048 元/t，增加原油的灵敏度区间为 $1.8275×10^4$t，即在 $(12.3845～14.2120)×10^4$t 之间，OMN 原油每增加 1t，OBJ 增加 403.4048 元。表的第二行数据表示如果以第一行得到的灵敏度上界数据"14.2120"作为原油购买量上界，得到新的计算优解 OBJ2 = 12476.4590 等与第一行类似数据，用第一行的 PI 预测目标 OBJ2′ = "影子价格"×"灵敏度区间"+OBJ1 = 12476.4624，OBJ2 与 OBJ2′相等(在精度范围内)。以此类推，一共得到 6 个相邻的灵敏度区间，区间长度为 1.8275、22.9890、……、7.7831，对应影子价格为 403.4048、272.9101、……、102.1953，当 OMN 原油购买量大于 $73.2×10^4$t 时，已经"无利可图"。将表 4-12 灵敏度区间和影子价格的关系用如图 4-1 所示的图形表示，可以更形象

地描述购买 OMN 原油购买量在 6 个区间段和可获得经济效益的关系。

表 4-12　R 炼厂 LP 炼厂模型优解 OMN 油灵敏度追踪

约束 OMN≤	灵敏度区间	灵敏度上界	影子价格	模型案例计算优解	用 PI 预测目标
12.3845	1.8275	14.2120	403.4048	11739.2402	
14.2120	22.9890	37.2010	272.9101	12476.4590	12476.4624
37.2010	5.8254	43.0264	267.9101	18750.3848	18750.3899
43.0265	5.3753	48.4018	223.5442	20311.0938	20311.0684
48.4018	17.0111	65.4129	200.1953	21512.7094	21512.7111
65.4129	7.7871	73.2000	102.7409	24918.2480	24918.2508
73.2000			0.0000	25718.3027	25718.3019

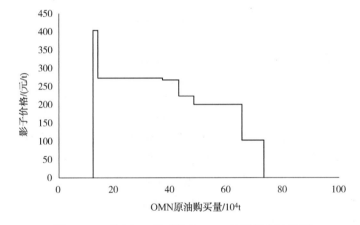

图 4-1　R 炼厂 LP 模型优解 OMN 油灵敏度追踪图

4.1.5　R 炼厂(含 NLP 约束)模型原油选购灵敏度分析

参照 4.1.4 对 RLP 炼厂模型 OMN 原油灵敏度分析方法,我们对 R 炼厂 HNG 原油进行灵敏度分析。通过更新 BUY 表中的上限约束:

PURCHNG≤0。

设置不同的案例,从"PRIMAL.XLS"的 PURCHNG 列变量优解信息中得到 HNG 原油优解值,其影子价格由 HNG 原油进常减压蒸馏装置的物料平衡约束得到:

WBALHNG:−PURCHNG+SC11HNG≤0。

从文件 RANGE 的"WBALHNG"行得到 HNG 原油灵敏度下限、灵敏度上限、目标函数值等信息。对 HNG 原油灵敏度追踪结果如表 4-13 的 CASE1~CASE3 所示,表 4-13 的 CASE2~CASE8 为给定 HNG 原油购买上限条件下的案例结果。

表 4-13　R 炼厂购买 HNG 油 8 案例结果

案例	约束 HNG≤	灵敏度下界	灵敏度上界	影子价格	模型案例计算优解	目标总增加	用 PI 预测目标
CASE1	0.0000	0.0000	4.2951	131.79	10162.34	0.00	
CASE2	4.2952	−4.2952	0.1625	167.34	10810.02	647.69	10728.38
CASE3	4.4578	0.0000	0.0001	168.43	10837.32	674.98	10837.22

案例	约束 HNG≤	灵敏度下界	灵敏度上界	影子价格	模型案例计算优解	目标总增加	用PI预测目标
CASE4	2.0000	-0.0338	2.4131	150.18	10444.92	282.59	
CASE5	4.0000	-4.0000	0.4565	165.33	10760.92	598.58	
CASE6	6.0000	-1.6132	1.3897	177.35	11103.77	941.44	
CASE7	8.0000	-0.5508	7.5660	187.15	11468.82	1306.49	
CASE8	10.0000	-2.5260	5.6320	196.01	11852.12	1689.79	

表 4-13 中 CASE1~CASE3 是按照灵敏度分析方法进行测试，分析发现有些结果不符合前面所说关于灵敏度分析的规则，例如：

（1）CASE1"PURCHNG≤0"右端项为 0，灵敏度上界为 4.2951，影子价格为 131.79，如果将 HNG 原油上界改为"PURCHNG≤4.2951"，其目标函数应该为：

$$OBJ2 = OBJ1 + 4.2951 \times 131.79 = 10728.38$$

但 CASE 2 实际计算结果为 10810.02，两者相差 81.64 万元，显然超出了计算误差范围；

（2）对 R 炼厂模型 HNG 原油优解进行灵敏度追踪过程中，影子价格应该逐渐减少，例如 CASE2 的影子价格应该小于 CASE1 的影子价格，但表 4-13 显示的结果正好相反；

（3）如 CASE3 所示，灵敏度上下限为 0，按照灵敏度分析理论，进一步增加"PURCHNG≤4.4578"右端项值，目标函数值不会继续增加，但实际上 CASE6~CASE9（右端项分别为 6、8、10、100）的目标函数均大于 CASE3 的目标函数。

通过对 R 炼厂优解关于 HNG 原油购买的"灵敏度分析"讨论，可以得到这样的结论，线性规划灵敏度分析理论和实践，只适用于 LP 模型，将相关理论用于包含 NLP 约束的模型时，不保证其分析结果是准确的。

实际上，对于非线性规划模型，使用案例分析方法是一个较好的选择。例如表 4-13 列出了 5 个案例（CASE4~CASE8），基本给出了购买 HNG 原油量和炼厂效益的关系。

4.1.6　R 炼厂（含 NLP 约束）模型外购渣油策略分析

通过对 R 炼厂基础模型优解分析，主要二次加工装置（如催化裂化、延迟焦化）加工能力有一定富余，同时发现该厂催化裂化掺炼的渣油质量不够理想，例如掺炼渣油的金属含量 MET 为 63，导致催化进料的 MET 达到上限 20。假设某其他炼厂近期催化裂化装置检修，有部分卡宾达渣油临时外销，R 炼厂考虑购买这些卡宾达渣油以改善催化裂化装置原料，需要为该厂确定外购渣油策略（例如探讨以何种价格、购买多少渣油、获利多少等问题，并提供若干可行性采购方案）。

模型修改：从原料购买表中增加外进料 VR2，价格定为 0，初始模型购买上限为 0；并给出 VR2 的相关物性（如 SPG=0.9267，SUL=0.1519，CON=8.1884，MET=36.9903）；将 VR2 加入催化裂化进料和延迟焦化进料递归汇流；

只要测试出购买一定数量外购渣油，得到目标函数的增长，对不同外购渣油的进厂价格，计算出 R 炼厂从外购渣油获得的经济效益为：外购渣油量×（目标函数的单位增长-渣油的进厂价）。模型优解已经考虑流程、生产方案、调合方案、公用工程费用、物性传递等因

素，R 炼厂计划人员可以依据这些信息，与渣油销售炼厂进行谈判，使 R 炼厂获得最大经济效益。测试方法有灵敏度分析法、案例分析法（保本价测试法）等。

1. 灵敏度分析法

与上面讨论 HNG 原油灵敏度分析方法相似，我们可以从优解"PRIMAL. XLS"文件列解值"PURCVR2"行得到 VR2 优解值和影子价格，从灵敏度分析文件"RANGE"的 OBJFN 行和 WBALVR2 行分别得到目标函数值和灵敏度范围，例如对初始模型分析时可以得到如表 4-14 所示信息。

表 4-14　初始模型相关解信息和灵敏度信息

COLUMN	ACTIVITY	COST	LO BND	HI BND	DJ VALUE	
PURCVR2	0.0000	0.0000	0.0000	0.0000	2686.66	
ROW. NAME	ACTIVITY	LO. RHS	UP. RHS	PI. VALUE	LO. RANGE	UP. RANGE
OBJFN	10162.3	−INF	INF	0	10162.34	10162.34
WBALVR2	0.0000	0.0000	0.0000	−2686.66	0	4.4783

其中，变量 PURCVR2 的上限约束由原料购买表给出，约束方程 WBALVR2 由 MSRP 生成：

$$PURCVR2 \leqslant 0；（VR2 \leqslant 0）$$

$$WBALVR2：-PURCVR2+SC1PVR2+SK1PVR2 = 0。$$

从表 4-14 得到的灵敏度范围信息 UP. RANGE = 4.4783，将原料购买表中"VR2 ≤ 0"修改为"VR2 ≤ 4.4784"，得到 CASE2 模型。求解后更新表 4-14 数据（从 CASE2 解结果得到），用同样的方法建立 CASE3 模型。以此类推，直到如灵敏度上界为 0（CASE6），完成灵敏度追踪分析过程。CASE13 用于验证进一步放开 VR2 上限目标函数不再改进，其灵敏度分析过程结果如表 4-15 所示。

表 4-15　外购渣油灵敏度分析结果

案例	VR2 约束	VR2 解值	灵敏度下界	灵敏度上界	影子价格	案例优解	用 PI 预测目标
1	≤0	0	0	4.4783	2686.66	10162	
2	≤4.4784	4.4784	−0.0001	0.1099	2686.50	22194	22194.02
3	≤4.5884	4.5884	−0.0001	0.3132	2458.74	22490	22489.27
4	≤4.9017	4.9017	−0.0001	0.8699	2076.33	23260	23259.85
5	≤5.7717	5.7717	−0.0001	0.1770	1073.82	25066	25066.28
6	≤5.9487	5.9487	−0.1771	0.0000	1073.82	25256	25256.49
13	≤7.0000	5.9487	−1.0531	5.9487	0.00	25257	25256.49

从表 4-15 结果可以看出，在灵敏度范围内，可以用影子价格预测目标函数，再次强调，对包含 NLP 约束的数学模型，不保证灵敏度分析结果的正确性，在某些场合又可以使用，必须用案例分析法进行验证。

值得注意的是，在上述灵敏度追踪过程中，从灵敏度分析文件"RANGE"提取 WBALVR2 的"UP. RANGE"时，"灵敏度范围上限"小数点后面只取 4 位，由此在计算下一个案例所需要数据时，在灵敏度范围上限值上增加 0.0001，确保跨出原来灵敏度区间范围。例如 CASE1 的灵敏度上限为 4.4783，如果 CASE2 的 VR2 约束为"VR2 ≤ 4.4783"，CASE2 优解关于

WBALVR2 的灵敏度范围为 $[-4.4783，0]$，即 WBALVR2 灵敏度上限为 0；如果 CASE2 的 VR2 约束为"VR2≤4.4783+0.0001=4.4784"，CASE2 优解关于 WBALVR2 的灵敏度范围为 $[-0.0001，0.1099]$，即 WBALVR2 灵敏度上限为 0.1099；CASE3 的 VR2 约束为"VR2≤4.4784+0.1099+0.0001=4.5884"，以此类推。

2. 案例分析法

相对灵敏度分析法，案例分析法比较容易实施，只需将灵敏度分析法所使用的修改后模型以不同的外购渣油量限量设置案例，然后得到各个案例的效益，测算外购原油到厂价格和获得经济利益。其结果如表 4-16 所示。

表 4-16 案例分析法测试外购渣油方案

案例号	渣油约束	解状态	目标函数/万元	渣油解值/10^4t	目标变化/(元/t)
1	VR2=0	优解	10162	0.00	0.00
7	VR2=1	优解	12849	1.00	2687
8	VR2=2	优解	15536	2.00	2687
9	VR2=3	优解	18222	3.00	2687
10	VR2=4	优解	20909	4.00	2687
11	VR2=5	优解	23464	5.00	2660
12	VR2=6	不可行		6.00	
13	VR2≤7	优解	25257	5.95	2537

从表 4-15 和表 4-16 结果比较可以得到相同结论，购买 5×10^4t 卡宾达渣油对改进 R 炼厂经济效益有较大空间，在未扣除渣油进厂成本时，经济效益为 2660 元/t。灵敏度分析法从炼厂流程和生产变动角度计算其效益变动，例如能精确地测试到渣油购买量在 4.4783×10^4t 或以下时，购买量单位增长为 2686 元/t，购买量达到 5.9487×10^4t 时，即使不考虑渣油成本，目标函数也不再增加，如果渣油进厂价格为 2000 元/t，购买量最多为 4.9×10^4t。

可以利用表 4-15 或表 4-16 的 VR2 解值、案例优解数据，在设定的 4 种渣油到厂价格条件下购买量和企业获利的详细信息表，如表 4-17 和表 4-18 所示。利用表 4-17，设定外购渣油 4 种价格分别为 2000 元/t、2200 元/t、2400 元/t、2600 元/t，当价格为 2400 元/t 时，R 炼厂卡宾达渣油最佳购买量为 4.9×10^4t，可获利 1333 万元；利用表 4-18，价格同为 2400 元/t 时，R 炼厂最佳购买卡宾达渣油量为 5×10^4t，可获利 1302 万元。上述两张"VR2 获利信息表"可以为 R 炼厂计划人员制定渣油外购计划(策略)提供重要依据。

表 4-17 外购渣油 VR2 获利信息表(灵敏度法)

案例	VR2 解值/10^4t	案例优解/万元	外购渣油不同到厂价下获利/万元			
			2000/(元/t)	2200/(元/t)	2400/(元/t)	2600/(元/t)
1	0	10162.34	0.00	0.00	0.00	0.00
2	4.4784	22194.03	3074.89	2179.21	1283.53	387.85
3	4.5884	22489.78	3150.64	2232.96	1315.28	397.60
4	4.9017	23260.08	3294.34	2314.00	1333.66	353.32
5	5.7717	25066.42	3360.69	2206.35	1052.01	-102.33
6	5.9487	25256.49	3196.75	2007.01	817.27	-372.47

表 4-18　外购渣油 VR2 获利信息表（案例法）

购买渣油/10⁴t	目标函数/万元	外购渣油不同到厂价下获利/万元			
		2000/（元/t）	2200/（元/t）	2400/（元/t）	2600/（元/t）
0	10162	0	0	0	0
1	12849	687	487	287	87
2	15536	1373	973	573	173
3	18222	2060	1460	860	260
4	20909	2747	1947	1147	347
5	23464	3302	2302	1302	302
5.95	25257	3197	2007	817	−372
6	不可行	0	0	0	0

⭐ 4.2　实例 14：原油采购保本价测算

4.2.1　问题提出

原油成本一般占炼厂总成本的 90% 以上，因此，做好进口原油采购优化，对提高炼厂经济效益有着十分重要的作用，而原油保本价（Break-even Price）是炼厂采购原油的重要依据。利用 MSRP 模型可以测算多种原油的保本价，将各原油保本价排序，即可初步确定原油选择的优先顺序[30~32]。

某炼厂原油加工负荷为 40×10⁴t/月，目前主要加工卡滨达、杰诺和阿曼三种原油，三种原油资源量分别为 13.61×10⁴t/月、13.91×10⁴t/月和 13.60×10⁴t/月。现要求在此基础上测算罕戈原油的保本价格。

4.2.2　模型建立

在 MSRP 模型系统中，一般有增量法、替换法和影子价格法 3 种计算原油保本价的方法，不同测算方法相对于测算环境优化空间的不同造成测算得到的保本价也不同，因此需要根据 MSRP 模型特点和测算环境的不同情况选择相应的保本价测算方法[26]。

1. 测算方法介绍

（1）增量法：基于同一测算环境，设计两个案例（即基础案例和测算案例），两案例中其他原油购买量按照测算环境的建立原则进行约束，而对要测算保本价的 A 原油，基础案例和测算案例中其购买量分别设定为 0 和 x(x>0)（单位：万吨），测算案例的原油总加工量较基础案例相应增加 x。两案例中 A 原油的价格均为 0 元/t。此时，A 原油的保本价计算式如式（4-8）所示，其中 OBJFN$_C$、OBJFN$_B$ 分别表示测算案例和基础案例的目标值。该法认为测算案例效益值的增加是由零成本购买 x 万吨 A 原油带来的。

$$BE = (OBJFN_C - OBJFN_B)/x \qquad (4-8)$$

（2）替换法：基于同一测算环境，设计 2 个案例（即基础案例和测算案例），两案例中其他原油购买量按照测算环境的建立原则进行约束，基础案例中设定 A 的购买量为 0×10^4t，测算案例中设定 A 购买量为 $x\times10^4$t，同时将 B 的购买量减少 $x\times10^4$t，2 个 CASE 中 A 的价格均为 y 元/t(y 可以为 0)，原油总加工量相同。此时 A 油的保本价计算式如式(4-9)所示。该法认为测算案例效益值的增加是用 A 原油替换 x 万吨 B 原油带来的。

$$BE = y + (\mathrm{OBJFN_C} - \mathrm{OBJFN_B})/x \tag{4-9}$$

（3）影子价格法：MSRP 模型基础案例运算完毕后，原油约束方程的 PI 值(MSRP 中 PI 值均用负值表示)的相反数就可直接视为对应原油在基础测算环境下的保本价，而且由 PI 值的灵敏度范围还能确定该原油保本价适用的购买量变化范围。

2. 基础案例设置

三种保本价测算方法均使用同一个基础案例，基础案例描述该炼厂一个月的生产情况。

3. 测算案例设置

在基础案例基础上，以 0 元/t 的加工增加购买罕戈原油，针对增量分别为 1×10^4t、2×10^4t、3×10^4t、4×10^4t 和 5×10^4t 时分别建立案例，形成增量法计算罕戈原油保本价的测算案例系列；在基础案例基础上，用罕戈原油替代杰诺原油，针对替代量为 1×10^4t、2×10^4t、3×10^4t、4×10^4t 和 5×10^4t 时分别建立案例，形成替换法计算罕戈原油保本价案例系列；根据基础案例运算的结果，查找基础案例中罕戈原油的 PI 值及其使用范围。

4.2.3　结果分析

三种保本价测算方法测算的保本价如图 4-2 所示，可以看出，在三种保本价中，增量法计算的保本价最高，替换法计算的保本价最低，影子价格法确定的保本价居二者之间(灵敏度区间为 0~4.29)。说明在该测算环境下，利用替换法计算的原油保本价最为保守，在替换法基础上如果不指定被替换油种，而是由模型自行优化被替代油种，其购买的价格高一点仍可以接受；而如果除了不指定被替代油种外还增加原油加工总量，购买的原油价格再高一些仍可以接受。另外，从图 4-2 还可以看出，增量法、替换法计算的原油保本价格随增量变化有明显变化，而影子价格法得到的保本价格是定值(在其灵敏度范围内)。

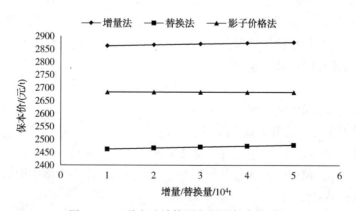

图 4-2　三种方法计算罕戈原油保本价对比

4.3 实例 15：考虑综合能耗的炼厂优化

4.3.1 问题提出

炼油行业既是重要的能源生产者，也是能源消耗的大户，节能减排已经成为炼油行业非常重要而又紧迫的任务。目前世界各地炼油厂普遍采用的评价炼油厂能耗的指标是加工每吨原油的综合能源消耗量（即单位综合能耗）[33,34]，按照中国石化计算方法，炼油综合能耗是指炼油厂在统计期内，对实际消耗的各种能源消耗总量按照一定的折算因子折算成加工每吨原油所需消耗的标准油的量[35]，一般用加工 1 吨原油所消耗的标准油的千克数来表示。炼厂中不同炼油装置消耗公用工程的结构和数量都不一样，各装置的综合能耗就不尽相同，因此炼厂加工方案变化、装置加工负荷变化均会影响炼厂的综合能耗。

某炼厂原油加工能力为 5Mt/a，主要加工进口原油，为达到节能目的，对炼厂的综合能耗进行限制，要求加工每吨原油的能耗不能超过 62.00kgEO，在这一能耗约束条件下制定该厂的月度生产计划。

4.3.2 模型建立

根据我国《石油化工设计能量消耗计算方法》[36]及中国石化《炼厂能量消耗计算与评价方法》，炼厂综合能耗量是统计对象（炼油装置、辅助系统或全厂）在统计期内消耗的各种能源的总和。其计算公式如下：

$$E = \sum M_i R_i + Q \tag{4-10}$$

式中　E——统计对象综合能耗量，kg/年（月、季）；

　　　M_i——某种能源或耗能工质的实物消耗或输出量，t(kWh)/年（月、季）；

　　　R_i——对应某种能源或耗能工质的能量换算系数，kg/t(kWh)；

　　　Q——与外界交换的有效能源折为一次能源的代数和，kg/年（月、季）。

向统计对象输入的实物消耗量和有效热量计为正值，输出是为负值。

炼厂单位综合能耗的计算公式如下：

$$e = E/G \tag{4-11}$$

式中　e——统计对象的单位综合能耗，kg/t；

　　　E——统计对象综合能耗，kg/年（月、季）；

　　　G——统计对象的原油加工量（或原料加工量、产品产量），t/年（月、季）。

为在该炼厂 MSRP 模型中实现综合能耗的计算与控制，需在模型中增加相应内容。

1. 综合能耗代码定义

在 MSRP 模型中，将综合能耗定义为装置的一种新的公用工程，为此，需要对其进行定义，以便模型识别和使用。首先在 UTILBUY 表中增加一种新的公用工程 UUU，用来表示综合能耗。因综合能耗可视为由其他各公用工程转化而来的，而不是真正地需要从外界购买，故 UUU 购买的价格定位 0，见表 4-19 加粗字体内容。

表 4-19 综合能耗代码定义

* TABLE	UTILBUY				
*	公用工程购买				
	TEXT	MIN	MAX	FIX	COST
CAT	催化剂				1.00
CCC	辅助材料				1.00
KWH	电				0.45
AIR	风				0.00
HTM	高压蒸汽				100.00
MTM	中压蒸汽				85.00
LTM	低压蒸汽				75.00
WAT	新鲜水				1.20
CWT	循环水				0.40
CMW	化学水				0.60
UFL	自用燃料油	0.00			1.00
UGS	自用燃料气				3000.00
UUU	**标准能耗　千克标油**				**0.00**

2. 二次装置综合能耗计算

在 MSRP 装置子模型 Submodels 中，根据各二次装置公用工程单耗和各能源转换系数，可以计算各装置的综合能耗，并将其统计到全厂综合能耗方程中去。比如，表 4-20 字体加粗区域给出了催化裂化装置综合能耗计算与控制，其中，增加的公用工程平衡行 UBALUUU 用来表征该装置的综合能耗，其数值根据该装置的公用工程单耗和各能源的转换因子(参见表 4-21)，计算该催化裂化装置的综合能耗是每加工 1 吨催化裂化原料需要消耗 13.5510 千克标油的能耗。增加的全厂综合能耗控制方程 GTOTUUU 用来将催化裂化装置的综合能耗纳入全厂综合能耗控制方程中。其他二次装置综合能耗计算方法与催化裂化装置完全相同。

表 4-20 催化裂化装置综合能耗计算

* TABLE	SFC1	
*	返回表单	
*	1#催化	
	TEXT	BA1
WBALC1F	催化进料	1
WBALSC1	催化酸性气	−0.0013
WBALC1G	催化干气	−0.0359
WBALC1L	催化液化气	−0.2180
WBALC1N	催化汽油	−0.4030

* TABLE	SFC1	
WBALC1D	催化柴油	-0.1995
WBALC1S	催化油浆	-0.0495
WBALC1K	催化烧焦	-0.0891
WBALLOS	损失	-0.0037
*	物料平衡检查	-1.0000
CCAPFC1	1#催化能力使用	1
*	公用工程(每吨):	
UBALCAT	催化剂/元	23.7500
UBALCCC	辅助材料/元	32.0300
UBALKWH	电/kW·h	24.0500
UBALAIR	风/Nm³	5.0000
UBALHTM	高压蒸汽/t	0.0000
UBALMTM	中压蒸汽/t	-0.2000
UBALLTM	低压蒸汽/t	0.3010
UBALWAT	新鲜水/t	0.0329
UBALCWT	循环水/t	21.1600
UBALCMW	化学水/t	0.9020
UBALUFL	自用燃料油/t	0.0000
UBALUGS	自用燃料气/t	0.0003
UBALUUU	**标准能耗/kgEO**	**13.5510**
GTOTUUU	**全厂能耗控制方程**	**-13.5510**

表 4-21 燃料、电机耗能工质的统一能量换算系数

项 目	数量与单位	能源折算值 kg(标油)
电	1kWh	0.26
高压蒸汽	1t	88.00
中压蒸汽	1t	76.00
低压蒸汽	1t	66.00
新鲜水	1t	0.17
循环水	1t	0.10
化学水	1t	0.25
自用燃料油	1t	1000
自用燃料气	1t	949.8

3. 常减压蒸馏装置综合能耗计算

在 MSRP 模型中，常减压蒸馏装置的公用工程消耗是在 CRUDDISTL 中定义的，该表中建立新的方程结构较为不便，因此，可将常减压蒸馏装置的公用工程消耗数据转移至 Submodels 表中的 SCDU 子表中。具体方法是，将 CRUDDISTL 中常减压蒸馏装置公用工程消耗数据删除，而在 SCDU 子表中，增加表 4-22 所示字体加粗区域中的公用工程结构。基于该表的公用工程数据增加常减压蒸馏装置综合能耗计算方程 UBALUUU。

表 4-22　常减压装置综合能耗计算

* TABLE	SCDU		
*	返回表单		
*	原油进料控制		
	TEXT	C11	CUR
CCAPATT	原油总加工量	1	
ECDUTOT	原油总加工量	−1	1
*			
ETOTC111	1#常减压物料平衡行	1	
GSULC111	1#常减压硫控制	1.5	
*	公用工程(每吨):		
UBALCAT	催化剂/元	**0.7500**	
UBALCCC	辅助材料/元	**0.7422**	
UBALKWH	电/kW·h	**6.9079**	
UBALAIR	风/Nm³	**1.0700**	
UBALHTM	高压蒸汽/t	**0.0000**	
UBALMTM	中压蒸汽/t	**0.0000**	
UBALLTM	低压蒸汽/t	**0.0132**	
UBALWAT	新鲜水/t	**0.0265**	
UBALCWT	循环水/t	**1.4400**	
UBALCMW	化学水/t	**0.0117**	
UBALUFL	自用燃料油/t	**0.0000**	
UBALUGS	自用燃料气/t	**0.0100**	
UBALUUU	标准能耗/kgEO	**12.3163**	

4. 全厂综合能耗控制与报告

在 SCDU 表中，继续增加表 4-23 字体加粗区域所示的结构，其中，GTOTUUU 用于控制全厂的综合能耗值，该行中对应于 CUR 列的数值就是全厂综合能耗控制值，该值可根据实际情况在 CASE 中限定。建立 PENGNVG2、PENGDNVG2 用于报告炼厂单位原油加工量的

综合能耗，其中用到的列变量 SCDUTEN 在 ROWS 表中由 UUU 的购买量 PURCUUU 定义，见表4-24。

表4-23　全厂综合能耗控制与报告

* TABLE	SCDU			
*	返回表单			
*	原油进料控制			
	TEXT	C11	CUR	TEN
CCAPATT	原油总加工量	1		
ECDUTOT	原油总加工量	−1	1	
*				
ETOTC111	1#常减压物料平衡行	1		
GSULC111	1#常减压硫控制	1.5		
*	公用工程(每吨):			
UBALCAT	催化剂/元	0.7500		
UBALCCC	辅助材料/元	0.7422		
UBALKWH	电/千瓦时	6.9079		
UBALAIR	风/Nm^3	1.0700		
UBALHTM	高压蒸汽/吨	0.0000		
UBALMTM	中压蒸汽/吨	0.0000		
UBALLTM	低压蒸汽/吨	0.0132		
UBALWAT	新鲜水/吨	0.0265		
UBALCWT	循环水/吨	1.4400		
UBALCMW	化学水/吨	0.0117		
UBALUFL	自用燃料油/吨	0.0000		
UBALUGS	自用燃料气/吨	0.0100		
*				
UBALUUU	标准能耗/千克标油	12.3163		
GTOTUUU	全厂能耗控制方程	−12.3163	61.52	
PCDUR01	标准能耗报告			
PENGNVG2	标准能耗/(kgEO/t 原油)			1.00
PENGDVG2	标准能耗/(kgEO/t 原油)		1.00	

表4-24　SCDUTEN 列变量定义

* TABLE	ROWS					
*	行表					
	TEXT	MIN	MAX	FIX	PURCUUU	SCDUTEN
ETOTENG	标准能耗用			1	−1	

146

4.3.3 结果分析

根据上述方式调整模型运行后，在模型运算结果文件 Down 或 Across 中，SCDU 装置子模型性质报告行下，炼厂综合能耗为 61.51kgEO/t 原油。现对该综合能耗进行验证，查找各装置燃料消耗量（UTMAP 文件中）并根据表 4-21 中的折算系数，可计算全厂综合能耗数值（见表 4-25）。可见该炼厂综合能耗为 2529.49kgEO/月，而原油加工量为 $41.12×10^4$t/月，每加工 1t 原油能耗为 61.51kgEO，与模型报告数据完全一致。

表 4-25　公用工程核算表

项目	每月公用工程耗量							每月综合能耗/(kgEO)
	电/kWh	中压蒸汽/t	低压蒸汽/t	新鲜水/t	循环水/t	化学水/t	燃料气/t	
常减压蒸馏	284.06	0.00	0.54	1.09	59.21	0.48	0.41	506.46
石脑油加氢	451.01	-0.21	0.48	0.03	113.95	0.00	0.23	363.79
连续重整	154.48	2.50	-0.61	0.12	233.44	1.60	0.44	633.91
催化裂化	400.83	-3.33	5.02	0.55	352.67	15.03	0.01	225.85
蜡油加氢	115.27	0.32	-0.47	0.00	28.61	0.51	0.05	70.16
延迟焦化	274.79	1.54	-2.24	0.22	34.94	1.81	0.12	160.18
汽柴油加氢	123.93	1.24	-0.92	0.44	35.53	0.00	0.09	153.42
航煤加氢	27.47	0.00	0.01	0.00	2.95	0.00	0.03	35.00
催汽脱硫	93.70	0.42	0.00	0.00	27.94	0.20	0.03	85.91
硫磺回收	6.51	0.00	1.18	0.00	7.31	0.07	0.00	80.02
制氢	0.00	0.00	0.00	0.00	0.00	0.00	0.00	0.00
辅助装置	0.00	0.00	0.00	0.00	0.00	0.00	0.23	214.80
合计								2529.49

★ 4.4　实例 16：考虑 CO_2 排放的炼厂优化

4.4.1 问题提出

炼油是较复杂的化学工业之一，包括很多复杂的过程单元和可能的连接，选择先进、合理的总加工流程对充分利用资源、促进节能降耗以及创造更好的经济效益均具有重要意义[37]。以往炼厂加工流程的优化主要考虑原油/原料成本、产品销售利润以及公用工程消耗等因素，但是近年来，环境问题已经成为我国乃至全世界所关心的热点问题，石油化工行业是高能耗行业之一，必然承担减排的义务，因此将来炼厂流程优化时必然要考虑 CO_2 排放的因素。在考虑 CO_2 排放成本（即碳税）后，会使我们以往对加工流程优劣的评判发生变化甚至会发生逆转[38]。

炼厂 CO_2 排放主要分直接排放和间接排放两类，其中间接排放是炼厂外购电、蒸汽所对应的排放，而直接排放则主要包括燃料燃烧（主要是加热炉）排放、工艺排放（主要是催化烧焦和制氢对应的排放）和逃逸排放（主要是油品挥发对应的排放）[39]。

某炼厂原油加工能力为500×10⁴t，主要加工进口原油，为达到减排目的，对炼厂燃料燃烧排放与工艺排放的量进行限制，要求二者排放量不能超过0.22tCO₂/t 原油，在这一排放约束条件下制定该厂的月度生产计划。

4.4.2 模型建立

SH/T 500-2011 给出了石化生产企业 CO_2 排放量计算方法[40]，其中，燃料燃烧造成 CO_2 排放量可以由燃料消耗量及该燃料的碳含量计算得到，计算公式为：

$$\sum CE_i = \sum \left(FQ_i \times CR_i \times CF_i \times \frac{44}{12} \right) \qquad (4-12)$$

式中　CE_i——某燃料 i 燃烧所产生的 CO_2 排放，t；

　　　FQ_i——燃料 i 的用量，t；

　　　CR_i——燃料 i 燃烧时的碳转化率，%；

　　　CF_i——燃料 i 的碳含量，%（质量分数）。

工艺排放中因烧焦造成的排放计算方法与上述燃料排放计算方法相同，工艺排放中蒸汽转化制氢装置的排放可采用基于制氢化学反应式的简便计算方法，简化的 CO_2 排放因子为4.736tCO₂/万 Nm³氢气。

为在该炼厂 MSRP 模型中实现 CO_2 排放量的模拟与控制，需在模型中增加相应内容。

1. 燃料组分 CO_2 排放因子给定

给出相关物料的 CO_2 排放因子。具体来讲，需要给出该炼厂燃料油、燃料气燃烧时的 CO_2 排放因子以及催化烧焦、蒸汽裂解制氢氢气带来的工艺排放因子，这些排放因子在 MSRP 模型的 BLNPROP 表中分别作为燃料油、燃料气（包括干气和液化气）、催化烧焦、制氢氢气的一个物性给出，假设该物性代码为 CO_2，详见表4-26。

表4-26　利用 BLNPORP 表给定有关物料 CO_2 排放因子

*TABLE	BLNPROP	
*	物性表	
	TEXT	CO₂
PGS	自用干气	2.2200
PLG	自用液化气	3.0910
FUL	自用燃料油	3.1571
C1K	烧焦	3.4100
PH2	氢气	5.3000

2. 燃料油、燃料气 CO_2 排放因子计算

由于炼厂燃料气可由炼厂干气或炼厂液化气料混合而成，混合的比例并不固定，而干气、液化气 CO_2 排放系数不同，不同构成燃料气必然具有不同的 CO_2 排放因子，故自用燃料的 CO_2 排放因子需要根据其构成比例计算得到。在燃料平衡表 SUBL 中新增针对 CO_2 排放因子这一物性的递归结构，就可以计算得到不同构成燃料油、燃料气的 CO_2 排放因子，详见表4-27字体加粗部分。

表4-27 利用递归结构计算不同结构燃料油、燃料气的 CO_2 排放因子

* TABLE	SUBL					
*	自用燃料平衡					
	TEXT	PGS	PLG	FUL	GGB	FGB
WBALPGS	自用干气汇流	1				
WBALPLG	自用液化气		1			
WBALFUL	自用燃料油			1		
WBALUGS	自用干气	−0.9000				
WBALLOS	干气热损失	0.1000				
WBALULG	自用液化气		−1			
WBALUFL	自用燃料油			−1		
*						
UBALUGS	公用工程燃料气	−0.9000	−1			
UBALUFL	公用工程燃料油			−1		
* * *						
RBALGGB	**燃料气递归平衡**	**−1**	**−1**		**1**	
RCO2GGB	**燃料气 CO_2 排放量递归**	**−999**	**−999**		**999**	
RBALFGB	**燃料油递归平衡**			**−1**		**1**
RCO2FGB	**燃料油 CO_2 排放量递归**			**−999**		**999**
*						
PGGBRFG	**燃料单位排放量报告**					
PCO2AGGB	**燃料气**	**999**	**999**			
PCO2AFGB	**燃料油**			**999**		

3. 二次装置 CO_2 排放量计算

在 MSRP 装置子模型 Submodels 中，根据各装置的燃料耗量以及其 CO_2 排放系数计算各装置 CO_2 排放量，并将其统计到全厂的 CO_2 排放量方程中。对于催化裂化或制氢等装置，装置 CO_2 排放量中还包括工艺排放量。比如表4-28字体加粗区域给出了计算催化裂化装置 CO_2 排放量计算，其中，方程 EC1KC11、EFGBC11 和 EGGBC11 分别用于根据装置烧焦量、燃料油单耗和燃料气单耗以及装置加工量计算该装置的焦炭产量、燃料油消耗量和燃料气消耗量 SFC1C1K、SFC1FGB 和 SFC1GGB；方程 ECO2C11 则根据该装置的烧焦量、燃料油消耗量和燃料气消耗量及其对应的 CO_2 排放系数计算得到该装置燃料及烧焦造成的 CO_2 排放总量 SFC1GGD；方程 ETOTCO2 将 SFC1GGD 统计到全厂 CO_2 排放总量中。

表4-28 催化裂化装置子模型 CO_2 排放量计算

* TABLE	SFC1					
*	1#催化					
	TEXT	BA1	C1K	FGB	GGB	GGD
WBALC1F	催化进料	1				
*						
WBALSC1	催化酸性气	−0.0013				
WBALC1G	催化干气	−0.0359				

续表

WBALC1L	催化液化气	-0.2180				
WBALC1N	催化汽油	-0.4030				
WBALC1D	催化柴油	-0.1995				
WBALC1S	催化油浆	-0.0495				
WBALC1K	催化烧焦	-0.0891				
WBALLOS	损失	-0.0037				
*						
*	物料平衡检查	-1.0000				
*						
CCAPFC1	1#催化能力使用	1				
*	公用工程（每吨）:					
UBALCAT	催化剂/元	23.7500				
UBALCCC	辅助材料/元	32.0300				
UBALKWH	电/kW·h	24.0500				
UBALAIR	风/Nm^3	5.0000				
UBALHTM	高压蒸汽/t	0.0000				
UBALMTM	中压蒸汽/t	-0.2000				
UBALLTM	低压蒸汽/t	0.3010				
UBALWAT	新鲜水/t	0.0329				
UBALCWT	循环水/t	21.1600				
UBALCMW	化学水/t	0.9020				
UBALUFL	自用燃料油/t	0.0000				
UBALUGS	自用燃料气/t	0.0003				
* * *						
EC1KC11	**烧焦平衡行**	**0.0891**	**-1**			
EFGBC11	**燃油平衡行**	**0.0000**		**-1**		
EGGBC11	**燃气平衡行**	**0.0003**			**-1**	
ECO2C11	**燃料排放 CO$_2$ 量**		**-999**	**-999**	**-999**	**1**
ETOTCO2	全厂排放量					**-1**

制氢装置 CO_2 排放量计算与催化裂化装置类似，不同的是其 CO_2 工艺排放量需要根据氢气产量计算。除此之外的其他二次装置 CO_2 排放量计算，只需考虑燃料油和燃料气两部分即可。

4. 常减压蒸馏装置 CO_2 排放量计算

我们知道，在 MSRP 模型中，常减压蒸馏装置的公用工程消耗是在 CRUDDISTL 中定义的，该表中建立新的方程结构较为不便，因此，可将常减压蒸馏装置的公用工程消耗数据转移至 Submodels 表中的 SCDU 子表。具体方法是，将 CRUDDISTL 中常减压蒸馏装置公用工程消耗数据删除，而在 SCDU 子表中，增加表 4-29 字体加粗区域中的公用工程结构。基于该表的公用工程数据增加常减压蒸馏装置 CO_2 排放量计算方程 EFGBCDU、EGGBCDU 和 ECO2CDU。

表 4-29　常减压蒸馏装置 CO_2 排放量计算

* TABLE	SCDU				
*	返回表单				
*					
	TEXT	C11	FGB	GGB	GGD
CCAPATT	原油总加工量	1			
*					
ETOTC111	1#常减压蒸馏物料平衡行	1			
GSULC111	1#常减压蒸馏硫控制	1.5			
*	公用工程（每吨）：				
UBALCAT	催化剂/元	0.7500			
UBALCCC	辅助材料/元	0.7422			
UBALKWH	电/kW · h	6.9079			
UBALAIR	风/Nm^3	1.0700			
UBALHTM	高压蒸汽/t	0.0000			
UBALMTM	中压蒸汽/t	0.0000			
UBALLTM	低压蒸汽/t	0.0132			
UBALWAT	新鲜水/t	0.0265			
UBALCWT	循环水/t	1.4400			
UBALCMW	化学水/t	0.0117			
UBALUFL	自用燃料油/t	0.0000			
UBALUGS	自用燃料气/t	0.0100			
*					
EFGBCDU	燃料油平衡	0.0000	−1.00		
EGGBCDU	燃料气平衡	0.0100		−1.00	
ECO2CDU	CO_2排放量		−999.00	−999.00	1.00

5. 全厂 CO_2 排放量控制与报告

在 SCDU 装置中，增加表 4-30 字体加粗区域所示结构，其中，方程 ECDUTOT 用于将全厂原油加工量赋值给变量 SCDUCUR，方程 ETOTCO2 用于将全厂各装置的 CO_2 排放量汇总并赋值给变量 SCDUCEN，方程 GTOTCO2 用于将全厂 CO_2 排放量上限控制在小于 0.23tCO_2/t 原油，该控制值也可根据实际情况在 CASE 中限定。建立 PCO2NVG4、PCO2DNVG4 用于报告炼厂单位原油加工量 CO_2 排放系数（只考虑燃料燃烧排放和工艺排放）。

表 4-30　全厂 CO_2 排放量控制与报告

* TABLE	SCDU						
	TEXT	C11	FGB	GGB	GGD	CUR	CEN
CCAPATT	原油总加工量	1					
ECDUTOT	原油总加工量	**−1**				**1**	
*							
ETOTC111	1#常减压蒸馏物料平衡	1					
GSULC111	1#常减压蒸馏硫控制	1.5					

*	公用工程（每吨）：					
UBALCAT	催化剂/元	0.7500				
UBALCCC	辅助材料/元	0.7422				
UBALKWH	电/kW·h	6.9079				
UBALAIR	风/Nm³	1.0700				
UBALHTM	高压蒸汽/t	0.0000				
UBALMTM	中压蒸汽/t	0.0000				
UBALLTM	低压蒸汽/t	0.0132				
UBALWAT	新鲜水/t	0.0265				
UBALCWT	循环水/t	1.4400				
UBALCMW	化学水/t	0.0117				
UBALUFL	自用燃料油/t	0.0000				
UBALUGS	自用燃料气/t	0.0100				
*						
EFGBCDU	燃料油平衡	0.0000	−1			
EGGBCDU	燃料气平衡	0.0100		−1		
ECO2CDU	CO_2 排放量		−999	−999	1	
ETOTCO2	**全厂排放量**					1
GTOTCO2	**全厂 CO_2 控制方程**				0.23	−1
PCDUR01	**报告**					
PCO2NVG4	**CO_2/（tCO_2/t 原油）**					1
PCO2DVG4	**CO_2/（tCO_2/t 原油）**				1	

4.4.3 结果分析

根据上述方式调整模型运行后，在模型运算结果文件 Down 或 Across 中，SCDU 装置子模型性质报告行下，炼厂 CO_2 排放系数为 0.2111t CO_2/t 原油。现对该排放系数进行验证，查找各装置燃料消耗量（UTMAP 文件中）、催化裂化焦炭产量以及制氢装置产氢量，并根据燃料油、燃料气、催化烧焦以及制氢氢气的 CO_2 排放因子计算燃料燃烧排放和工艺排放数值，详见表 4−31。可见该炼厂 CO_2 总排放量为 8.6813×10^4 t/月，而原油加工量为 41.12×10^4 t/月，单位原油加工量 CO_2 排放系数为 0.2111t CO_2，与模型报告数据完全一致。

表 4−31 全厂 CO_2 排放量计算结果

装置	燃料消耗量/ （10^4t/月）		烧焦及制氢/ （10^4t/月）		CO_2 排放量/ （10^4t/月）				
	燃料油	燃料气	烧焦量	制氢量	燃料油排放量	燃料气排放量	烧焦排放量	制氢排放量	总排放量
常减压蒸馏		0.4112				0.9129			0.9129
石脑油加氢		0.2307				0.5121			0.5121
连续重整		0.4421				0.9815			0.9815
催化裂化	0.0050	1.4850			0.0111	5.0639			5.0750

续表

装置	燃料消耗量/($10^4 t$/月)		烧焦及制氢/($10^4 t$/月)		CO$_2$排放量/($10^4 t$/月)				
	燃料油	燃料气	烧焦量	制氢量	燃料油排放量	燃料气排放量	烧焦排放量	制氢排放量	总排放量
蜡油加氢		0.0464				0.1029			0.1029
延迟焦化		0.1223				0.2714			0.2714
汽柴油加氢		0.0888				0.1972			0.1972
航煤加氢		0.0284				0.0630			0.0630
催汽脱硫		0.0285				0.0632			0.0632
硫磺回收		0.0000				0.0000			0.0000
制氢		0.0000		0.0000		0.0000		0.0000	0.0000
辅助装置		0.2262				0.5021			0.5021
合计	0.0000	1.6295	1.4850	0.0000	0.0000	3.6174	5.0639	0.0000	8.6813

第5章　炼厂计划优化应用实例

本章给出 5 个应用实例，主要讨论炼厂计划模型应用问题。

实例 17 给出了批量选购原油的实现方法，实例 18 给出了原油代加工的处理方法，实例 19 给出了依据原油到港船期建立多周期模型的实现方法，实例 20 给出了同时考虑原油到港船期和装置检修计划建立多周期模型的实现方法，实例 21 是对原油到港船期的优化测算。

⭐ 5.1　实例 17：批量选原油

5.1.1　问题提出

我国炼厂原油对外依存度高，进口原油主要是通过油轮运输，因此采购原油时，除少数与其他炼厂拼船采购情况外，一般原油采购量要求是油轮运输量的整数倍，即需要整船采购原油，也就是批量采购原油。

某炼厂原油加工负荷 $\geqslant 100 \times 10^4 t$/季，目前主要加工卡滨达、罕戈、杰诺和阿曼四种原油，运送这四种原油的油轮载重量分别为 $10 \times 10^4 t$、$13 \times 10^4 t$、$15 \times 10^4 t$ 和 $20 \times 10^4 t$，各原油可采购资源量均为 $60 \times 10^4 t$。其中罕戈原油至少要购买 1 船，现在满足整船采购的前提下，为该厂选择原油。

5.1.2　模型建立

在 MSRP 模型中，增加 MIP 表，用于定义表征船数的整型变量，并将表征罕戈原油船数的变量 I-HNG 下限设为 1，如表 5-1 所示。根据该表定义的整型变量，利用 ROWS 表建立将船数与原油购买量相关联的方程，如表 5-2 所示。BUY 表中将四种原油购买量上限均设为 $60 \times 10^4 t$。常减压装置加工能力下限设为 $100 \times 10^4 t$，其余装置均按照设计能力给出上限。

表 5-1　整型变量设置

TABLE	MIP		
*	MIP 表		
	TEXT	LI	UI
I-CBD	卡滨达购买船数范围	0	20
I-HNG	罕戈购买船数范围	1	20
I-JNO	杰诺购买船数范围	0	20
I-OMN	阿曼购买船数范围	0	20

表 5-2　整船购买原油约束方程

TABLE	ROWS							
*	行表							
	TEXT	PURCCBD	PURCHNG	PURCJNO	PURCOMN	I-CBD	I-HNG	I-JNO	I-OMN
ECBD	卡滨达购买量约束	1				−10			
EHNG	罕戈购买量约束		1				−13		
EJNO	杰诺购买量约束			1				−15	
EOMN	阿曼购买量约束				1				−20

5.1.3　结果分析

批量选原油模型优解购买原油情况如表 5-3 所示，可以看出，各原油采购量均按照对应运输油轮载重量批量购买。

表 5-3　批量选油原油购买情况

项目	购买量/10^4t	船数
原油汇总	103.00	7
卡滨达	10.00	1
罕戈	13.00	1
杰诺	60.00	4
阿曼	20.00	1

★ 5.2　实例 18：原油代加工

5.2.1　问题提出

原油代加工业务，就是炼厂加工委托方提供的原油并按照约定的比例返还炼油产品，炼厂可按照加工原油的数量收取加工费，也可跟委托方商定减少返还炼油产品的比例以冲抵加工费用。在炼厂原油加工能力允许的条件下，适当开展原油代加工业务可提高炼厂装置利用率，降低装置单耗，改善炼厂经济效益。

某炼厂原油加工 $500×10^4$t/a，主要加工卡滨达、罕戈、杰诺和阿曼四种原油。由于市场原因，该厂原油采购量仅为 $430×10^4$t/a，为充分利用原油加工能力，该厂决定开展原油代加工业务。委托方委托该厂加工卡滨达和罕戈两种原油，两种原油委托加工量均不高于 $10×10^4$t/a 且取整数。炼厂与委托方商定：加工卡滨达原油时，1t 原油需返回委托方 0.85t 汽油和车用柴油产品，其中汽油柴油的重量比为 1:1，加工 1t 原油的加工费用为 210 元；加工罕戈原油时，1t 原油需要返回委托方 0.84t 普通柴油和渣油产品，其中柴油和重油的重量比为 7:3，不收取加工费用。现对该厂年度生产方案进行测算。

5.2.2　模型建立

在 MSRP 模型中，增加 ALTTAGS 表，如表 5-4 所示，用于定义代加工原油和产品的换名，换名后就可以将某一原油或产品区分为两个物料，以便在 BUY 表或 SELL 表中给同一

原油或同一产品定义两种不同的价格，如表5-5和表5-6所示。炼厂自身加工的四种原油购买量上限均为$200×10^4$t/a，常减压装置加工能力下限设为$450×10^4$t/a，其余装置均按照设计能力给出上限。

表5-4 换名表设置

TABLE	ALTTAGS		
*	换名表		
	TEXT	* * *	
CB1	CBD		代加工卡滨达
HN1	HNG		代加工罕戈
G31	G93		代加工93号汽油
R01	R00		代加工0号车柴
D01	D00		代加工0号普柴
F01	F25		代加工重油

表5-5 代加工原油购买量及加工费

	购买表			
代码	名称			
	TEXT	MIN	MAX	COST
CBD	卡滨达	0.00	200.00	2816.08
CB1	代加工卡滨达	0.00	10.00	−120.00
HNG	罕戈	0.00	200.00	2551.23
HN1	代加工罕戈	0.00	10.00	0.00

表5-6 代加工产品销售价格定义

TABLE	SELL				
*	卖表				
	TEXT	MIN	MAX	FIX	PRICE
G93	93号国IV汽油				3471.71
G31	代加工93号汽油				0.00
R00	0号国IV车柴				3326.06
R01	代加工0号车柴				0.00
D00	0号普通柴油				3176.06
D01	代加工0号普柴				0.00
F25	商品重油				1785.71
F01	代加工重油				0.00

原油代加工返回产品量及结构使用ROWS表进行约束，如表5-7所示，其中方程ECB-DGD1用于定义代加工卡滨达原油时返回产品的种类和数量（即代加工1吨原油返回0.85t的汽油和车柴），方程ECBDGD2用于定义代加工卡滨达原油时返回汽油和车柴的比例（即1:1）。同样，方程EHGGD1用于定义代加工罕戈原油时返回产品的种类和数量（即代加工1吨原油返回0.84t的普柴和重油产品），方程EHNGGD2用于定义返回普柴和重油的比例（即7:3）。方程ECBDNUM、EHNGNUM分别用于将代加工卡滨达、罕戈原油的数量取整

数，不过这两个方程中用的的整型变量 I-CB1、I-HN1 必须事先在 MIP 表中予以定义，如表 5-8 所示。

表 5-7　代加工产品量及结构定义

TABLE	ROWS								
*	行表								
	TEXT	PURCCB1	SELLG31	SELLR01	PURCHN1	SELLD01	SELLF01	I-CB1	I-HN1
ECBDGD1	卡滨达代加工	-0.85	1	1					
ECBDGD2	卡滨达代加工		-1	1					
EHNGGD1	罕戈代加工				-0.84	1	1		
EHNGGD2	罕戈代加工					-3	7		
ECBDNUM	卡滨达整数	1						-1	
EHNGNUM	罕戈整数				1				-1

表 5-8　整型变量定义

TABLE	MIP		
*	MIP 表		
	TEXT	LI	UI
I-CB1	卡滨达整数	0	10
I-HN1	罕戈整数	0	10

设置 3 个案例：

CASE1：原油总加工总量为(450~500)×10⁴t，每种代加工原油上限均为 10×10⁴t；

CASE2：原油总加工总量为(450~500)×10⁴t，每种代加工原油上限均为 0×10⁴t；

CASE3：原油总加工总量为(450~500)×10⁴t，每种代加工原油上限均为 10×10⁴t，计划内原油总量下限 450×10⁴t，即在完成计划内加工量基础上增加代加工原油的选择。

5.2.3　结果分析

测算案例运行后，该厂原油代加工情况如表 5-9 所示。

从 CASE1 结果可以看出，代加工卡滨达原油量为 10.00×10⁴t，满足整数要求，返回汽柴油产品总量为 8.50×10⁴t，满足 1t 原油产品返回 0.85t 汽柴油产品的要求，而且汽油与车柴的比例也是满足 1∶1 要求。代加工罕戈原油 10.00×10⁴t，满足整数要求，返回柴油和重油的产品总量为 8.40×10⁴t，满足 1t 原油返回 0.84t 普柴和重油的要求，且普柴与重油的比例也满足 7∶3 的要求。与不选择代加工原油的 CASE2 相比，目标函数增加 2204.36 万元。

从 CASE3 结果可以看出，如果设置在常压塔加工量限制的约束下限 450 理解为计划内原油加工总量，即代加工原油是计划外加工量。许多企业往往在总部的原油加工计划已经制订完成后，作为企业行为，增加代加工原油选择(有时候可能将已经确定的计划内原油量固定，再进行代加工原油方案的选择)，不但能提高企业经济效益，也能增加完成总部计划的灵活性，例如可以帮助克服完成总部航煤计划中的困难。一般情况下，代加工原油能对企业带来一定的经济效益，本例 CASE3 的目标函数比 CASE2 增加 1245.25 万元，只选择代加工罕戈原油，没有选择代加工卡滨达原油，与炼厂总体效益正处于降低总原油加工量更为合理情况有关，例如，将 CASE2 的原油加工量下限 450×10^4 t 放开，目标函数增加到 146091.73 万元，最优原油加工总量为 392.93×10^4 t。

表 5-9　两方案原油购买情况

案例号	CASE1	CASE2	CASE3
案例说明	可选代加工原油	不选代加工原油	可选代加工原油，计划内原油≥450
目标函数	133358.47	131154.11	132399.36
目标差(与CASE2)	2204.36		1245.25
目标差/%	1.68%		0.94%
卡滨达原油	162.399	15.838	195.119
罕戈原油	67.601	81.437	54.881
杰诺原油	200.000	200.000	200.000
阿曼原油	0.000	152.725	0.000
代加工卡滨达原油	10.000	0.000	0.000
代加工罕戈原油	10.000	0.000	10.000
原油加工量	450.000	450.000	460.000
其中代加工原油	20.000	0.000	10.000

★ 5.3　实例 19：船期多周期

5.3.1　问题提出

库存对维持炼厂平稳生产和应对市场变化、提高炼厂效益具有非常重要的作用，但单周期 MSRP 模型并没有考虑库存的因素。此外，单周期 MSRP 模型通常是把某个时间段(如一个月)作为整体来考虑，往往会产生过度优解(Over-Optimization)，比如在用单周期 MSRP 作月度优化测算时，某原油即便是月底才到厂加工，而 MSRP 模型却认为整个月都可以加工，模型优化的空间比生产实际情况大，会产生过度优解。多周期 MSRP 模型可以将某时间段自由划分周期，并用库存作为纽带来连接相邻的两个周期，从而可以优化库存，并避免过度优解。

某炼厂原油加工负荷为 40×10^4 t/月，目前主要加工卡滨达、杰诺和阿曼三种原油，三种原油资源量分别为 13.61×10^4 t/月、13.91×10^4 t/月 和 13.60×10^4 t/月，三种原油到厂日期分别为 1 日、10 日和 19 日，用多周期 MSRP 模型进行月度生产计划排产。

5.3.2　模型建立

1. 建立多周期 MSRP 模型

要建立多周期 MSRP 模型，必须将模型类型(Model Type)更改为 Periodic。然后，在已有单周期 MSRP 模型基础上，增加周期表(PERIOD)和库存表(PINV)就可建立多周期 MSRP 模型。为便于在 CASE 中对这两个表格进行修改，建议在基础模型的周期表只建立 1个周期，且把周期长度设为 1，如表 5-10 所示。

表 5-10 基础模型中周期表设置

* TABLE	PERIODS	
*	周期表	
	TEXT	LEN
1	周期1	1

2. 测算案例设置

为便于比较，针对提出的同一问题分别设计单周期、多周期两个测算案例进行测算，其中 CASE1 为 1 周期(即单周期)案例，CASE2 为 3 周期案例。

CASE1 周期数量为 1，周期长度设为 30 天，即将 1 个月的时间段用 1 个周期来描述，详见表 5-11。只考虑原油库存，设各原油期初库存为 0，期末库存最高为 4 万吨，详见表 5-12。根据原油资源量设置买表中原油日购买量，详见表 5-13。各装置日加工能力如表 5-14 所示。

表 5-11 CASE1 周期表设置

TABLE	PERIODS	
*	周期	
	TEXT	LEN
1	周期1	30.00

表 5-12 CASE1 库存表设置

TABLE	PINV			
*	库存表			
	TEXT	OPEN	MIN	MAX
*		期初库存		
CBD	卡滨达	0.00	0.00	4.00
HNG	罕戈	0.00	0.00	4.00
JNO	杰诺	0.00	0.00	4.00
OMN	阿曼	0.00	0.00	4.00

表 5-13 CASE1 买表设置

TABLE	BUY		
*	购买表		
*			
	TEXT	MIN	MAX
*			
CBD	卡滨达	0.45	0.45
HNG	罕戈	0.00	0.00
JNO	杰诺	0.46	0.46
OMN	阿曼	0.45	0.45

表 5-14　CASE1 装置能力表设置

TABLE	CAPS		
*	加工能力		
	TEXT	MIN	MAX
CAT1	常压蒸馏	0.00	1.39
CVT1	减压蒸馏	0.00	1.11
CATT	原油总加工量	0.00	1.39
CTP1	石脑油加氢	0.00	0.33
CRF1	连续重整	0.00	0.28
CFC1	重油催化裂化	0.00	0.56
CHCU	蜡油加氢	0.00	0.28
CCK1	延迟焦化	0.00	0.28
CH1F	柴油加氢	0.00	0.56
CH2F	煤油加氢	0.00	0.17
CH3F	汽油加氢	0.00	0.28
CSU1	硫磺回收	0.00	0.13
CPHU	制氢	0.00	0.00

CASE2 是船期多周期案例，将 1 个月 30 天按照原油到港时间划分为三个周期，详见表 5-15。该案例中除考虑原油库存外，还考虑减压渣油库存，各物料不同周期库存设置情况见表 5-16。各周期内原油日购买量如表 5-17 所示。

表 5-15　CASE2 周期表设置

TABLE	PERIODS		
*	周期		
	TEXT	LEN	* * *
*			
1	周期1	9.00	1 日~9 日，卡滨达可炼
2	周期2	10.00	10 日~19 日，杰诺可炼
3	周期3	11.00	20 日~30 日，阿曼可炼
* *		30.00	

表 5-16　CASE2 库存表设置

TABLE	PINV				
*	库存表				
	TEXT	OPEN	MIN	MAX	MIN3	MAX3
*	期初库存				
*					
CBD	卡滨达	0.00	0.00	8.00	0.00	4.00
HNG	罕戈	0.00	0.00	8.00	0.00	4.00
JNO	杰诺	0.00	0.00	8.00	0.00	4.00
OMN	阿曼	0.00	0.00	8.00	0.00	4.00
VR1	减渣	0.00	0.00	5.00	0.00	0.00

表 5-17　CASE2 买表设置

TABLE	BUY			
*	购买表			
	TEXT	FIX1	FIX2	FIX3
CBD	卡滨达	1.51		
HNG	罕戈			
JNO	杰诺		1.39	
OMN	阿曼			1.24

5.3.3　结果分析

CASE1 中购买的原油能够全部加工，三种购买原油在月底均没有留库存，详见表 5-18。主要装置降负荷如表 5-19 所示，该方案下催化裂化装置已经满负荷。

表 5-18　CASE1 原油加工情况

项目	第 1 周期				合计	
	期初	购买	加工	期末	购买	加工
原油汇总	0.00	41.12	41.12	0.00	41.12	41.12
卡滨达	0.00	13.61	13.61	0.00	13.61	13.61
杰诺	0.00	13.91	13.91	0.00	13.91	13.91
阿曼	0.00	13.60	13.60	0.00	13.60	13.60

表 5-19　CASE1 主要装置负荷

装置名称	加工量/(10^4t/月)	处理能力/(10^4t/月)
常压蒸馏	41.12	41.67
减压蒸馏	23.68	33.33
石脑油加氢	6.53	10.00
连续重整	5.56	8.33
重油催化裂化	16.67	16.67
延迟焦化	8.17	8.33
柴油加氢	15.01	16.67
煤油加氢	4.05	5.00
汽油加氢	6.72	8.33

CASE2 中，阿曼原油在月底留了 3.46×10^4t 的库存，详见表 5-20。该案例中各周期主要装置负荷如表 5-21 所示，可以看出，第 1、第 2 周期由于催化裂化装置已经满负荷，因此这两个周期常减压蒸馏装置虽然有富裕加工能力，但也不得不留原油库存，正是由于前两个周期存在加工能力放空，第 3 周期中虽然常减压蒸馏满负荷生产，仍无法全部加工购买原油，有 3.46×10^4t 的阿曼原油在月底留库存。

表 5-20   CASE2 原油加工情况

项目	第 1 周期				第 2 周期				第 3 周期				合计	
	期初	购买	加工	期末	期初	购买	加工	期末	期初	购买	加工	期末	购买	加工
合计	0.00	13.61	10.90	2.71	2.71	13.91	11.49	5.13	5.13	13.60	15.28	3.46	41.12	37.66
卡滨达		13.61	10.90	2.71	2.71			2.71					13.61	13.61
杰诺						13.91	8.78	5.13	5.13		5.13		13.91	13.91
阿曼										13.60	10.15	3.46	13.60	10.15

表 5-21   CASE2 主要装置负荷情况

项目	实际处理量/ (10^4t/月)	分周期处理量/(10^4t/日)			加工能力/ (10^4t/日)
		周期 1	周期 2	周期 3	
常压蒸馏	37.66	1.21	1.15	1.39	1.39
减压塔蒸馏	21.78	0.68	0.69	0.79	1.11
石脑油加氢	5.58	0.18	0.14	0.23	0.33
连续重整	4.74	0.16	0.12	0.19	0.28
重油催化裂化	16.67	0.56	0.56	0.56	0.56
延迟焦化	5.33	0.15	0.09	0.28	0.28
柴油加氢	12.96	0.42	0.37	0.50	0.56
煤油加氢	3.69	0.12	0.11	0.14	0.17
汽油加氢	6.72	0.22	0.22	0.22	0.28

对比 CASE1、CASE2 两个案例可以看出，两个案例下催化裂化装置的处理能力是生产瓶颈，但单周期案例下全月均按照三种原油混炼方式加工，其实就是将月底才进厂、VGO 收率相对较低的阿曼原油(详见表 5-22)提前加工，就使得 19 日之前的 VGO 收率较多周期案例低，在催化裂化加工能力为瓶颈时，则其常减压蒸馏装置的能力放空量就比多周期少，从而使其能够加工完多周期案例下不能完成的原油加工量，也就产生过度优解。因此，采用多周期 MSRP 模型，通过合理的设置周期和库存，不仅可以避免不切实际的过度优解，而且还可以优化库存管理，使测算的优化结果更符合生产实际。

表 5-22   三种原油 VGO 收率对比

原油名称	卡滨达	杰诺	阿曼
减一线	0.0674	0.0619	0.0626
减二线	0.0388	0.0166	0.0212
减三线	0.1656	0.2034	0.1595
合计	0.2718	0.2818	0.2433

在实际应用中，期初库存为实际的初库存数据，为避免给下一个月月初的生产造成困难，可以对期末库存原油品种和数量进行约束，例如可以使用目标规划进行约束。另外一种比较好的方法是设置虚拟周期，即将末库存在设置的虚拟周期(最后一个周期)中"加工"掉，虚拟周期的长度根据总末库存量给定，使多周期模型达到零末库存或接近零末库存。

由于船期多周期计划更加符合生产实际，调度部门编制调度计划时，不再参照单周期月计划模型的解结果，而是要求计划部门提供多周期船期计划解结果，并以此作为编制调度计划的依据。

⭐ 5.4　实例20：船期+检修多周期

5.4.1　问题提出

装置检修是消除安全隐患、保障装置平稳高效运行的重要措施，在炼厂生产运行中经常会遇到。装置检修必然会对炼厂的平稳生产带来影响，为尽量减少某套装置检修给全厂带来的波动，确定合理的检修时间至关重要。由于加工原油的结构直接影响下游二次加工装置的负荷，因此原油到厂船期是确定合理的装置检修时间的重要因素。

某炼厂原油加工负荷为$40×10^4t/月$，目前主要加工卡滨达、杰诺和阿曼三种原油，三种原油资源量分别为$13.61×10^4t/月$、$13.91×10^4t/月$和$13.60×10^4t/月$，三种原油到厂日期分别为1日、10日和19日。延迟焦化装置计划检修5天，具体是在上旬检修还是在中旬检修，需要根据原油船期情况确定。

5.4.2　模型建立

1. 建立多周期 MSRP 模型

要建立多周期 MSRP 模型，必须将模型类型（Model Type）更改为 Periodic。然后，在已有单周期 MSRP 模型基础上，增加周期表（PERIOD）和库存表（PINV）就可建立多周期 MSRP 模型。为便于在 CASE 中对这两个表格进行修改，建议在基础模型的周期表只建立1个周期，且把周期长度设为1，如表5-23所示。

表 5-23　基础模型中周期表设置

* TABLE	PERIODS	
*	定义时间周期	
	TEXT	LEN
1	周期1	1

2. 测算案例设置

根据延迟焦化检修时间不同，设置两个测算案例，其中 CASE1 延迟焦化在上旬检修，CASE2 延迟焦化在中旬检修，各案例均按照原油到厂船期和检修时间划分多周期。

CASE1 周期表设置详见表5-24，延迟焦化装置在5~9日检修。考虑原油、VGO 和减渣库存，各物料库存设置详见表5-25。根据原油资源量设置买表中原油日购买量，详见表5-26。各装置日加工能力如表5-27所示，延迟焦化装置周期2加工能力为0。

表 5-24　CASE1 周期表设置

TABLE	PERIODS			
*	周期			
	TEXT	LEN	* * *	
*				
1	周期1	4.00	1~4 日	卡滨达可炼

TABLE	PERIODS				
2	周期2	5.00		5~9日	焦化检修
3	周期3	10.00		10~14日	杰诺可炼
4	周期4	11.00		20~30日	阿曼可炼
＊＊		30.00			

表5-25　CASE1 库存表设置

TABLE	PINV					
＊	库存表					
	TEXT	OPEN	MIN	MAX	MIN4	MAX4
CBD	卡滨达	0.00	0.00	8.00	0.00	0.00
HNG	罕戈	0.00	0.00	8.00	0.00	0.00
JNO	杰诺	0.00	0.00	8.00	0.00	0.00
OMN	阿曼	0.00	0.00	8.00	0.00	4.00
VV1	减三线	0.00	0.00	5.00	0.00	0.00
VR1	减渣	0.00	0.00	5.00	0.00	0.00

表5-26　CASE1 买表设置

TABLE	BUY				
＊	购买表				
	TEXT	FIX1	FIX2	FIX3	FIX4
CBD	卡滨达	1.51	1.51		
HNG	罕戈				
JNO	杰诺			1.39	
OMN	阿曼				1.24

表5-27　CASE1 装置能力表设置

TABLE	CAPS			
＊	加工能力			
	TEXT	MIN	MAX	MAX2
CAT1	常压蒸馏	0.00	1.39	
CVT1	减压蒸馏	0.00	1.11	
CATT	原油总加工量	0.00	1.39	
CTP1	石脑油加氢	0.00	0.33	
CRF1	连续重整	0.00	0.28	
CFC1	重油催化裂化	0.00	0.56	
CHCU	蜡油加氢	0.00	0.28	
CCK1	延迟焦化	0.00	0.28	0.00
CH1F	柴油加氢	0.00	0.56	
CH2F	煤油加氢	0.00	0.17	
CH3F	汽油加氢	0.00	0.28	
CSU1	硫磺回收	0.00	0.13	
CPHU	制氢	0.00	0.00	

CASE2 周期表设置详见表 5-28，延迟焦化装置在 10~14 日检修。考虑原油、VGO 和减渣库存，各物料库存设置与 CASE1 相同。根据原油资源量设置买表中原油日购买量，详见表 5-29。各装置日加工能力同 CASE1，延迟焦化装置周期 3 加工能力为 0。

表 5-28　CASE2 周期表设置

TABLE	PERIODS				
*	周期				
	TEXT	LEN	* * *		
*					
1	周期1	9.00		1-9 日	卡滨达可炼
2	周期2	5.00		10-14 日	杰诺可炼
3	周期3	5.00		15-19 日	焦化检修
4	周期4	11.00		20-30 日	阿曼可炼
* *		30.00			

表 5-29　CASE2 买表设置

TABLE	BUY				
*	购买表				
*					
	TEXT	FIX1	FIX2	FIX3	FIX4
*					
CBD	卡滨达	1.51			
HNG	罕戈				
JNO	杰诺		1.39	1.39	
OMN	阿曼				1.24

5.4.3　结果分析

CASE1 中原油加工情况如表 5-30 所示，月末有 1.97 万吨阿曼原油留库存，该案例下主要装置降负荷如表 5-31 所示。

表 5-30　CASE1 原油加工情况

项目	第1周期				第2周期				第3周期				第4周期				合计	
	期初	购买	加工	期末	期初	购买	加工	期末	期初	购买	加工	期末	期初	购买	加工	期末	购买	加工
合计	0.00	6.05	5.56	0.49	0.49	7.56	6.33	1.73	1.73	13.91	12.02	3.61	3.61	13.60	15.24	1.97	41.12	39.15
卡滨达		6.05	5.56	0.49	0.49	7.56	6.33	1.73	1.73			1.73	1.73		1.73		13.61	13.61
杰诺									13.91	12.02	1.88	1.88		1.88			13.91	13.91
阿曼													13.60	11.63	1.97	13.60	11.63

表 5-31　CASE1 主要装置负荷

项目	实际处理量/ (10⁴t/月)	分周期处理量/(10⁴t/日)				加工能力/ (10⁴t/日)
		周期 1	周期 2	周期 3	周期 4	
常压蒸馏	39.15	1.39	1.27	1.20	1.39	1.39
减压塔蒸馏	22.59	0.78	0.71	0.73	0.78	1.11
石脑油加氢	6.08	0.22	0.17	0.17	0.24	0.33
连续重整	5.17	0.19	0.14	0.15	0.20	0.28
重油催化裂化	16.26	0.56	0.56	0.56	0.52	0.56
蜡油加氢	6.63	0.16	0.15	0.22	0.28	0.28
延迟焦化	6.85	0.25	0.00	0.28	0.28	0.28
柴油加氢	14.24	0.51	0.36	0.48	0.51	0.56
煤油加氢	3.85	0.14	0.12	0.11	0.14	0.17
汽油加氢	6.55	0.22	0.22	0.22	0.21	0.28

CASE2 中原油加工情况如表 5-32 所示，月末有 2.39×10⁴t 阿曼原油留库存，该案例下主要装置降负荷如表 5-33 所示。

表 5-32　CASE2 原油加工情况

项目	第 1 周期				第 2 周期				第 3 周期				第 4 周期				合计	
	期初	购买	加工	期末	期初	购买	加工	期末	期初	购买	加工	期末	期初	购买	加工	期末	购买	加工
合计	0.00	13.61	12.50	1.11	1.11	6.95	6.54	1.53	1.53	6.95	5.93	2.55	2.55	13.60	13.76	2.39	41.12	38.73
卡滨达		13.61	12.50	1.11	1.11			1.11	1.11			1.11	1.11			1.11	13.61	13.61
杰诺					6.95	6.54	0.42	0.42	6.95	5.93	1.44	1.44			1.44	13.91	13.91
阿曼													13.60	11.21	2.39	13.60	11.21

表 5-33　CASE2 主要装置负荷情况

项目	实际处理量/ (10⁴t/月)	分周期处理量/(10⁴t/日)				加工能力/ (10⁴t/日)
		周期 1	周期 2	周期 3	周期 4	
常压蒸馏	38.73	1.39	1.31	1.19	1.25	1.39
减压塔蒸馏	22.36	0.78	0.80	0.73	0.70	1.11
石脑油加氢	5.99	0.22	0.18	0.12	0.22	0.33
连续重整	5.10	0.19	0.15	0.11	0.19	0.28
重油催化裂化	16.25	0.56	0.56	0.56	0.52	0.56
蜡油加氢	4.86	0.16	0.07	0.01	0.28	0.28
延迟焦化	6.73	0.25	0.28	0.00	0.28	0.28
柴油加氢	14.01	0.51	0.49	0.33	0.49	0.56
煤油加氢	3.80	0.14	0.12	0.11	0.13	0.17
汽油加氢	3.55	0.22	0.22	0.22	0.21	0.28

对比 CASE1、CASE2 两个案例可以看出，CASE2 中月末所留原油库存比 CASE1 多，即延迟焦化装置在上旬检修(CASE1)比在中旬检修(即 CASE2)更有利于提高全月的原油加工量。根据该厂原油船期，上旬、中旬到厂卡滨达、杰诺原油比下旬到厂阿曼原油的 VGO 收

率高、渣油收率低(参见表5-34),因此将加工渣油的延迟焦化装置放在上旬检修,可减少第4周期常减压蒸馏装置能力放空,提高全月的原油加工量。

表5-34 三种原油VGO及减渣收率对比

原油名称	卡滨达	杰诺	阿曼
VGO/%	0.2718	0.2818	0.2433
减渣/%	0.1815	0.3293	0.3076

⭐ 5.5 实例21:船期优化

5.5.1 问题提出

我国炼厂原油对外依存度高,而进口原油主要是通过油轮运抵我国沿海港口,原油通过码头接卸、中间站库输转,最后到炼厂加工。由于卸油泊位、各环节原油储罐数量有限,码头到炼厂间的原油输送量也受输油管线输送能力的限制,油轮到港船期对滞期费用[41]以及炼厂加工原油性质的平稳性均有重要的影响,存在优化空间。

某炼厂原油加工负荷为40万吨/月,目前主要加工卡滨达、杰诺和阿曼三种原油,三种原油资源量分别为13.61万吨/月、13.91万吨/月和13.60万吨/月,初步确定三种原油到厂日期分别为1日、10日和19日,现从加工原油硫含量尽量保持平稳的角度,研究是否有更合理的油轮到港船期。

5.5.2 模型建立

1. 建立多周期MSRP模型

要建立多周期MSRP模型,必须将模型类型(Model Type)更改为Periodic。然后,在已有单周期MSRP模型基础上,增加周期表(PERIOD)和库存表(PINV)就可建立多周期MSRP模型。为便于在CASE中对这两个表格进行修改,建议在基础模型的周期表只建立1个周期,且把周期长度设为1,如表5-35所示。

表5-35 基础模型中周期表设置

* TABLE	PERIODS	
*	定义时间周期	
	TEXT	LEN
1	周期1	1

2. 测算案例设置

根据油轮到港时间不同,设置三个测算案例,其中,CASE1中运送卡滨达、杰诺和阿曼三种原油的油轮到港时间分别为1日、10日和19日,CASE2是在CASE1基础上将运送杰诺和阿曼原油的油轮到港时间互换,CASE3是在CASE2基础上将运送阿曼原油的油轮到港时间提前5天,各案例均按照原油到厂船期划分多周期。

CASE1周期表设置详见表5-36。考虑原油、VGO和减渣库存,各物料库存设置详见

表5-37。根据原油资源量设置买表中原油日购买量，详见表5-38。各装置日加工能力如表5-39所示。为使各周期加工原油硫含量尽量保持平稳，在ROWS表中建立加工原油硫含量的软约束方程，详见表5-40。

表5-36 CASE1 周期表设置

TABLE	PERIODS				
*	周期				
	TEXT	LEN	* * *		
*					
1	周期1	9.00		1~9日	卡滨达可炼
2	周期2	10.00		10~19日	杰诺可炼
3	周期3	11.00		20~30日	阿曼可炼
* *		30.00			

表5-37 CASE1 库存表设置

TABLE	PINV				
*	库存表				
	TEXT	OPEN	MIN	MAX	MIN4	MAX4
CBD	卡滨达	0.00	0.00	8.00	0.00	0.00
HNG	罕戈	0.00	0.00	8.00	0.00	0.00
JNO	杰诺	0.00	0.00	8.00	0.00	0.00
OMN	阿曼	0.00	0.00	8.00	0.00	4.00
VV1	减三线	0.00	0.00	5.00	0.00	0.00
VR1	减渣	0.00	0.00	5.00	0.00	0.00

表5-38 CASE1 买表设置

TABLE	BUY			
*	购买表			
	TEXT	FIX1	FIX2	FIX3
CBD	卡滨达	1.51		
JNO	杰诺		1.39	
OMN	阿曼			1.24

表5-39 CASE1 装置能力表设置

TABLE	CAPS		
*	加工能力		
	TEXT	MIN	MAX
CAT1	常压蒸馏	0.00	1.53
CVT1	减压蒸馏	0.00	1.11
CATT	原油总加工量	0.00	1.53
CTP1	石脑油加氢	0.00	0.33
CRF1	连续重整	0.00	0.28
CFC1	重油催化裂化	0.00	0.56
CHCU	蜡油加氢	0.00	0.28

续表

CCK1	延迟焦化	0.00	0.31
CH1F	柴油加氢	0.00	0.56
CH2F	煤油加氢	0.00	0.17
CH3F	汽油加氢	0.00	0.28
CSU1	硫磺回收	0.00	0.13
CPHU	制氢	0.00	0.00

表 5-40　CASE1 加工原油硫含量软约束设置

TABLE	ROWS						
	TEXT	YSULCRD	QSULCRD	SCDUC11	SC11CBD	SC11HNG	SC11JNO	SC11OMN
ESULCRD	硫含量	1.00	-1.00	-0.53	0.13	0.63	0.18	1.30
OBJFN		-1000	-1000					

CASE2 周期表设置详见表 5-41，库存表、装置加工能力表以及原油硫含量软约束方程
与 CASE1 相同。根据原油资源量设置买表中原油日购买量，详见表 5-42。

表 5-41　CASE2 周期表设置

TABLE	PERIODS			
*	周期			
	TEXT	LEN	* * *	
*				
1	周期1	9.00	1-9 日	卡滨达可炼
2	周期2	10.00	10-19 日	阿曼可炼
3	周期3	11.00	20-30 日	杰诺可炼
* *		30.00		

表 5-42　CASE2 买表设置

TABLE	BUY			
*	购买表			
*				
	TEXT	FIX1	FIX2	FIX3
*				
CBD	卡滨达	1.51		
JNO	杰诺			1.26
OMN	阿曼		1.36	

CASE3 周期表设置详见表 5-43，库存表、装置加工能力表以及原油硫含量软约束方程
与 CASE1 相同。根据原油资源量设置买表中原油日购买量，详见表 5-44。

表 5-43　CASE2 周期表设置

TABLE	PERIODS				
*	周期				
	TEXT	LEN	* * *		
*					
1	周期 1	4.00		1-4 日	卡滨达可炼
2	周期 2	15.00		5-9 日	阿曼可炼
3	周期 3	11.00		10-30 日	杰诺可炼
* *		30.00			

表 5-44　CASE2 买表设置

TABLE	BUY			
*	购买表			
*				
	TEXT	FIX1	FIX2	FIX3
*				
CBD	卡滨达	3.40		
JNO	杰诺			1.26
OMN	阿曼		0.91	

5.5.3　结果分析

　　三个测算 CASE 下原油加工情况如表 5-45 所示，各 CASE 月末均能够将该月购买的所有原油加工完，但原油到港船期不同时，各周期内加工原油的结构及周期间所留库存量有所不同，从而使三个 CASE 下加工原油的硫含量波动情况也不同，如图 5-1 所示。可以看出，尽管该厂全月加工原油的平均硫含量并不高（平均值为 0.53%），但若按照 CASE1 中的船期卸油，20 日之前全部加工低硫原油，20 日之后全部加工含硫原油，加工原油硫含量在 20 日前后波动较大；若按照 CASE2 中的船期卸油，将含硫原油阿曼与低硫原油杰诺船期对调，从而使低硫、含硫原油交替进程，就增加了原油调合的空间，全月硫含量波动幅度下降；若按照 CASE3 中的船期卸油，将含硫原油阿曼的船期改为 5 日到港，可以进一步提高该厂低硫、含硫原油调合的空间，使全月加工原油硫含量波动幅度进一步下降。可见，通过原油到港船期的调整与优化，是保持加工原油性质平稳性的有效手段。

表 5-45　各测算方案下原油加工情况对比

项目		第 1 周期				第 2 周期				第 3 周期				合计	
		期初	购买	加工	期末	期初	购买	加工	期末	期初	购买	加工	期末	购买	加工
CASE1	合计	0.00	13.61	13.07	0.54	0.54	13.91	13.46	0.98	0.98	13.60	14.59	0.00	41.12	41.12
	卡滨达		13.61	13.07	0.54	0.54			0.54	0.54			0.54	13.61	13.61
	杰诺						13.91	13.46	0.44	0.44			0.44	13.91	13.91
	阿曼										13.60	13.60		13.60	13.60

续表

项目		第1周期				第2周期				第3周期				合计	
		期初	购买	加工	期末	期初	购买	加工	期末	期初	购买	加工	期末	购买	加工
CASE2	合计	0.00	13.61	11.97	1.64	1.64	13.60	15.24	0.00	0.00	13.91	13.91	0.00	41.12	41.12
	卡滨达		13.61	11.97	1.64	1.64		1.64						13.61	13.61
	杰诺										13.91	13.91		13.91	13.91
	阿曼						13.60	13.60						13.60	13.60
CASE3	合计	0.00	13.61	5.61	8.00	8.00	13.60	20.59	1.02	1.02	13.91	14.92	0.00	41.12	41.12
	卡滨达		13.61	5.61	8.00	8.00		8.00						13.61	13.61
	杰诺										13.91	13.91		13.91	13.91
	阿曼						13.60	12.59	1.02	1.02		1.02		13.60	

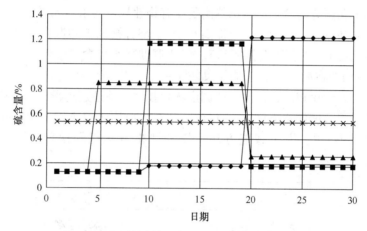

图5-1　各测算方案下加工原油硫含量波动情况

◆—CASE1;■—CASE2;▲—CASE3;✕—平均

第6章 炼厂计划调度应用实例

从本章开始，我们将从数学规划角度介绍炼油调度模型的应用实例。炼油计划都要通过炼油调度来实施，两者密不可分，业内人员普遍认为：计划优化是调度优化的前提，而优化的计划最终是通过调度实现的。有许多文章介绍计划和调度结合，取得显著经济效益和生产效益的案例。例如，文献[42]介绍，某炼厂加工100000桶/d（1桶=158.98L）的低硫原油，在原料选择计划模型优解中，如果增加一种硫含量稍高的价廉的原油，可以获得200万美元的经济效益。虽然计划模型得到优解，但在未来3个月周期内购买批量上述原油使硫含量约束由0.55%上升到0.85%。用开发的原油调合调度模型进行调度，可以得到可行的调度计划，使所有被加工和调合的最终产品仍然满足原有物性规格要求。如果使用手工调度，由于调合原油硫含量波动较大，平均硫含量提高0.3%，部分被加工和调合的最终产品将不能满足物性规格要求（如图6-1虚线左侧所示）。优化调度减小硫含量波动，虽然平均硫含量提高0.3%，硫含量仍然在最高限量范围内（如图6-1虚线右侧所示）。

与炼油生产计划优化相比，炼油生产调度优化技术目前还远远没有达到成熟程度，缺乏一种大家公认的通用调度优化方法[43]。目前，计算机应用于解决炼油调度问题主要有三种方法：人工模拟方法[43]、人工智能方法[44,45]和严格数学规划模型方法（以下简称模型法）[42,46~57]。

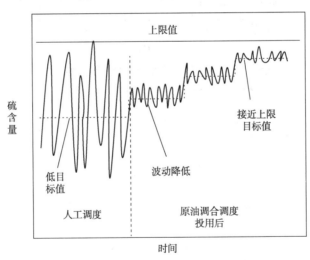

图6-1 优化调度减少原油物性（硫含量）的波动

由于数学规划求解方法的不断改进和计算机硬件和软件技术的飞速发展，用模型法解决炼油调度问题逐步成为现实。从20世纪90年代，不断有国外炼油企业将此项技术成功应用于解决实际问题案例的报道。目前，模型法主要用以解决炼油调度中的具体调度问题，例如原油调度、汽油调合交货调度、燃料油/沥青生产交货调度、LPG生产交货调度等，其中原油调度和汽油调合交货调度是用模型法成功解决炼油调度报道最多的应用实例。为了尽量避免计算组合爆炸，提出了许多模型的分解方法，例如 Shah N[47]提出了将原油调度问题分解为上下游两个子模型，Zhenya Jia[50]等提出了用模型分解法解决全厂炼油调度问题的构想，即将全厂炼油调度问题分解成三个调度子问题，建立原油调度、装置生产调度和成品油调合销售调度三个子模型，全厂调度将集成三个子模型并调用特殊算法软件求解。

炼油调度模型主要有两种建模方法，一种是调度周期由调度人员给定（常数）的固定周期模型，或者称为离散模型（Discrete-time Models），例如文献[46，47，54，55]；另外一种是调度周期起始和结束时间为连续变量，由数学规划解题器优化计算得到，称为可变周期长度模型，或者称为连续时间模型（Continuous-time Models），例如文献[48，50，56，57]。两种调度模型，各有利弊。固定周期长度模型比较直观，库存控制比较容易描述，例如，文献[53]介绍用于编排以小时为周期长度的 2 天 48 小时（周期）液化气调度时，以小时为最小时间周期基本满足调度精度要求。连续时间模型主要有两个优点，首先是模型是以"事件"驱动，"事件"起始时间和结束时间均为连续变量，与生产实际更接近，可以将解结果直接用于调度模拟或调度操作。其次，在一般情况下，连续时间模型比离散模型时间周期数量更少，从而有效减少模型规模，特别是减少 0-1 变量个数，在合理时间内得到模型可行解或最优解，避免优化计算时发生组合爆炸。

本章主要介绍用 MSRP 建立日调度模型的方法，除实例 22 外，这些模型均属于离散 MILP 调度模型。

实例 22 和实例 23 是讨论炼厂在需要单储单炼某种原油时，如何制定既能实现计划优化目标又能符合生产实际的可执行优化调度计划。实例 22 是满足米纳斯原油单储单炼要求的单周期月计划模型，根据月计划模型优解，已经得到米纳斯原油蜡油（供润滑油装置原料）、米纳斯原油渣油（供催化裂化掺渣料）的月计划优化结果，由于米纳斯原油只是某一套常减压的一个生产方案，米纳斯原油又分批到厂，根据已知米纳斯原油到厂批量、每个批量的到厂日期、米纳斯蜡油初始库存、米纳斯渣油初始库存及相关库存的最大容量。实例 23 建立了一个用于解决米纳斯原油单储单炼优化的 30 个周期（30 天）MILP 日调度模型，得到满足调度要求和达到月计划模型优化结果（或者尽量达到月计划优化结果）的优解。从调度优解可以得到该月每天的米纳斯原油最优加工调度方案，既能保证润滑油装置每天开工量、催化裂化每天掺渣量，又能使加工米纳斯原油的常减压装置生产方案（米纳斯方案和非米纳斯方案）切换次数最小。读者可以举一反三，用 MSRP 构建符合本厂需要的解决炼厂局部调度问题的日调度模型。实例 24、实例 25 都是针对原油管道混输问题，根据常减压装置生产方案和物性要求、管道输送规则，建立 30 个周期（1 天/周期）或 15 周期（2 天/周期）的月多周期 MILP 原油混输和库存管理调度优化模型，其中，实例 24 目标是保证管输混合原油的硫含量和凝固点满足规定要求，而实例 25 的管道混输原油只供一套常减压使用，其目标是使混输原油的轻收波动最小。

★ 6.1　实例 22：原油单储单炼计划

6.1.1　问题提出

在炼油计划流程中，有些原油需要单储单炼。例如，某种原油可以生产高级道路沥青，

或者某种原油石脑油烷烃含量高，是乙烯的合适原料。在上述情况下，希望对这种类型原油单运、单储、单炼。

单炼米纳斯(MNS)原油流程如图 6-2 所示。某炼厂 6 月已选定 3 种原油，其中只有米纳斯原油为低硫石蜡基原油，蜡油可供润滑油料，也可以用作催化裂化原料，渣油可供催化裂化掺渣油料，也可以用作延迟焦化进料，但润滑油料只能使用米纳斯的蜡油，催化裂化装置掺渣料只能用米纳斯的渣油。单炼米纳斯原油月计划模型数据如表 6-1 所示。

按照流程图和月度计划数据，用 MSRP 建立单炼月计划 LP 模型是比较容易的，实例 22 的主要目的是为实例 23 的炼油调度提供计划目标，实现炼油月优化计划到 30 个单日的炼油日调度优化计划的过度。

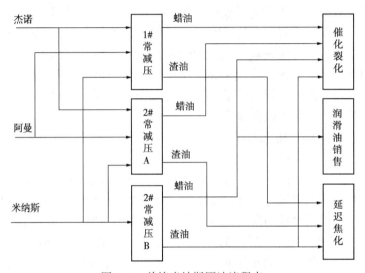

图 6-2　单炼米纳斯原油流程表

表 6-1　月计划模型数据表　　　　　　　　　　　　　10^4t

项　　目	MIN	MAN	FIX
原油购买量			
米纳斯			33
杰诺			42
阿曼			65
产品限量			
航煤	6		
润滑油			6
装置能力			
1#常压压		60	
2#常压压		90	
1#减压塔		35	
2#减压塔		55	
重油催化		50	
延迟焦化		30	

6.1.2 模型建立

为了实现米纳斯原油单炼，生产计划模型中常减压装置必须设置只加工米纳斯原油的生产方案，例如本例中 2#常减压的 SC22MNS 生产方案将单炼米纳斯原油，只有该生产方案的蜡油可用作润滑油原料，渣油用作掺渣催化裂化原料，分别标明为 LV2、HV2、VV2 和 VR2。用 MSRP 建模时，这些要求可以用常减压装置的 CRDDISTL 表和 CRDCUTS 表进行描述，如表 6-2~表 6-4 所示。

表 6-2 常减压生产方案

* TABLE	CRDDISTL			
	TEXT	C11	C21	C22
*	方案名称	CDU1 方案 1	CDU2 方案 1	CDU2 方案 2
ATMTWR	常压塔	1	2	2
VACTWR	减压塔	1	2	2
ESTMNS	米纳斯	1	1	1
ESTJNO	杰诺	1	1	
ESTOMN	阿曼	1	1	

表 6-3 常减压侧线去向表

* TABLE	CRDCUTS				
	TEXT	TYPE	C11	C21	C22
AG1	干气	1	1	1	1
LG1	液化气	1	1	1	1
LN1	轻石脑油	1	1	1	1
MN1	重石脑油	1	1	1	1
KE1	常一线	1	1	1	1
LD1	常二线	1	1	1	1
HD1	常三线	1	1	1	1
LOS	损失	1	1	1	1
LV1	减一线	3	1	1	2
HV1	减二线	3	1	1	2
VV1	减三线	3	1	1	2
VR1	减压渣油	3	1	1	2

表 6-4 催化裂化进料汇流表

* TABLE	SFC1								
	TEXT	BA1	LV1	HV1	VV1	VR2	LV2	HV2	VV2	K1O
WBALLV1	LV1		1							
WBALHV1	LV1			1						
WBALVV1	LV1				1					
WBALVR2	LV1					1				

续表

*TABLE	SFC1									
	TEXT	BA1	LV1	HV1	VV1	VR2	LV2	HV2	VV2	K1O
WBALLV2	LV1						1			
WBALHV2	LV1							1		
WBALVV2	LV1								1	
WBALK1O	LV1									1
WBALFC1	BA1	1	−1	−1	−1	−1	−1	−1	−1	−1
LVR2FC1	掺渣比	−20				100				

6.1.3 结果分析

原油单储单炼计划模型优解的原油加工量分配如表 6-5 所示，米纳斯原油已安排在 2#常减压单炼，由表 6-6 所示，润滑油原料蜡油来自米纳斯原油，催化裂化掺渣原料来自米纳斯原油，从计划层次，已达到米纳斯原油单炼的优化目的。

表 6-5 常减压加工量表

变量代码	变量说明	优解
SC11	1#常减压加工量	50
SC11MNS	1#常减压方案 1	0
SC11JNO	1#常减压方案 1	16.5536
SC11OMN	1#常减压方案 1	33.4464
SC21	2#常减压方案 1	57
SC21MNS	2#常减压方案 1	0
SC21JNO	2#常减压方案 1	25.4464
SC21OMN	2#常减压方案 1	31.5536
SC22	2#常减压方案 2	33
SC22MNS	2#常减压方案 2(米纳斯油)	33

表 6-6 米纳斯蜡油和渣油平衡

变量代码	变量说明	优解	说明
SC22MNS	加工 MNS 原油	33	加工 30000t，11d
SFC1BA1	催化裂化进料	47.7184	
SFC1VR2	米纳斯渣油进 FCC	9.5437	掺渣比 20%
BVR2F25×0.99	米纳斯渣油调合重油	0.3224	米纳斯渣油比重 0.99
小计	米纳斯渣油	9.8661	
SLUBLV2	米纳斯减一进 LUB	0.0000	实际需要 .05×30
SLUBHV2	米纳斯减二进 LUB	3.0529	实际需要 .06×30
SLUBVV2	米纳斯减三进 LUB	2.9471	实际需要 .09×30
小计	米纳斯蜡油 LUB	6.0000	实际需要 0.2×30
SFC1LV2	米纳斯减一进 FCC	2.1610	
SFC1HV2	米纳斯减二进 FCC	0.0000	
SFC1VV2	米纳斯减三进 FCC	1.6737	
小计	米纳斯蜡油进 FCC	3.8346	

表 6-5、表 6-6 给出的月计划模型优解，如何制定一个 30 日的日调度计划，使优解结果得以实施。其中月计划优解信息将成为调度模型的依据，例如分 11 天在 2#常减压加工 33 万吨米纳斯原油，米纳斯渣油进催化裂化的掺渣比为 20%最佳，可以满足减一、减二、减三润滑油原料。但在实际生产中，米纳斯原油加工总量为 33 万吨/月，2#常减压蒸馏装置加工总量为 90 万吨/月，而 33 万吨米纳斯原油需要分几个阶段加工，即在一个月之内，2#常减压加工米纳斯原油和非米纳斯原油两个方案之间进行切换，如何使 2#常减压切换次数最小。显然，切换次数与下列条件有关：

① 米纳斯原油分期到厂，米纳斯原油库存容量有限制；

② 米纳斯原油方案生产的蜡油和渣油库存容量有限制；

③ 保证润滑油装置米纳斯蜡油每天进料量，尽量保证 FCC 装置最优 MNS 渣油掺渣比。

根据 MNS 原油到厂时间、库存容量、2#常减压日加工量，满足 MNS 原油日平衡；根据米纳斯蜡油库存量、2#常减压加工 MNS 原油时蜡油生产量和润滑油装置日进料量，满足 MNS 减一、减二、减三蜡油分别进行日平衡；根据米纳斯渣油库存量、2#常减压加工 MNS 原油时渣油生产量和 FCC 装置进料中日掺渣油量，满足 MNS 渣油日平衡；满足掺渣比 ≤ 20%约束，建立尽量使掺渣比 = 20%的软约束。

使装置生产方案切换最小化是调度的一个重要课题之一，可以用多周期和 MIP 建模技术解决，实例 23 将详细讨论如何建立 30 日的日调度模型，尽量使日调度达到实例 22 计划模型优解目标。

6.2 实例 23：原油单储单炼日调度问题

6.2.1 问题提出

根据实例 22 原油单储单炼月计划优解，建立 2#常减压 30 天日加工生产调度模型并求解。实例 22 优解在 2#常减压米纳斯原油加工 $33×10^4$t/月，非米纳斯原油加工 $57×10^4$t/月。如果假设米纳斯原油月底期末库存和期初库存相等(一般情况期初库存已知，期末库存根据下一个月初实际情况由调度人员给定)，在 30 天中，米纳斯原油加工 11 天，非米纳斯原油加工 19 天。但在生产过程中，不可能 1 日到 11 日加工米纳斯原油、12 日到 30 日加工非米纳斯原油，加工方案可能要发生多次切换，方案切换会带来生产波动，对生产产生一定的不利影响，这种不利影响可以用由此带来的经济损失来衡量，称为切换成本。使装置生产方案切换次数最小化成为炼油调度计划最重要的优化目标之一。实例 22 在一个月内使 2#常减压切换次数最小化与以下几个因素有关：

(1) 米纳斯原油每天进厂量、加工量和库存量(初库存、末库存和最大允许库存，以下同)；

(2) 米纳斯渣油每天生产量、库存量、每天掺渣量(保持最优掺渣比)和调合商品重油消耗量；

(3) 米纳斯蜡油每天生产量、库存量、润滑油装置每天进料量和去催化裂化进料量(必要时可以针对减一、减二、减三等不同蜡油分别进行平衡)。

在实例 22 基础上，各相关物料库存如表 6-7 所示，考虑常减压切换次数的原油调度。

表6-7 相关物料库存表

*TABLE	PINV					
	TEXT	OPEN	MIN	MAX	MINU	MAXU
MNS	米纳斯原油	20	0	50	20	20
OTH	其它原油	30	0	60		
LB1	减一线润滑油原料	2		3	2	3
LB2	减二线润滑油原料	2		3	2	3
LB3	减三线润滑油原料	2		3	2	3
RV1	减渣掺炼FCC	4	0	5	4	4

6.2.2 模型建立

为了使生产调度"尽量"按照实例22原油单储单炼月计划优解实施,调度模型应该满足如下条件:

(1)减小模型规模,能在合理时间内得到最优解或可行解;

(2)调度模型部分关键数据来源于计划模型优化结果;

(3)尽量达到计划模型优化目标;

(4)调度模型解结果是可执行的;

(5)满足米纳斯原油的原油、蜡油、渣油30天内每天日平衡;

(6)2#常减压生产方案切换次数最小。

装置生产方案切换次数最小化模型[46]:

$$Z_{jj't} \geq I_{jt} + I_{j',\ t+1} - 1 \qquad (6-1)$$

$$\text{Min} \sum_j C_j Z_{jj't} \qquad (6-2)$$

式中 j,j'——生产方案下标($j \neq j'$);

　　　t——周期下标;

　　　I_{jt}——为0-1整型变量,t周期开j方案$I_{jt}=1$,否则$I_{jt}=0$;

　　　$Z_{jj't}$——为0-1连续变量;

　　　C_j——为$Z_{jj't}$的罚款系数。

按下面分别用两个模型解决上述调度问题:

(1)30周期(30天)的多周期模型;

(2)建立满足米纳斯原油单储单炼要求的调度模型;

6.2.2.1 原油单储单炼30日多周期计划模型

由于6.1.1提出的原油单储单炼问题是个示意性LP模型问题,规模较小,因此将其建成30个周期的日多周期调度计划,计算时间为1~2h,目的是演示如何减少MILP模型求解时间的可行方法。

根据表6-6(由月计划模型得到的米纳斯蜡油和渣油平衡表)所示,润滑油原料$6×10^4$t,进催化裂化掺炼渣油$9.5437×10^4$t,可以计算润滑油原料对米纳斯蜡油需求量为$0.2×10^4$t/d($6×10^4$t平均分配到每天)、催化裂化掺炼米纳斯渣油的日需求量满足约束:

$$-20×SFC1BA1+100×SFC1VR2 \leq 0$$

原油和相关产品初始库存、装置日加工能力和周期分别见表6-8~表6-10。

表6-8　原油和相关产品初始库存表

TABLE	PINV							
	TEXT	OPEN	MIN	MAX	MINU	MAXU	OCOST	CPRICE
VR2	米纳斯渣油	4	0	5	4	4		
LUB	润滑油料	4	0	5	4	4		
MNS	米纳斯原油	10	0	50	10	10	4352.1	4352
JNO	杰诺原油	10	0	50	10	10	3840.1	3840
OMN	阿曼原油	10	0	50	10	10	4000.1	4000

表6-9　装置日加工能力表

TABLE	CAPS		
	TEXT	MIN	MAX
CAT1	1#常压塔	0	2
CAT2	2#常压塔		3
CVT1	1#减压塔	0	1.17
CVT2	2#减压塔		1.83
CATT	原油总加工量	0	
CFC1	重油催化	0	1.67
CCK1	延迟焦化	0	1

周期表中MIP列用于控制该周期定义的所有0-1变量是否有效，非空表示定义有效，空表示定义无效，MSRP将无效的0-1变量视为0到1的连续变量。

表6-10　周期表

TABLE	PERIODS		
	TEXT	LEN	MIP
1	周期1	1	1
2	周期2	1	1
……			
U	周期30	1	1

如果要求装置生产方案切换次数最小化，调度模型必须包含上述切换最小化模型式(6-1)和式(6-2)，由于MSRP的多周期模块没有提供自动生成时间周期相邻变量放置在一个约束方程中的功能，切换模型用ROWS表手工建立，如表6-11所示。

值得注意的是，该表中所有约束方程和变量代码均为8位，即表示用于描述时间周期的第8位代码已经由用户人工给定，不需要MSRP生成。

表6-11为根据原油到厂日期建立的BUY表。

表 6-11　2#常减压方案切换模型 ROWS 表

*TABLE	C1，t->C2，t+1								
	TEXT	RHS	ZCDU S222	ICDU C211	ICDU C222	...	ZCDU S22U	ICDU C21T	ICDU C22U
GCDUS222	1→2 切换	−1	1	−1	−1				
......									
GCDUS22U	29→30 切换	−1					1	−1	−1
OBJFN001			−100				−100		

表 6-12 为根据原油到厂日期建立的 BUY 表。

表 6-12　BUY 表

*	BUY			3	5	7	12	15	20	22	25	
	TEXT	FIX	COST	FIX3	FIX5	FIX7	FIXC	FIXF	FIXK	FIXM	FIXP	*合计
MNS	米纳斯	0	4352	13				13		7		33
JNO	杰诺	0	3840			16			26			42
OMN	阿曼	0	4000		26		26				13	65
MTB	MTBE		3500									

6.2.2.2　米纳斯原油单炼日调度模型

1. 米纳斯原油单炼调度模型构建思路(30 天)

要解决 23.1 提出的解决米纳斯原油单储单炼日调度问题，在 23.2.1 中将 22.2 的月计划模型分解为 30 周期的多周期模型求解，模型规模太大，很难在合理时间内得到优解。普遍做法是：

(1) 建立一个专门用于解决具体调度问题的调度模型，独立于计划模型，但调度模型中的部分关键数据来源于计划模型的优解结果，尽量实现计划模型的优化目标；

(2) 模型只包含与调度相关流程、设备，例如只包含 2#常减压(模型不包含其它装置)的两个生产方案，即只加工米纳斯原油和非米纳斯原油，月加工量分别为 $33×10^4$t/月和 $57×10^4$t/月，每天加工量 $3×10^4$t，米纳斯渣油掺渣比应≤0.2(而且尽量使掺渣比=0.2)；

(3) 调度模型应该满足调度要求和调度规则，例如米纳斯蜡油和米纳斯渣油满足每日平衡，即每天的生产量、初库存、消耗量、末库存平衡；

(4) 建立 2#常减压装置连续生产和生产方案切换次数最小约束和目标；

(5) 可以对减一、减二、减三线润滑油原料分别进行物料平衡。

用这种方法建立的模型既达到单储单炼的目的，而且模型规模较小、计算时间较短。

2. 米纳斯原油单炼调度模型建立(30 天)

单炼日调度模型主要输入数据表包括：

(1) BUY 表：只购买米纳斯原油和"非米纳斯原油"两种原油，其中"非米纳斯原油"是虚拟原油，假设这种原油提供 2#常减压 19 天的加工量($57×10^4$t)，不考虑其物性、组成和去向，其余 11 天加工米纳斯原油($33×10^4$t)，但必须保证米纳斯蜡油的润滑油原料 30 天内每天的用量，保证提供催化裂化掺渣用米纳斯渣油量 30 天内每天的用量，并满足这两种物料月末库存要求(月初库存量给定),见表6-13。

表6-13　BUY表

*	BUY		3日	5日	15日	20日	22日	
	TEXT	FIX	FIX3	FIX5	FIXF	FIXK	FIXM	*合计
MNS	米纳斯油	0	13		13		7	33
OTH	其它原油	0		27		30		57

(2) SELL表:借用SELL表功能,将米纳斯原油减一线、减二线、减三线润滑油原料和减渣(掺炼催化裂化料)以"产品定量销售"方式描述,以保证每天的消耗量。这些固定的消耗量数据由月计划模型提供,其中销售价"1"是为了避免物料甩料,见表6-14。

表6-14　SELL表

*TABLE	SELL		
	TEXT	FIX	PRICE
LB1	减一线润滑油原料	0.05	
LB2	减二线润滑油原料	0.06	
LB3	减三线润滑油原料	0.09	
RV1	米纳斯减渣掺炼FCC	0.3182	
TVF	剩余蜡油去FCC原料		1
RV2	减渣调合重油		1
AAA	其它原油方案		1

值得注意的是,表6-14中RV1=0.3182(米纳斯减渣掺炼FCC)是以固定量方式,每天供给FCC作为掺渣原料。在实际生产中,催化裂化每天进料量有可能发生变化,生产要求是掺渣比不超过20%并且尽量达到20%。为了简化调度模型,假设催化裂化每天加工量是固定的(用计划模型优解值),即每天米纳斯渣油的掺渣量也认为是定量。这种假设是合理的,因为掺渣料的生产量和消耗量有库存量可以进行调节,计划模型优解中,米纳斯渣油有一部分调入商品重油,掺渣原料不是生产瓶颈。在构建调度模型时,尽量使用"合理假设"简化模型结构,对避免计算组合爆炸会起到一定作用。

(3) SCDU、SMPH表:为了使模型描述方便,将米纳斯原油加工用两张子模型表描述,SCDU中米纳斯原油收率数据与月计划模型数据一致,见表6-15和表6-16。BUY、SELL、SCDU、SMPH四张表完成了米纳斯原油生产过程的全部流程。

表6-15　米纳斯原油生产子模型(SCDU)表

*TABLE	SCDU		
	TEXT	MNS	OTH
WBALMNS		1	
WBALOTH			1
WBALLV1	减一线	−0.0655	
WBALHV1	减二线	−0.0925	

续表

*TABLE	SCDU		
	TEXT	MNS	OTH
WBALVV1	减三线	-0.1400	
WBALVR1	减渣	-0.2990	
WBALAAA			-1
CCAPCDU		1	1

表 6-16　物料平衡子模型(SMPH)表

*TABLE	SMPH							
	TEXT	LVF	LU1	HVF	LU2	VVF	LU3	VRF	VRS
WBALLV1	减一线	1	1						
WBALHV1	减二线			1	1				
WBALVV1	减三线					1	1		
WBALTVF	蜡油去 FCC	-1		-1		-1			
WBALVR1	减渣去 FCC/重油							1	1
WBALLB1	减一线润滑油原料		-1						
WBALLB2	减二线润滑油原料				-1				
WBALLB3	减三线润滑油原料						-1		
WBALRV1	减渣去 FCC							-1	
WBALRV2	减渣去重油调合								-1

（4）PINV 表：PINV 表的初始库存数据将直接影响 2#常减压生产方案的切换，例如米纳斯原油初始库存量不够 $3×10^4$t，当天没有购买米纳斯原油，则这一天一定加工非米纳斯原油方案；又如某一天减一线润滑油原料初始库存量在 $0.05×10^4$t 以下，则这一天一定加工米纳斯原油方案；再如 26 日减渣掺炼 FCC 料初始库存量为 $1.106×10^4$t，从 26 日到 30 日共 5 天，每天掺渣量为 $0.3181×10^4$t，因为共消耗 $1.5906×10^4$t，30 日减渣掺炼 FCC 的末库存量为 $4×10^4$t，需要增加库存量 $2.8940×10^4$t，5 天减渣总产量至少 $4.4846×10^4$t，因此最后 5 天（26 日到 30 日）必须加工 MNS 原油(5 天生产米纳斯渣油为：$3×0.298973×5=4.4846×10^4$t)；……。因此，表 6-17 的初始库存、末库存、最小和最大库存数据都可能影响 2#常减压装置生产方案的切换。

表 6-17　PINV 库存表

*TABLE	PINV					
	TEXT	OPEN	MIN	MAX	MINU	MAXU
MNS	米纳斯原油	20	0	50	20	20
OTH	其它原油	30	0	60		
LB1	减一线润滑油原料	2		3	2	3
LB2	减二线润滑油原料	2		3	2	3
LB3	减三线润滑油原料	2		3	2	3
RV1	减渣掺炼 FCC	4	0	5	4	4

（5）ROWS1 表：ROWS1 表提供子模型表 SCDU 米纳斯油方案和非米纳斯油方案加工量

上下门槛限制，同时限制每天加工而且只加工其中一个方案，见表6-18。

表 6-18　2#常减压生产方案控制（ROWS）表

*TABLE	ROWS1					
	TEXT	RHS	SCDUMNS	SCDUOTH	IMNSCDU	IOTHCDU
ESELCDU	2#常减压日加工量	3	1	1		
GMNSMIN	米纳斯方案下限门槛		1		-2	
GOTHMIN	非米纳斯方案下限门槛			1		-2
LMNSMAX	米纳斯方案上限门槛		1		-3	
LOTHMAX	非米纳斯方案上限门槛			1		-3
EMNSOTH	每天只开一个方案	1			1	1

（6）MIP 表、PERIODS 表、COVER1 表、COVER2 表与 22.2.1 相同。

调度模型规模为 721 行、1109 列、60 个 0-1 整型变量，求解时间 4s，而 22.2.1 的 30 周期计划模型规模为 2734 行、3185 列、60 个 0-1 整型变量，求解时间大约 2h。

6.2.3　结果分析

6.2.3.1　月计划 30 周期计划模型

30 周期月计划模型设置四个案例：

CASE1：2#常减压生产方案切换次数最小化（罚款系数为 100）；

CASE2：2#常减压生产方案切换次数不进行最小化（罚款系数为 0）；

CASE3：2#常减压生产方案切换次数前 20 天最小化（罚款系数为 100）；

CASE4：在固定 8 个 0-1 变量为 1 的条件下，2#常减压生产方案切换次数最小化（罚款系数为 100）。

由于 CASE1 和 CASE2 计算时间均在 1h 以上，为了解决 MILP 解题器求解过程出现的"组合爆炸"问题，CASE3 和 CASE4 提供了缩短计算时间的常用方法。

CASE3 对 30 周期模型使用混合求解方法，近期周期模型（例如前 20 个周期）使用 MILP 求解，将远期周期模型（例如后 10 个周期）中的 0-1 整型变量定义为 0 到 1 的连续变量，使后 10 个周期模型为 LP 模型，然后再用滚动建模技术，得到 30 周期模型 MILP 满意解。例如对某一个 30 周期 MILP 模型测算结果如表 6-19 所示，当整型变量个数减少时，模型求解时间迅速下降。使用混合求解时，远期周期模型 LP 优解不满足 MILP 要求，例如 CASE3 后 10 天优解中，SC22 进料没有实现米纳斯原油单储单炼，催化裂化掺渣原料不保证是米纳斯渣油，也不能保证润滑油原料是米纳斯蜡油，即不能达到调度要求，但能确保物料平衡。整型变量个数和求解时间关系案例如表 6-19 所示。

表 6-19　整型变量个数和求解时间关系案例

MIP 变量	计算时间	解题器
30	2 时 45 分 40 秒	CPLEX
25	2 时 19 分 00 秒	CPLEX
24	1 时 21 分 33 秒	CPLEX
23	31 分 33 秒	CPLEX

续表

MIP 变量	计算时间	解题器
22	12 分 43 秒	CPLEX
21	6 分 37 秒	CPLEX
20	2 分 36 秒	CPLEX
15	10 秒	CPLEX

注：计算时间与计算机配置有关。

CASE4 则使用固定部分 0-1 整型变量的方法，达到减少计算时间的目的。这种方法的关键是选择合适的 0-1 整型变量固定为 1 或 0。选择方法一般有两种，一种是根据经验和生产实际，估计哪几个 0-1 变量取值为 1 或 0 的可能性比较大；另外一个方法是从数学上进行分析，首先将 MILP 模型的所有 0-1 整型变量定义为 0-1 连续变量，很容易得到 LP 优解，选择部分取值为 1 或接近为 1 的变量固定为 1，选择部分取值为 0 或接近为 0 的变量固定为 0，求解 MILP 模型时如果得到优解或可行解，可以结束优化计算，但如果得到不可行解，必须根据不可行约束，进行新的尝试。

不同的数学规划求解软件计算时间也不同，四个案例求解时间比较如表 6-20 所示。

表 6-20　计算时间案例比较表

	CASE1	CASE2	CASE3	CASE4
	切换	不切换	部分切换	切换/FIX
XPRESS				
计算时间	1 时 5 分 50 秒	1 时 25 分 46S 秒	40 秒	23S 秒
分枝结点	460561	601221	3691	1992
目标函数	24710	26387	25054	24656
状态	Unfinishied	Unfinishied	Search Completed	Search Completed
CPLEX				
计算时间	2 时 45 分 40 秒	1 时 41 分 11 秒	2 分 36 秒	1 分 10 秒
分枝结点	200000	4000	200000	1500
目标函数	24710	26387	25054	24656
状态	Node limit exceeded	Node limit exceeded		

在数学规划领域，如何在合理时间内得到大规模 MILP 或 MINLP 模型优解是当今数学界不断研究和改进的一个重要课题。除不断研究新的求解方法，模型分解也是通常使用的方法[47]，在 6.2.2.2 中提出建立 30 天简化调度模型的方法也是一个行之有效的方法。

表 6-21 给出 2#常减压方案切换比较表（CASE1 与 CASE2）。

表 6-21　CASE1、CASE2 米纳斯原油调度方案比较

日期	2#常减压开 MNS 方案（0-1 变量）			2#常减压 MNS 方案加工量		
	代码	CASE1	CASE2	代码	CASE1	CASE2
1 日	ICDUC221	1	0	SCDUC221	3	0
2 日	ICDUC222	1	1	SCDUC222	3	3

续表

日期	2#常减压开 MNS 方案(0-1 变量)			2#常减压 MNS 方案加工量		
	代码	CASE1	CASE2	代码	CASE1	CASE2
3 日	ICDUC223	1	1	SCDUC223	3	3
4 日	ICDUC224	1	1	SCDUC224	3	3
5 日	ICDUC225	0	0	SCDUC225	0	0
6 日	ICDUC226	0	0	SCDUC226	0	0
7 日	ICDUC227	0	1	SCDUC227	0	3
8 日	ICDUC228	0	0	SCDUC228	0	0
9 日	ICDUC229	0	0	SCDUC229	0	0
10 日	ICDUC22A	0	0	SCDUC22A	0	0
11 日	ICDUC22B	0	1	SCDUC22B	0	3
12 日	ICDUC22C	0	0	SCDUC22C	0	0
13 日	ICDUC22D	0	0	SCDUC22D	0	0
14 日	ICDUC22E	0	0	SCDUC22E	0	0
15 日	ICDUC22F	0	1	SCDUC22F	0	3
16 日	ICDUC22G	0	1	SCDUC22G	0	3
17 日	ICDUC22H	0	0	SCDUC22H	0	0
18 日	ICDUC22I	0	1	SCDUC22I	0	3
19 日	ICDUC22J	1	0	SCDUC22J	3	0
20 日	ICDUC22K	1	0	SCDUC22K	3	0
21 日	ICDUC22L	1	0	SCDUC22L	3	0
22 日	ICDUC22M	1	1	SCDUC22M	3	3
23 日	ICDUC22N	1	0	SCDUC22N	3	0
24 日	ICDUC22O	1	0	SCDUC22O	3	0
25 日	ICDUC22P	1	1	SCDUC22P	3	3
26 日	ICDUC22Q	0	0	SCDUC22Q	0	0
27 日	ICDUC22R	0	0	SCDUC22R	0	0
28 日	ICDUC22S	0	1	SCDUC22S	0	3
29 日	ICDUC22T	0	0	SCDUC22T	0	0
30 日	ICDUC22U	0	0	SCDUC22U	0	0
合计	切换次数	3	16	加工量	33	33

6.2.3.2 模型案例分析

模型设置两个案例,如表 6-22 所示。

CASE1:2#常减压生产方案切换次数最小化控制(罚款系数为 1000);

CASE2:不控制 2#常减压生产方案切换次数最小化(罚款系数为 0)。

表 6-22　2#常减压生产方案切换比较

日期	2#常减压开 MNS 方案(0-1变量)			2#常减压 MNS 方案加工量		
	代码	CASE1	CASE2	代码	CASE1	CASE2
1 日	IMNSCDU1	0	0	SCDUMNS1	0	0
2 日	IMNSCDU2	0	0	SCDUMNS2	0	0
3 日	IMNSCDU3	0	0	SCDUMNS3	0	0
4 日	IMNSCDU4	0	0	SCDUMNS4	0	0
5 日	IMNSCDU5	0	0	SCDUMNS5	0	0
6 日	IMNSCDU6	0	0	SCDUMNS6	0	0
7 日	IMNSCDU7	0	1	SCDUMNS7	0	3
8 日	IMNSCDU8	0	1	SCDUMNS8	0	3
9 日	IMNSCDU9	0	0	SCDUMNS9	0	0
10 日	IMNSCDUA	0	0	SCDUMNSA	0	0
11 日	IMNSCDUB	0	0	SCDUMNSB	0	0
12 日	IMNSCDUC	0	0	SCDUMNSC	0	0
13 日	IMNSCDUD	1	1	SCDUMNSD	3	3
14 日	IMNSCDUE	1	0	SCDUMNSE	3	0
15 日	IMNSCDUF	1	1	SCDUMNSF	3	3
16 日	IMNSCDUG	1	1	SCDUMNSG	3	3
17 日	IMNSCDUH	1	0	SCDUMNSH	3	0
18 日	IMNSCDUI	1	0	SCDUMNSI	3	0
19 日	IMNSCDUJ	1	1	SCDUMNSJ	3	3
20 日	IMNSCDUK	0	1	SCDUMNSK	0	3
21 日	IMNSCDUL	0	1	SCDUMNSL	0	3
22 日	IMNSCDUM	0	1	SCDUMNSM	0	3
23 日	IMNSCDUN	0	0	SCDUMNSN	0	0
24 日	IMNSCDUO	0	0	SCDUMNSO	0	0
25 日	IMNSCDUP	0	1	SCDUMNSP	0	3
26 日	IMNSCDUQ	0	0	SCDUMNSQ	0	0
27 日	IMNSCDUR	1	1	SCDUMNSR	3	3
28 日	IMNSCDUS	1	0	SCDUMNSS	3	0
29 日	IMNSCDUT	1	0	SCDUMNST	3	0
30 日	IMNSCDUU	1	0	SCDUMNSU	3	0
合计	切换次数	3	12	加工量	33	33

2#常减压生产方案切换次数最小化后，切换次数从没有最小化的 CASE2 的 12 次，降低到切换次数最小化的 CASE1 的 3 次。

两个案例的物料满足 23.1 所提出的要求，保证润滑油原料和掺渣渣油日供应量。

表 6-23　米纳斯蜡油、渣油消耗　　　　　　　　　　　　　10^4t/d

日　　期	1 日	2 日	……	30 日
减一线润滑油原料消耗(MNS)	0.05	0.05	0.05	0.05
减二线润滑油原料消耗(MNS)	0.06	0.06	0.06	0.06
减三线润滑油原料消耗(MNS)	0.09	0.09	0.09	0.09
减渣掺炼 FCC 消耗(MNS)	0.32	0.32	0.32	0.32

两个案例相关物料满足日物料平衡(CASE1 和 CASE2 的详细验证结果参阅模型实例 check-1 和 check-2),其验证公式(每日)为:

米纳斯原油:米纳斯原油初库存+米纳斯原油购买量

-米纳斯原油加工-米纳斯原油末库存=0,

(检查结果每天平衡);

米纳斯减一:米纳斯减一线初库存+米纳斯减一线生产量

-米纳斯减一润滑油料消耗-米纳斯减一去催化

-米纳斯减一末库存=0;

(检查结果每天平衡,米纳斯减二、减三相似-略);

米纳斯减渣:米纳斯减渣初库存+米纳斯减渣生产量

-米纳斯减渣去 FCC 掺渣量-米纳斯减渣去商品重油调合

-米纳斯减渣末库存=0;

检查结果如表 6-24 所示,1~30 日和月总量均平衡。

表 6-24 米纳斯渣油日平衡验证表

日期	MNS 加工	生产渣油	掺炼 FCC	调合重油	初库存	末库存	验证
1 日	0	0	0.318	0	4.000	3.682	0.00
2 日	0	0	0.318	0	3.682	3.364	0.00
3 日	0	0	0.318	0	3.364	3.046	0.00
4 日	0	0	0.318	0	3.046	2.728	0.00
5 日	0	0	0.318	0	2.728	2.409	0.00
6 日	0	0	0.318	0	2.409	2.091	0.00
7 日	0	0	0.318	0	2.091	1.773	0.00
8 日	0	0	0.318	0	1.773	1.455	0.00
9 日	0	0	0.318	0	1.455	1.137	0.00
10 日	0	0	0.318	0	1.137	0.819	0.00
11 日	0	0	0.318	0	0.819	0.501	0.00
12 日	0	0	0.318	0	0.501	0.183	0.00
13 日	3	0.897	0.318	0	0.183	0.761	0.00
14 日	3	0.897	0.318	0	0.761	1.340	0.00
15 日	3	0.897	0.318	0	1.340	1.919	0.00
16 日	3	0.897	0.318	0	1.919	2.498	0.00
17 日	3	0.897	0.318	0	2.498	3.077	0.00
18 日	3	0.897	0.318	0	3.077	3.655	0.00
19 日	3	0.897	0.318	0.322	3.655	3.912	0.00
20 日	0	0	0.318	0	3.912	3.594	0.00
21 日	0	0	0.318	0	3.594	3.275	0.00
22 日	0	0	0.318	0	3.275	2.957	0.00
23 日	0	0	0.318	0	2.957	2.639	0.00

日期	MNS 加工	生产渣油	掺炼 FCC	调合重油	初库存	末库存	验证
24 日	0	0	0.318	0	2.639	2.321	0.00
25 日	0	0	0.318	0	2.321	2.003	0.00
26 日	0	0	0.318	0	2.003	1.685	0.00
27 日	3	0.897	0.318	0	1.685	2.264	0.00
28 日	3	0.897	0.318	0	2.264	2.842	0.00
29 日	3	0.897	0.318	0	2.842	3.421	0.00
30 日	3	0.897	0.318	0	3.421	4.000	0.00
合计	33	9.867	9.544	0.322	4.000	4.000	0.00

6.2.3.3 实例模型

实例 23-1(单炼 RLP-日调度):单炼 MNS 原油 RLP 炼厂 30 日调度模型。

模型规模:2734 行×3185 列(0-1 整型变量 60)。

CASE1:切换次数最小;

CASE2:不控制切换次数最小;

CASE3:切换次数最小,只调度前 20 天;

CASE4:切换次数最小,固定 8 个 0-1 变量。

实例 23-2(单炼 MNS-日调度):单炼 MNS 原油简化炼厂 30 日调度模型。

模型规模:721 行×1109 列(0-1 整型变量 60)。

CASE1:切换次数最小;

CASE2:不控制切换次数最小。

表 6-25 给出了实例 23-1 中 CASE1、CASE2、CASE4 以及实例 23-2 中 CASE1、CASE2 这 5 个案例解结果中 2#常减压加工米纳斯原油日程安排。5 个案例均用 CPLEX 解题器求解,切换次数最小化控制,2#常减压装置的切换次数都是 3 次,但实例 23-1 的 CASE1 计算时间 2h 以上,计算没有结束,在 20 万个结点后给出一个"最优"可行解。而另外两个案例只用了几秒钟,得到了最优解。所以在解决 MILP 模型求解时,模型结构的简化是非常重要的,人工固定部分 0-1 整型变量也是一种减少计算时间的方法,尽管有可能丢失可行解或者造成不可行解。注意实例 23-1 和实例 23-2 的部分条件不完全相同,例如实例 23-2 的减一、减二、减三是分开生产和储存,而实例 23-1 是作为蜡油统一生产储存,两个模型的库存情况也不尽相同。

表 6-25 米纳斯原油加工表

日期	实例 23-1			实例 23-2	
	CASE1	CASE2	CASE4	CASE1	CASE2
	2 时 12 分 52 秒	1 时 13 分 12 秒	8 秒	4 秒	1 秒
1	3	0	0	0	0
2	3	3	0	0	0
3	3	3	0	0	0

日期	实例 23-1			实例 23-2	
	CASE1	CASE2	CASE4	CASE1	CASE2
	2 时 12 分 52 秒	1 时 13 分 12 秒	8 秒	4 秒	1 秒
4	3	3	0	0	0
5	0	0	0	0	0
6	0	0	0	0	0
7	0	0	0	0	3
8	0	0	0	0	3
9	0	0	0	0	0
10	0	3	0	0	0
11	0	3	0	0	0
12	0	0	0	0	0
13	0	0	3	3	3
14	0	0	3	3	0
15	0	3	3	3	3
16	0	0	3	3	3
17	0	3	3	3	0
18	0	0	3	3	0
19	3	3	3	3	3
20	3	0	3	0	3
21	3	0	3	0	3
22	3	3	3	0	3
23	3	0	0	0	0
24	3	0	0	0	0
25	3	3	0	0	3
26	0	3	0	0	0
27	0	0	0	3	3
28	0	0	0	3	0
29	0	0	0	3	0
30	0	0	3	3	0
切换	3	14	3	3	12

⭐ 6.3　实例 24：原油管输模型

6.3.1　问题提出

大部分沿海炼厂原油从油轮卸入原油码头罐以后，通过一条(或多条)输油管线将原油从码头罐输送到装置罐，再进入常减压装置。当两种或两种以上物性不同的物流同时进入同一根管道进行管道调合时，就存在优化问题。实例 24 专门讨论原油从"码头罐→原油管道→装置罐"的原油管道输送和调合 30 日计划调度模型。

6.3.1.1　原油管输模型问题一般描述

在已知本月码头罐区月初库存（原油品种和数量）、本月购买原油品种、数量以及送抵码头罐后可供使用的日期基础上，可以建立用于优化管道每天原油输送量、品种和混合比的原油管输模型。模型的管道输送约束条件和优化目标为：

（1）原油可以单输也可以混输；

（2）原油混输时可以规定混输原油品种数上限（例如 2 种）；

（3）可以给定原油管输量上限和下限（体积或重量）；

（4）混输时每种原油混输量可以规定门槛值；

（5）管道输送可以连续输送也可以中间停输；

（6）管输原油必须满足凝固点上限、硫含量（SUL）上限、密度（SPG）上下限等约束；

（7）管道输送原油有总量（全月总量）约束。

上面这些约束条件必须满足，称为硬约束，模型还提供多种软约束功能，以提高输送质量，这种软约束用目标规划方法实现，约束行与目标函数配合使用：

（1）给定输送原油先后顺序的优先级，如期初库存或库存量小的先输；

（2）每天的管输油硫含量与平均硫含量（或给定值）偏差尽量小；

（3）每天的管输油 SPG 与平均 SPG（或给定值）偏差尽量小；

（4）码头罐区原油末库存平均硫含量和 SPG 尽量接近给定目标值。

用户可以建立上述 4 种目标控制约束（软约束），根据实际需要，修改罚款系数，使控制目标有不同的优先级别。

6.3.1.2　问题具体描述

原油管道输送原油数量、品种、物性、可供使用日期、月初库存等数据如表 6-26 所示。管道输送硬约束如表 6-27 和表 6-28 所示。

表 6-26　原油数据表

原油名称	初库存/10^4t	5 日可用/10^4t	11 日可用/10^4t	20 日可用/10^4t	23 日可用/10^4t	凝固点/℃	硫含量/%	密度/（g/cm³）
马西拉	4.64				6.83	9	0.63	0.8612
阿曼	1.25		6.8			−29	1.3	0.8572
萨达那		6.82				−21	0.58	0.8601
埃斯克兰特	6.31			7.19		−8	0.2	0.9064

表 6-27　管道输送原油限制

月总量/10^4t		日总量/10^4m³		日限量/（原油 10^4m³）		原油品种
下限	上限	下限	上限	下限	上限	上限
25	30	0.8	1.2	0.3	1.2	0，1，2

表 6-28　管道输送原油物性要求

凝固点/℃	硫含量/%	密度/(t/m³)	
上限	上限	下限	上限
5	0.75	0.86	0.887

软约束：原油月输送总量尽量达到上限(30 万吨)，给定输送原油先后的优先级为 CR1→CR3→CR4→CR2，每天的管输油硫含量与平均硫含量(或给定值)偏差尽量小，每天的管输油密度与平均密度(或给定值)的偏差尽量小。

6.3.2　模型建立

原油管道输送 30 日调度模型是一个多周期混合整数规划 MILP 模型，使用 MSRP 作为建模工具，直接使用调合模块，可以充分利用 MSRP 的功能，尽量减少人工编写行模型。下面列出相关 MSRP 数据输入表(常规输入表略)。

6.3.2.1　建模思路

建立 30 天多周期模型，设置 4 个虚拟码头罐，分别存储 4 种原油并作为组分调合到管道"PIP"，PIP 设定为调合产品"销售"，原油物性和管道原油物性要求可以借用 BLNPROP 和 BLNSPEC 表进行描述，而原油往管道调合的物流用 BUY、SELL、BLNMIX 进行描述。管道输送量上限约束最好用体积量进行限制，物性调合方式最好用重量调合，适当选用 MSRP 的体积调合和重量调合(参阅实例 3)以满足不同的需求用户。而相关软约束则由 PRICES、HCOST 表以及用 ROWS 表描述的目标控制约束(参阅实例 2)实现。

6.3.2.2　模型的 MSRP 输入数据表

BUY 表给出原油到厂数量及可供使用日期，SELL 表给出管道调合原油，其中 BUY 表 COST 为 0，SELL 表的 PIP 产品 PRICE 为 1，其目的是使进管道输送原油在允许范围内尽量多，相对计算码头罐库存量，起到"软约束"作用，如表 6-29 和表 6-30 所示。

表 6-29　原油购买表

*TABLE	BUY		5 日	11 日	20 日	23 日
	TEXT	COST	FIX	FIX5	FIXB	FIXK	FIXN
CR1	马西拉	0	0				6.83
CR2	阿曼	0	0		6.80		
CR3	萨达那	0	0	6.82			
CR4	埃斯克兰特	0	0			7.19	

表 6-30　管道调合原油

*TABLE	SELL	
	TEXT	PRICE
PIP	管道	1

PINV 表中 HCOST 列用来控制参加原油管道调合的优先次序，也可以防止频繁更改原油品种，这是借用 MSRP 的库存 HCOST 罚款功能也起到"软约束"功能，用户也可以根据实际需要，用 ROWS 表填写罚款系数，实现"软约束"功能，见表 6-31。

表 6-31　原油库存表

*TABLE	PINV		
	TEXT	OPEN	HCOST
CR1	马西拉	4.64	400
CR2	阿曼	1.25	
CR3	萨达那		30
CR4	埃斯克兰特	6.31	20

表 6-32 是原油码头罐末库存物性目标控制表，末库存硫含量(SUL)和密度(SPG)的控制目标由用户自己给定，表中为现有原油(购买和初库存)的加权平均值。对原油码头罐末库存物性进行目标控制的目的是避免给下一个月开始时的调度造成困难。例如，已知下一个月第一船原油为高硫轻原油，可以根据经验(或预测)设定月底库存平均硫含量的合理上限和密度的合理下限，以确保下个月初管道输送原油的硫含量和密度满足装置进料物性要求。实例中使用物性目标控制方法，使月底库存平均硫含量与每天输送原油的物性控制目标硫含量相同，但罚款系数不同。

表 6-32　原油月末库存物性目标控制表

*TABLE	ROWSV				CR1	CR2	CR3	CR4	总计
*					末库存	末库存	末库存	末库存	末库存
TEXT	YSULEXCU	QSULEXCU	YSPGEXCU	QSPGEXCU	IEXCCR1U	IEXCCR2U	IEXCCR3U	IEXCCR4U	IEXCCRIU
EEXCSULU	−1	1			0.63	1.3	0.58	0.2	−0.6111
EEXCSPGU			−1	1	0.8612	0.8572	0.8601	0.9064	−0.8755
EEXCTOTU					−1	−1	−1	−1	1
OBJFN	−500	−500	−50	−50					

表 6-33 是管道输送能力控制表，用 ROWS 表构建管道日运送能力和管道调合物流流量下限门槛和上限约束。表中 BCR1PIP、……、BCR4PIP、BVBLPIP 为 MSRP 生成的调合组分和调合产品连续变量，注意这些变量是体积变量，下限门槛数据"0.3"和上限数据"1.2"是体积流量(一般体积流量使用"立方米/天"，因此应该设置 WTV 参数为 1)。ICR1PIP、……、ICR4PIP 为用户定义的 0-1 整型变量，当 ICR1PIP = 1，则 $0.3 \leqslant BCR1PIP \leqslant 1.2$；当 ICR1PIP = 0，则 BCR1PIP = 0。约束"LNOFCRD"控制每天参与调合的组分数上限(右端项为 2,表示可以停输、单输或双输)。

表 6-33　管道输送能力控制表

*TABLE	ROWS1										
	TEXT	RHS	ICR1 PIP	ICR2 PIP	ICR3 PIP	ICR4 PIP	IVBL PIP	BCR1 PIP	BCR2 PIP	BCR3 PIP	BCR4 PIP	BVBL PIP
GCR1PIP			−0.3					1				
GCR2PIP				−0.3					1			
GCR3PIP					−0.3					1		

* TABLE	ROWS1										
	TEXT	RHS	ICR1 PIP	ICR2 PIP	ICR3 PIP	ICR4 PIP	IVBL PIP	BCR1 PIP	BCR2 PIP	BCR3 PIP	BCR4 PIP	BVBL PIP
GCR4PIP						−0.3					1	
LCR1PIP			−1.2					1				
LCR2PIP				−1.2					1			
LCR3PIP					−1.2					1		
LCR4PIP						−1.2					1	
GVBLPIP							−0.8					1
LVBLPIP							−1.2					1
LNOFCRD		2	1	1	1	1						

　　表6-34控制管道调合总量，使管道输送总量(月)满足上限和下限要求(重量)，通过SELL表的PRICE软约束，使输送量尽量达到上限。

表6-34　管道月输送总量控制表

* TABLE	ROWST		1 日	2 日		30 日
	TEXT	RHS	SELLPIP1	SELLPIP2	……	SELLPIPU
GPIPSEL1		25	1	1		1
LPIPSEL1		30	1	1		1

　　表6-35建立的约束是本实例最重要约束方程之一，用软约束控制调合管道原油物性尽量接近设定目标值。物性目标值和偏差罚款系数由用户给定。罚款系数的大小可以调节控制"力度"。注意其单位是"万吨×物性"，物性目标控制方程例如"ESULPIP"的系数计算方法，"BWBLPIP"是重量变量，系数0.6111是目标硫含量，为本月可以使用原油的平均硫含量，可以根据需要由用户给定。"BCR1PIP"是体积变量，系数为 $SUL(CR1) \times SPG(CR1) = 0.63 \times 0.8612 = 0.5426$。

表6-35　管道原油物性目标控制表

* TABLE	ROWS2								
	TEXT	YSUL PIP	QSUL PIP	YSPG PIP	QSPG PIP	BWBL PIP	BCR1 PIP	BCR2 PIP	BCR3 PIP	BCR4 PIP
ESULPIP		1	−1			−0.6111	0.5426	1.1144	0.4989	0.1813
ESPGPIP				1	−1	−0.8755	0.7417	0.7348	0.7398	0.8216
OBJFN		−1000	−1000	−100	−100					

　　为了保证模型的预测精度，使用国外开发 MSRP 的中国用户，模型的基础物流选用重量，除指定以体积计量的物性规格外，物性也以重量进行调合，因此在表6-36中，应该说明是重量调合。

表 6-36　WSPECS 表

* TABLE	WSPECS
	TEXT
SUL	硫含量
SLI	凝固点指数
SPG	密度

6.3.3　优解和案例分析

设定两个案例:

CASE1:使用表 6-32 和表 6-35 给定的罚款系数,对每天管道原油的硫含量进行物性目标控制,表 6-31 实现组分优先顺序,表 6-30 使月调合总量尽量达到上限;

CASE2:对每天管道原油硫含量、组分调合先后次序、月调合总量等软约束不控制(将表 6-32 和表 6-35 的罚款系数、PINV 表 HCOST 系数、SELL 表 PRICE 系数置成零)。

表 6-37 列出 CASE1 管道调合配方,共输送 29 天。最后一行(合计)SUL 和 SPG 列分别为 29 天平均硫含量和平均密度;表 6-38 列出 CASE2 管道调合配方,共输送 27 天。最后一行(合计)SUL 列和 SPG 列分别为 27 天平均硫含量和平均密度。表中"BV"为体积调合量,"BW"为重量调合量,"BCR1"为原油 CR1 的调合体积量。

表 6-37　CASE1 原油日调合调度方案

日　期	BV	BW	BCR1	BCR2	BCR3	BCR4	SUL	SPG
1 日	1.2000	1.0504	0.8252	0.0000	0.0000	0.3748	0.49	0.8758
2 日	1.2000	1.0504	0.8252	0.0000	0.0000	0.3748	0.49	0.8758
3 日	1.2000	1.0504	0.8252	0.0000	0.0000	0.3748	0.49	0.8758
4 日	1.2000	1.0504	0.8252	0.0000	0.0000	0.3748	0.49	0.8758
5 日	1.2000	1.0331	0.9000	0.0000	0.3000	0.0000	0.62	0.8609
6 日	1.2000	1.0331	0.8870	0.0000	0.3130	0.0000	0.62	0.8609
7 日	1.2000	1.0324	0.3000	0.0000	0.9000	0.0000	0.59	0.8604
8 日	1.2000	1.0321	0.0000	0.0000	1.2000	0.0000	0.58	0.8601
9 日	1.2000	1.0321	0.0000	0.0000	1.2000	0.0000	0.58	0.8601
10 日	1.1163	0.9601	0.0000	0.0000	1.1163	0.0000	0.58	0.8601
11 日	0.8000	0.6881	0.0000	0.0000	0.8000	0.0000	0.58	0.8601
12 日	1.2000	1.0636	0.0000	0.4893	0.0000	0.7107	0.63	0.8870
13 日	1.2000	1.0636	0.0000	0.4893	0.0000	0.7107	0.63	0.8870
14 日	1.2000	1.0636	0.0000	0.4893	0.0000	0.7107	0.63	0.8870
15 日	1.2000	1.0636	0.0000	0.4893	0.0000	0.7107	0.63	0.8870
16 日	1.2000	1.0636	0.0000	0.4893	0.0000	0.7107	0.63	0.8870
17 日	1.2000	1.0636	0.0000	0.4893	0.0000	0.7107	0.63	0.8870
18 日	1.2000	1.0636	0.0000	0.4893	0.0000	0.7107	0.63	0.8870
19 日	0.8227	0.7292	0.0000	0.3354	0.0000	0.4873	0.63	0.8870

日　期	BV	BW	BCR1	BCR2	BCR3	BCR4	SUL	SPG
20 日	1.2000	1.0636	0.0000	0.4893	0.0000	0.7107	0.63	0.8870
21 日	1.2000	1.0636	0.0000	0.4893	0.0000	0.7107	0.63	0.8870
22 日	1.2000	1.0636	0.0000	0.4893	0.0000	0.7107	0.63	0.8870
23 日	1.2000	1.0331	0.9000	0.0000	0.3000	0.0000	0.62	0.8609
24 日	1.2000	1.0331	0.9000	0.0000	0.3000	0.0000	0.62	0.8609
25 日	1.2000	1.0331	0.9000	0.0000	0.3000	0.0000	0.62	0.8609
26 日	1.2000	1.0331	0.9000	0.0000	0.3000	0.0000	0.62	0.8609
27 日	1.2000	1.0331	0.9000	0.0000	0.3000	0.0000	0.62	0.8609
28 日	1.2000	1.0331	0.9000	0.0000	0.3000	0.0000	0.62	0.8609
29 日	1.2000	1.0331	0.9000	0.0000	0.3000	0.0000	0.62	0.8609
30 日	0.0000	0.0000	0.0000	0.0000	0.0000	0.0000	0.00	0.0000
合计	33.9390	29.6097	11.6878	5.2280	7.9293	9.0938	0.60	0.8727

表 6-38　CASE2 原油日调合调度方案

日　期	BV	BW	BCR1	BCR2	BCR3	BCR4	SUL	SPG
1 日	1.2000	1.0637	0.5301	0.0000	0.0000	0.6699	0.38	0.8870
2 日	1.2000	1.0637	0.5301	0.0000	0.0000	0.6699	0.38	0.8870
3 日	1.2000	1.0637	0.5301	0.0000	0.0000	0.6699	0.38	0.8870
4 日	1.2000	1.0637	0.5301	0.0000	0.0000	0.6699	0.38	0.8870
5 日	1.2000	1.0321	0.0000	0.0000	1.2000	0.0000	0.58	0.8601
6 日	1.2000	1.0324	0.3000	0.0000	0.9000	0.0000	0.59	0.8604
7 日	0.0000	0.0000	0.0000	0.0000	0.0000	0.0000	0.00	0.0000
8 日	0.0000	0.0000	0.0000	0.0000	0.0000	0.0000	0.00	0.0000
9 日	0.0000	0.0000	0.0000	0.0000	0.0000	0.0000	0.00	0.0000
10 日	0.0000	0.0000	0.0000	0.0000	0.0000	0.0000	0.00	0.0000
11 日	0.0000	0.0000	0.0000	0.0000	0.0000	0.0000	0.00	0.0000
12 日	0.0000	0.0000	0.0000	0.0000	0.0000	0.0000	0.00	0.0000
13 日	1.2000	1.0321	0.0000	0.0000	1.2000	0.0000	0.58	0.8601
14 日	1.2000	1.0636	0.0000	0.4893	0.0000	0.7107	0.63	0.8870
15 日	1.2000	1.0637	0.5301	0.0000	0.0000	0.6699	0.38	0.8870
16 日	1.2000	1.0637	0.0000	0.0000	0.5182	0.6818	0.36	0.8870
17 日	1.2000	1.0637	0.5301	0.0000	0.0000	0.6699	0.38	0.8870
18 日	1.2000	1.0637	0.5301	0.0000	0.0000	0.6699	0.38	0.8870
19 日	1.2000	1.0627	0.5517	0.0000	0.0000	0.6483	0.39	0.8862
20 日	1.2000	1.0504	0.8252	0.0000	0.0000	0.3748	0.49	0.8758
21 日	1.2000	1.0637	0.0000	0.0000	0.5182	0.6818	0.36	0.8870
22 日	1.2000	1.0637	0.0000	0.0000	0.5182	0.6818	0.36	0.8870
23 日	1.2000	1.0504	0.8252	0.0000	0.0000	0.3748	0.49	0.8758
24 日	1.2000	1.0504	0.8252	0.0000	0.0000	0.3748	0.49	0.8758

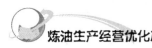
日　期	BV	BW	BCR1	BCR2	BCR3	BCR4	SUL	SPG
25 日	1.2000	1.0504	0.8252	0.0000	0.0000	0.3748	0.49	0.8758
26 日	1.2000	1.0504	0.8252	0.0000	0.0000	0.3748	0.49	0.8758
27 日	1.2000	1.0324	0.3000	0.0000	0.9000	0.0000	0.59	0.8604
28 日	1.2000	1.0573	0.0000	0.6167	0.0000	0.5833	0.75	0.8818
29 日	1.2000	1.0504	0.8252	0.0000	0.0000	0.3748	0.49	0.8758
30 日	0.8436	0.7478	0.3727	0.0000	0.0000	0.4709	0.38	0.8870
合计	28.4436	25.0000	10.1866	1.1060	5.7546	11.3964	0.47	0.8795

从表6-39可以看出，CASE1的硫含量与给定控制目标偏差(包括月平均偏差和最大偏差)比CASE2有明显改进。

表6-39　案例比较表(1)

项　　目		硫含量	硫含量与控制目标偏差
CASE1	AVR	0.6002	0.0321
	MAX	0.6337	0.1202
	MIN	0.4909	0.0059
	MAX-MIN	0.1428	0.1143
CASE2	AVR	0.4675	0.1570
	MAX	0.7500	0.2519
	MIN	0.3592	0.0186
	MAX-MIN	0.3908	0.2333

从表6-40还可以看出，CASE1的其它调度指标也有明显改进。如30天中调合组分罐变动次数由13次减少到4次，表明如果对调合组分罐的切换次数用软约束控制，会避免不必要的组分罐切换；软约束能尽量腾空组分罐以备用，软约束也能使月输送总量更接近目标控制量30。

表6-40　案例比较表(2)

项　　目	CASE1	CASE2	项　　目	CASE1	CASE2
调合组分罐变动	4	13	第30日空罐数	1	0
空罐天数	21	7	月总输送量	29.60968	25

⭐ 6.4　实例25：原油调合

6.4.1　问题提出

某炼油厂的两套常减压装置中有一套操作不平稳，分析原因是所加工原油物性变化较大。该常减压装置主要加工辽河原油和大庆原油，为了提高效益，掺炼一部分比较轻的进口原油。为了使装置生产平稳，准备通过一定的原油库存和原油调合手段。以进常减压装置的调合原油轻收变化平稳作为建立原油调合调度模型的目标。

在未来两个月，该装置计划加工 42×10^4 t 辽河原油和 9×10^4 t 大庆原油，3 种进口原油共 9×10^4 t。国内原油由管道输送，每天均匀进厂，3 种进口原油品种、数量和进厂日期已经确定，假设每种原油有一定初始库存，并假设每种原油期末库存与期初库存相等。通过原油调合改进常减压原油进料物性平稳。

6.4.2 模型建立

根据 6.4.1 所述，建立 30 周期模型，每个周期为 2d，原油购买和库存如表 6-41 和表 6-42 所示。表 6-42 的 HCOST 列 5 种原油系数依次为：0（CR1）、0（CR2）、9（CR3）、6（CR4）、3（CR5），MSRP 生成如下约束：

$$OBJFN00t: -9\times(IEXCCR3t-IDEFCR3t)$$
$$-6\times(IEXCCR4t-IDEFCR4t)$$
$$-3\times(IEXCCR5t-IDEFCR5t)$$
$$+\cdots\cdots$$

$$Max\ OBJFN = \sum_t OBJFN00t$$

式中　　　OBJFN00t——周期 t 目标函数项；
IEXCCR3t-IDEFCR3t——周期 t 末 CR3 库存量。

显然，当 t 周期 CR3、CR4、CR5 同时有库存时，优化器将根据库存占有成本的大小选择参加调合组分优先次序：CR5、CR4、CR3，同时也解决了调合组分输送的连续性，先将 CR5 的库存用完以后再使用 CR4。

表 6-41　原油购买表

*TABLE	BUY			6 周期	16 周期	26 周期
	TEXT	COST	FIX	FIX6	FIXG	FIXQ
CR1	辽河	2000	1.4			
CR2	大庆	2000	0.3			
CR3	俄罗斯	2000	0	3		
CR4	越南	2000	0		4	
CR5	挪威	2000	0			2

表 6-42　原油库存表

*TABLE	PINV				
	TEXT	OPEN	MINU	MAXU	HCOST
CR1	辽河	1	1	1	
CR2	大庆	0.5	0.5	0.5	
CR3	俄罗斯	1.5	1.5	1.5	9
CR4	越南	2	2	2	6
CR5	挪威	2	2	2	3

表 6-43~表 6-45 为 3 张 ROWS 表，其中表 6-43 给出原油调合组分下限和上限门槛，并给出一个周期参加调合组分的品种数量上限约束。表 6-44 用来计算调合原油轻收，

与表6-45共同完成使调合原油轻收波动最小化控制(软约束)。

表6-43 原油调合组分门槛约束

* TABLE	ROWS1								
	TEXT	RHS	ICR1CDU	ICR2CDU	…	ICR5CDU	BCR1CDU	BCR2CDU	…	BCR5CDU
GCR1CDU		−1					1			
GCR2CDU			−0.5					1		
GCR3CDU										
GCR4CDU										
GCR5CDU						−0.2				1
LCR1CDU		−2					1			
LCR2CDU			−2					1		
LCR3CDU										
LCR4CDU										
LCR5CDU						−2				1
LNOFCRD	2	1	1			1				
* LNOFCRF	1					1				

表6-44 调合原油轻收计算约束

* TABLE	ROWS2					
	TEXT	ZLQSCDU	BCR1CDU	BCR2CDU	BCR3CDU	BCR4CDU	BCR5CDU
ELQSCDU		−1	18.51	29.26	56.56	40.19	58.39

注意表6-45的行名、列名代码均为8位代码，即已经包含周期码，而且在约束方程中，同一个约束方程中表示轻收的两个代码周期码为相邻周期，其目的就是使相邻两个周期调合原油的轻收变化(我们定义为轻收"波动")最小化。

定义：某一个物流在周期t和周期$(t-1)$(两个相邻周期)物流量差的绝对值称为该物流在周期t的波动。

例如，第一周期和第二周期轻收波动可以用波动最小化模型得到：

ELQS0011：

$$ZLQSCDU1 - ZLQSCDU2 + PDLQS121 - NDLQS121 = 0 \qquad (6-3)$$

$$\text{Min} \quad OBJ = \beta \times (PDLQS121 + NDLQS121) \qquad (6-4)$$

式中 $ZLQSCDU1$——第1周期调合原油轻收($ZLQSCDU1 \geqslant 0$)；

$ZLQSCDU2$——第2周期调合原油轻收($ZLQSCDU2 \geqslant 0$)；

$PDLQS121$——第1、第2周期调合原油轻收正增长，(当ZLQSCDU1<ZLQSCDU2时PDLQS121取非零值)；

$NDLQS121$——第1、第2周期调合原油轻收负增长，(当ZLQSCDU1>ZLQSCDU2时NDLQS121取非零值)。

β为罚款系数(例如$\beta=500$)，目的是使相邻两个周期调合原油轻收变化(不管增加或减少)最小化，即达到使轻收"波动"最小化的目的。实际应用模型中，罚款系数β和库存占有成本实际上都是罚款系数，应该根据模型运行结果合理调整系数比例。

表 6-45 调合原油轻收波动最小化约束

* TABLE	ROWS3					
	TEXT	ZLQSCDU1	ZLQSCDU2	PDLQS121	NDLQS121	…
ELQS0011		1	−1	1	−1	
……						
OBJFN				−500	−500	

值得注意的是，模型中没有考虑密度(SPG，缺省时 SPG=1)，调合组分如"BCR1CDU"使用体积变量。如果模型中给出了原油的 SPG，而"轻收"是按重量百分比计算，应采用重量调合(详细内容参阅实例 3)。

6.4.3 结果分析

表 6-46~表 6-49 为 4 个案例的原油调合配方及相应的轻收波动：

CASE1：30 周期(每周期 2 天)，限最多 2 种原油调合，对轻收不进行任何控制(置罚款系数为零)；

CASE2：30 周期(每周期 2 天)，限最多 2 种原油调合，使每周期调合原油轻收与可供调合原油平均轻收绝对偏差之和最小；

CASE3：30 周期(每周期 2 天)，限最多 2 种原油调合，使每周期调合原油轻收波动之和最小；

CASE4：30 周期(每周期 2 天)，限最多 3 种原油调合，使每周期调合原油轻收波动之和最小。

表 6-46 调合配方及轻收波动 CASE1(30 周期限 2 种原油调合)

项 目	BCR1	BCR2	BCR3	BCR4	BCR5	轻收	偏差	波动
周期 1	1.00	0.00	0.00	1.00	0.00	29.35	4.55	
周期 2	1.00	0.00	0.00	1.00	0.00	29.35	4.55	0.00
周期 3	1.40	0.00	0.60	0.00	0.00	30.00	5.20	0.65
周期 4	1.40	0.00	0.60	0.00	0.00	30.00	5.20	0.00
周期 5	1.42	0.00	0.58	0.00	0.00	30.00	5.20	0.00
周期 6	1.40	0.00	0.60	0.00	0.00	30.00	5.20	0.00
周期 7	1.40	0.00	0.60	0.00	0.00	30.00	5.20	0.00
周期 8	1.42	0.00	0.58	0.00	0.00	29.62	4.83	0.37
周期 9	1.42	0.00	0.00	0.00	0.58	30.00	5.20	0.37
周期 10	1.42	0.00	0.00	0.00	0.58	30.00	5.20	0.00
周期 11	1.73	0.00	0.00	0.00	0.27	23.92	0.88	6.08
周期 12	1.50	0.50	0.00	0.00	0.00	21.20	3.60	2.72
周期 13	1.50	0.50	0.00	0.00	0.00	21.20	3.60	0.00
周期 14	1.50	0.50	0.00	0.00	0.00	21.20	3.60	0.00
周期 15	1.50	0.50	0.00	0.00	0.00	21.20	3.60	0.00
周期 16	1.00	0.00	0.00	1.00	0.00	29.35	4.55	8.15
周期 17	1.00	0.00	0.00	1.00	0.00	29.35	4.55	0.00

续表

项　　目	BCR1	BCR2	BCR3	BCR4	BCR5	轻收	偏差	波动
周期 18	1.50	0.50	0.00	0.00	0.00	21.20	3.60	8.15
周期 19	1.50	0.50	0.00	0.00	0.00	21.20	3.60	0.00
周期 20	1.50	0.50	0.00	0.00	0.00	21.20	3.60	0.00
周期 21	1.50	0.50	0.00	0.00	0.00	21.20	3.60	0.00
周期 22	1.50	0.50	0.00	0.00	0.00	21.20	3.60	0.00
周期 23	1.50	0.50	0.00	0.00	0.00	21.20	3.60	0.00
周期 24	1.50	0.50	0.00	0.00	0.00	21.20	3.60	0.00
周期 25	1.50	0.50	0.00	0.00	0.00	21.20	3.60	0.00
周期 26	1.50	0.50	0.00	0.00	0.00	21.20	3.60	0.00
周期 27	1.50	0.50	0.00	0.00	0.00	21.20	3.60	0.00
周期 28	1.00	1.00	0.00	0.00	0.00	23.89	0.91	2.69
周期 29	1.50	0.50	0.00	0.00	0.00	21.20	3.60	2.69
周期 30	1.50	0.50	0.00	0.00	0.00	21.20	3.60	0.00
总量	42.00	9.00	3.00	4.00	2.00	743.99	118.86	31.88
平均						24.80	3.96	1.10
最大							5.20	8.15

表 6-47　调合配方及轻收波动 CASE2（30 周期限 3 种原油调合）

项　　目	BCR1	BCR2	BCR3	BCR4	BCR5	轻收	偏差	波动
周期 1	1.00	0.00	0.00	1.00	0.00	29.35	4.55	
周期 2	1.32	0.00	0.00	0.68	0.00	25.87	1.07	3.48
周期 3	1.64	0.00	0.36	0.00	0.00	25.27	0.47	0.60
周期 4	1.67	0.00	0.33	0.00	0.00	24.80	0.00	0.47
周期 5	1.67	0.00	0.33	0.00	0.00	24.80	0.00	0.00
周期 6	1.67	0.00	0.33	0.00	0.00	24.80	0.00	0.00
周期 7	1.67	0.00	0.33	0.00	0.00	24.80	0.00	0.00
周期 8	1.00	1.00	0.00	0.00	0.00	23.89	0.91	0.91
周期 9	1.67	0.00	0.33	0.00	0.00	24.80	0.00	0.91
周期 10	1.67	0.00	0.33	0.00	0.00	24.80	0.00	0.00
周期 11	1.00	1.00	0.00	0.00	0.00	23.89	0.91	0.91
周期 12	1.00	1.00	0.00	0.00	0.00	23.89	0.91	0.00
周期 13	1.67	0.00	0.33	0.00	0.00	24.80	0.00	0.91
周期 14	1.67	0.00	0.33	0.00	0.00	24.80	0.00	0.00
周期 15	1.58	0.00	0.00	0.00	0.42	26.94	2.14	2.14
周期 16	1.42	0.00	0.00	0.58	0.00	24.80	0.00	2.14
周期 17	1.42	0.00	0.00	0.58	0.00	24.80	0.00	0.00
周期 18	1.42	0.00	0.00	0.58	0.00	24.80	0.00	0.00
周期 19	1.42	0.00	0.00	0.58	0.00	24.80	0.00	0.00

续表

项　　目	BCR1	BCR2	BCR3	BCR4	BCR5	轻收	偏差	波动
周期 20	1.00	1.00	0.00	0.00	0.00	23.89	0.91	0.91
周期 21	1.00	1.00	0.00	0.00	0.00	23.89	0.91	0.00
周期 22	1.68	0.00	0.00	0.00	0.32	24.80	0.00	0.91
周期 23	1.68	0.00	0.00	0.00	0.32	24.80	0.00	0.00
周期 24	1.00	1.00	0.00	0.00	0.00	23.89	0.91	0.91
周期 25	1.00	1.00	0.00	0.00	0.00	23.89	0.91	0.00
周期 26	1.68	0.00	0.00	0.00	0.32	24.80	0.00	0.91
周期 27	1.68	0.00	0.00	0.00	0.32	24.80	0.00	0.00
周期 28	1.00	1.00	0.00	0.00	0.00	23.89	0.91	0.91
周期 29	1.68	0.00	0.00	0.00	0.32	24.80	0.00	0.91
周期 30	1.00	1.00	0.00	0.00	0.00	23.89	0.91	0.91
总量	42.00	9.00	3.00	4.00	2.00	743.99	16.46	18.90
平均						24.80	0.55	0.65
最大							2.14	3.48

表 6-48　调合配方及轻收波动 CASE3(30 周期限 2 种原油调合)

项　　目	BCR1	BCR2	BCR3	BCR4	BCR5	轻收	偏差	波动
周期 1	1.25	0.00	0.00	0.75	0.00	26.66	1.86	
周期 2	1.25	0.00	0.00	0.75	0.00	26.66	1.86	0.00
周期 3	1.55	0.00	0.45	0.00	0.00	27.13	2.33	0.46
周期 4	1.55	0.00	0.45	0.00	0.00	27.13	2.33	0.00
周期 5	1.55	0.00	0.45	0.00	0.00	27.13	2.33	0.00
周期 6	1.55	0.00	0.45	0.00	0.00	27.13	2.33	0.00
周期 7	1.55	0.00	0.45	0.00	0.00	27.13	2.33	0.00
周期 8	1.55	0.00	0.45	0.00	0.00	27.13	2.33	0.00
周期 9	1.62	0.00	0.00	0.00	0.38	26.14	1.34	0.99
周期 10	1.50	0.00	0.00	0.50	0.00	23.89	0.91	2.25
周期 11	1.00	1.00	0.00	0.00	0.00	23.89	0.91	0.00
周期 12	1.73	0.00	0.00	0.00	0.27	23.88	0.91	0.00
周期 13	1.00	1.00	0.00	0.00	0.00	23.89	0.91	0.00
周期 14	1.73	0.00	0.00	0.00	0.27	23.88	0.91	0.00
周期 15	1.00	1.00	0.00	0.00	0.00	23.89	0.91	0.00
周期 16	1.50	0.00	0.00	0.50	0.00	23.93	0.87	0.04
周期 17	1.50	0.00	0.00	0.50	0.00	23.93	0.87	0.00
周期 18	1.50	0.00	0.00	0.50	0.00	23.93	0.87	0.00
周期 19	1.50	0.00	0.00	0.50	0.00	23.93	0.87	0.00

炼油生产经营优化应用案例

续表

项　　目	BCR1	BCR2	BCR3	BCR4	BCR5	轻收	偏差	波动
周期20	1.00	1.00	0.00	0.00	0.00	23.89	0.91	0.04
周期21	1.00	1.00	0.00	0.00	0.00	23.89	0.91	0.00
周期22	1.72	0.00	0.28	0.00	0.00	23.88	0.91	0.00
周期23	1.73	0.00	0.00	0.00	0.27	23.88	0.91	0.00
周期24	1.00	1.00	0.00	0.00	0.00	23.89	0.91	0.00
周期25	1.73	0.00	0.00	0.00	0.27	23.88	0.91	0.00
周期26	1.73	0.00	0.00	0.00	0.27	23.88	0.91	0.00
周期27	1.00	1.00	0.00	0.00	0.00	23.89	0.91	0.00
周期28	1.00	1.00	0.00	0.00	0.00	23.89	0.91	0.00
周期29	1.73	0.00	0.00	0.00	0.27	23.88	0.91	0.00
周期30	1.00	1.00	0.00	0.00	0.00	23.89	0.91	0.00
总量	42.00	9.00	3.00	4.00	2.00	743.99	38.06	3.80
平均						24.80	1.27	0.13
最大							2.33	2.25

表6-49　调合配方及轻收波动 CASE4(30周期限3种原油调合)

项　　目	BCR1	BCR2	BCR3	BCR4	BCR5	轻收	偏差	波动
周期1	1.18	0.50	0.00	0.32	0.00	24.64	0.16	
周期2	1.43	0.00	0.00	0.57	0.00	24.64	0.16	0.00
周期3	1.18	0.50	0.00	0.32	0.00	24.64	0.16	0.00
周期4	1.30	0.50	0.20	0.00	0.00	25.00	0.20	0.36
周期5	1.30	0.50	0.20	0.00	0.00	25.00	0.20	0.00
周期6	1.57	0.00	0.23	0.20	0.00	25.00	0.20	0.00
周期7	1.58	0.00	0.00	0.20	0.22	25.00	0.20	0.00
周期8	1.30	0.50	0.20	0.00	0.00	25.00	0.20	0.00
周期9	1.67	0.00	0.33	0.00	0.00	24.75	0.05	0.25
周期10	1.04	0.76	0.00	0.00	0.00	24.75	0.05	0.00
周期11	1.67	0.00	0.33	0.00	0.00	24.75	0.05	0.00
周期12	1.67	0.00	0.33	0.00	0.00	24.75	0.05	0.00
周期13	1.04	0.76	0.00	0.20	0.00	24.75	0.05	0.00
周期14	1.67	0.00	0.33	0.00	0.00	24.75	0.05	0.00
周期15	1.67	0.00	0.33	0.00	0.00	24.75	0.05	0.00
周期16	1.05	0.75	0.00	0.21	0.00	24.75	0.05	0.00
周期17	1.58	0.00	0.20	0.22	0.00	24.75	0.05	0.00
周期18	1.67	0.00	0.33	0.00	0.00	24.75	0.05	0.00
周期19	1.68	0.00	0.00	0.00	0.32	24.80	0.00	0.05
周期20	1.03	0.77	0.00	0.20	0.00	24.80	0.00	0.00
周期21	1.59	0.00	0.00	0.20	0.21	24.80	0.00	0.00

202

续表

项　目	BCR1	BCR2	BCR3	BCR4	BCR5	轻收	偏差	波动
周期22	1.68	0.00	0.00	0.00	0.32	24.80	0.00	0.00
周期23	1.03	0.77	0.00	0.20	0.00	24.80	0.00	0.00
周期24	1.68	0.00	0.00	0.00	0.32	24.80	0.00	0.00
周期25	1.68	0.00	0.00	0.00	0.32	24.80	0.00	0.00
周期26	1.17	0.50	0.00	0.33	0.00	24.80	0.00	0.00
周期27	1.08	0.67	0.00	0.25	0.00	24.80	0.00	0.00
周期28	1.03	0.77	0.00	0.20	0.00	24.80	0.00	0.00
周期29	1.03	0.77	0.00	0.20	0.00	24.80	0.00	0.00
周期30	1.68	0.00	0.00	0.00	0.32	24.80	0.00	0.00
总量	42.00	9.00	3.00	4.00	2.00	743.99	2.03	0.67
平均						24.80	0.07	0.02
最大							0.20	0.36

表6-50　调合原油轻收波动比较表

案例	周期	油种	运算时间	波动总量	平均波动	最大波动	平均偏差	目标函数
1	30	≤2	2秒	31.88	1.10	8.15	3.96	不控制
2	30	≤2	2分51秒	18.90	0.65	3.48	0.55	偏差最小
3	30	≤2	3分42秒	3.80	0.13	2.25	1.27	波动最小
4	30	≤3	2分58秒	0.67	0.02	0.36	0.07	波动最小

　　4个案例的轻收波动控制效果如表6-50和图6-3所示，CASE4效果最好。CASE1对轻收的偏差和波动没有进行最小化控制，30天的波动总量、平均波动、最大波动、平均偏差等4项指标在4个案例中均最高；CASE3和CASE2相比，将"波动最小"目标换成"偏差最小"时，对减小"偏差"有利，对减小"波动"不利，因此，如果希望减小波动，用波动最小化更合适；CASE3与CASE4比较，如果允许3种原油同时调合比只允许2种原油调合，无论从减小波动效果或减少求解时间均可以得到明显的改进。

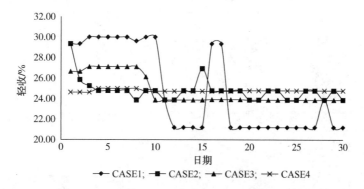

图6-3　CASE1-CASE4调合原油轻收变化趋势图

　　值得注意的是，CASE2、CASE3和CASE4结果不是最终优解，是MILP分枝定界计算过程中达到给定分枝上限(200000)以后得到最好的一个可行解。例如CASE2(罚款系数-500)的求解信息：

Problem Statistics：

  722 Rows

  960 Structural Columns

  150 Integer Variables

PIMSLP incorporates CPLEX version 9. 0. 0

Node Limit Exceeded — Integer Solution Exists

Objective = −16684. 071404

第7章　原油调度实例

原油调度在炼油调度中扮演着最重要的角色，直接影响下游调度作业的制定，同时通过优化原油调度能获得显著的经济效益。在炼油调度优化模型领域，实现原油调度优化的成功案例最多，发表原油调度优化模型技术的文章也最多。不同炼厂的原油调度流程各异，典型的原油调度如图7-1(a)所示。

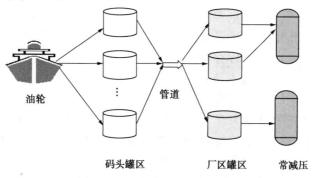

图7-1(a)　原油调度流程简图

本章讨论原油调度的目的主要是为读者介绍原油调度模型技术的基础知识，了解炼油计划模型和炼油调度模型的不同特点，两者的关系，以及建立原油调度模型的主要方法。鉴于上述目的，我们选用一个如图7-1(b)所示的原油调度小例子进行讨论。该例子取自文献[46]的引例(Mtivating Example-以下称为"例1")，"例1"是只有2艘油轮、2个码头罐、2个装置罐、1套常减压装置(两个生产方案)、1个物性的简单原油调度问题，介绍各种建模方法，例如离散模型，连续时间模型，物性非线性控制，物性线性化控制，方案切换次数最小化等。

本章包括6个实例，其中5个为原油调度实例，1个实例是讨论求解计算中遇到的"数值难题"问题。5个原油调度实例是用5种建模方法解决同一个原油调度实例。

实例26：离散时间线性化原油调度模型-以炼油计划模型生成系统(MSRP)为建模工具，建立对物性(组分k)进行线性控制的原油调度模型，根据库存占有成本计算方法不同，该实例建立了实例26-1和实例26-2两个原油调度MSRP模型；

实例27：离散时间非线性原油调度模型-以炼油计划模型生成系统(MSRP)为建模工具，建立对物性(组分k)进行非线性递归控制的原油调度模型；

实例28：基于单元事件的连续时间非线性原油调度模型(MINLP)-以通用数学规划模型生成系统(MSGA)为建模工具，建立原油物性(组分k)进行非线性控制的原油调度模型；

实例29：基于单元事件的连续时间线性原油调度模型(MILP)-以通用数学规划模型生成系统(MSGA)为建模工具，建立原油物性(组分k)线性化处理的原油调度模型；

实例30：基于异步时间段的连续时间非线性原油调度模型(MINLP)-以通用数学规划模型生成系统(MSGA)为建模工具，建立原油物性(组分k)进行非线性控制的原油调度模型；

实例31：数学规划求解中的数值难题–以实例26中遇到的数值难题为例，介绍数学规划中数值难题产生的原因和解决办法。

由于实例26~30采用"例1"相同的流程、数据和调度要求，对原油调度问题统一进行描述，其中包括从原油到港口再进常减压装置（CDU）的整个过程，即油轮→码头罐→输油管线→装置罐→常减压装置。主要调度规则包括：在调度周期内，油轮到达码头，如果前一艘油轮正在卸油或没有可供使用的码头罐接收原油导致油轮滞留，或者由于调度不当延长卸油时间，炼厂需要交付油轮滞留费用和卸油成本费用；到达码头后油轮向码头罐卸油，原油再由码头罐通过输油管线输向装置罐，这一过程可以混合输油，原油进行一次调合，其关键物性（组分k）要满足各个装置罐的不同规定要求；每个装置罐的混合原油进入常减压时，假设不进行二次混合，最后根据不同常减压装置的不同生产方案的要求，按质按量按时将原油送入常减压装置。原油调度模型的已知数据包括油轮到港时间、设备容量限制、物流流量限制、关键组分的浓度范围、罐初库存量及初库存物性、进料物性要求、进料时间要求等。其目标函数是使原油调度的操作成本最小。

"例1"调度流程如图7-1（b）所示，具体数据和要求：编制一个8天的原油调度计划。按计划有两艘油轮分别于第1天和第5天到达，两油轮必须在8天内完成卸油。油轮V1和油轮V2分别装有100万桶CR1原油和100万桶CR2原油。现有一个常减压蒸馏装置，必须加工100万桶混合原油X和100万桶混合原油Y，其物性组分k的百分含量（体积）取决于原油CR1的组分k（数值为0.01）和CR2的组分k（数值为0.06）。两种原油CR1和CR2混合成两类混合原油X和Y。X的组分k应在0.015和0.025之间，Y的组分k应在0.045和0.055之间。原油CR1和CR2的期初库存分别为25万桶（组分k为0.01）和75万桶（组分k为0.06），混合后的待加工原油X和Y的期初库存均为50万桶（组分k分别为0.02和0.05），主要成本包括库存占有成本、油轮在码头滞留成本、油轮卸油成本和CDU生产方案的切换成本（因原油混合比不同）。

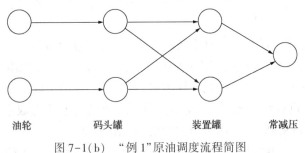

图7-1（b）　"例1"原油调度流程简图

关于原油调度模型的数学描述读者可以参阅相关资料，例如，离散时间模型可参阅文献[46，47，53]，连续时间模型可参阅文献[48，49]，异步连续时间模型可参阅文献[56，57]。

★ 7.1　实例26：离散时间线性化原油调度模型（MILP）

Heeman Lee 等[46]文献介绍建立离散原油调度模型的方法。安艺基于其提出的原油调度离散模型结构，开发了一个专门用于解决图7-1（a）所示离散原油调度的模型自动生成系统

（YYDD）[54]。Zhenya Jia 等根据同样的数据和流程建立了连续时间模型[48]。

7.1.1 问题提出

根据文献[46]所描述的原油调度"例1"流程及相关数据，用 MSRP 构建离散 MILP 原油调度模型，部分调度规则和要求作如下修改和说明：

（1）文献中原油单位为万桶（10000bbl），经济数据单位千美元（1000＄），没有考虑原油密度。根据国内习惯，建立 MSRP 重量（Weight）模型，但模型中输入数据借用文献的计量单位，以下描述中数据单位省略时均为使用文献中的单位，例如初库存 75 即 75 万桶，切换成本 50/天即 50 千美元/天。

（2）文献[46]"例1"原油物性以体积计量（Volume of component k），进行体积调合，我们建立重量模型，由于没有考虑原油的密度，MSRP 在物性调合时，使用重量调合或体积调合不影响解结果。实例中物性名称用"组分 k"，代码使用"SUL"。

（3）假设 BUY 表某个周期购买的原油可以在该周期进码头罐并可以立即使用（参与进装置罐调合）。为简化建模，假设油轮连续两天完成卸油，即第一天到达油轮可以在当天和第二天各卸油 50 万桶（无滞期），也可在到达第二天和第三天分别卸油 50 万桶（滞期 1 天），也可在第三天和第四天分别卸油 50 万桶（滞期 2 天），滞期费用为 5000 美元/天；

（4）文献中卸油时间为变量并参与优化，每艘油轮卸油时间成本为 8 万美元/天。实例 26 假设油轮一旦开始卸油，连续 2 天完成卸油任务，每天 50 万桶，其卸油成本固定为 32 万美元（文献中卸油成本可以随卸油时间而变动，解结果中卸油成本为 32 万美元）。

（5）文献中没有考虑常减压进料量平稳问题，例如解结果中有 3 天进料为 50 万桶/天，5 天进料为 10 万桶/天。实际生产中常减压进料流量波动有一定限制，因此在实例中增加 CASE2，例如实例 26 的 CASE2 假定常减压装置进料量为 25 万桶/天；对于装置罐末库存，文献中没有设定下限，实例 26 的 CASE2 也规定装置罐末库存总量下限 50 万桶，以保证后续调度周期生产可操作性；文献中码头罐到装置罐的物流下限门槛为 0，实例 26 CASE2 设置为 10。

（6）原油调度模型相关成本数据如表 7-1 所示。

表 7-1　原油调度成本数据表

项　　目	数　据	项　　目	数　据
油轮滞期成本（10^3 ＄/d）	5.00	装置罐储存成本（10^3 ＄/d/10^4桶）	0.08
油轮卸油成本（10^3 ＄/d）	8.00	调度相关成本 CDU 进料切换成本（10^3 ＄/次）	50.00
码头罐储存成本（10^3 ＄/d/10^4桶）	0.05		

7.1.2 模型建立

MSRP 软件是炼油计划软件，不是炼油调度软件，原则上不能用作构建调度模型的工具，鉴于本书读者是熟悉 MSRP 的计划人员和调度人员，为便于读者了解炼油调度模型的基本概念以及计划模型和调度模型的区别，用多周期和混合整数规划方法，建立像"例1"这样简单炼油调度的离散模型。使用时必须注意，固定周期的数量不能超过所使用软件规定上限，MSRP 多周期模型生成系统没有描述相邻两个周期变量在同一个约束方程中出现的功能，许多调度公式（如方案切换约束等）不能用 MSRP 直接描述，用 MSRP 提供的行模型输

入窗口(如 ROWS 表)描述,并注意输入窗口使用规范(如定义变量名规定、ROWS 表最大允许行数等)。

实例 26 和实例 27 都是利用 MSRP 多周期和 MIP 构模技术,建立离散 MILP 原油调度模型,2 个实例一共需要 27 种输入数据表,按功能分类如表 7-2 所示。感兴趣的读者可以尝试用通用模型生成系统 MSGA,生成更为方便。

表 7-2　MSRP 模型输入数据表

输入表编号	表　名	功　　能	实例 26-1	实例 26-2	实例 27
1	BUY	油轮原油(以买进方式引入)	Y	Y	Y
2	SUBMODEL	子模型目录表(常规使用)	Y	Y	Y
3	SVST(SUBMODEL)	油轮进入码头罐物流流向	Y	Y	Y
4	SCT1(SUBMODEL)	码头罐进入装置罐 1 物流流向	Y	Y	Y
5	SCT2(SUBMODEL)	码头罐进入装置罐 2 物流流向	Y	Y	Y
6	SELL	供给常减压(以销售方式输出)	Y	Y	Y
7	RDEM(ROWS)	CDU 总需求量	Y	Y	Y
8	RVCU(ROW)	码头罐到装置罐流速上下限门槛	Y	Y	Y
9	RVESS(ROW)	油轮滞期费、卸油成本计算	Y	Y	Y
10	C-01(ROWS)	计算库法存占有成本	Y	Y	Y
11	C-02(ROWS)	CDU 方案切换成本最小	Y	Y	Y
12	CT1A(ROWS)	装置罐 1 末库存物性总量(LP)	Y	Y	
13	CT2A(ROWS)	装置罐 2 末库存物性总量(LP)	Y	Y	
14	CTD(ROWS)	装置罐末库存物性总量(LP)	Y	Y	
15	CUC(ROWS)	装置罐进入 CDU 物性总量(LP)	Y	Y	
16	SCB(ROWS)	码头罐进入装置罐物性总量(LP)	Y	Y	
17	RTRAP	梯形法计算库存占有成本		Y	Y
18	RCLOS	梯形法定义初库存、末库存变量		Y	Y
19	PGUESS	给定递归初始值			Y
20	BLENDS	定义调合产品			Y
21	BLNMIX	调合配方			Y
22	BLNPROP	组分调合物性			Y
23	BLNSPEC	产品规格			Y
24	MIP	整型变量表(常规使用)	Y	Y	Y
25	PERIODS	周期表(常规使用)	Y	Y	Y
26	PINV	库存表(常规使用)	Y	Y	Y
27	CASE	设置 CASE(常规使用)	Y	Y	Y

表 7-2 列出了用 MSRP 构建的 3 个离散原油调度模型(实例 26-1、实例 26-2 和实例 27)的所有输入数据表,其中数据表号 1~8 描述原油从油轮→码头罐→装置罐→常减压装置的流程以及常减压需求总量控制、码头罐至装置罐物流量控制等约束;数据表号 9~11 用于描述模型目标函数;数据号 12~16 为线性化物性平衡和控制约束;数据表号 17~19 为梯形法计算

库存占有成本；数据表号 20~23 为调合表，目的是使库存物性在不同周期之间进行传递；表号 24~27 是定义整型变量、多周期、多案例模型的 MSRP 输入数据表。实例 26 主要目标函数和约束方程描述如下：

（1）目标函数中油轮滞期和卸油成本最小由下面约束控制：根据题意，第一艘油轮 1 日到港，可以 1~2 日、2~3 日、3~4 日共 3 个方案卸油，第二艘油轮 5 日到港，可以 5~6 日、6~7 日、7~8 日共 3 个方案卸油，例如第一艘油轮卸油约束包括（OBJFN 缺省为 Max，7 位代码变量末位加周期码 t，由 MSRP 的模型生成系统自动添加，变量 8 位代码末位为周期码，以下同）：

PURCCR11≤50，PURCCR12≤50，PURCCR13≤50；

PURCCR11+PURCCR12≥-M×（1-ZVESS121）+100；

PURCCR11+PURCCR12≤M×（1-ZVESS121）+100；

PURCCR12+PURCCR13≥-M×（1-ZVESS122）+100；

PURCCR12+PURCCR13≤M×（1-ZVESS122）+100；

PURCCR13+PURCCR14≥-M×（1-ZVESS123）+100；

PURCCR13+PURCCR14≤M×（1-ZVESS123）+100

PURCCR11+PURCCR12+……+PURCCR18=100；

ZVESS121+ZVESS122+ZVESS123=1；

ZVESS127=1；

MaxOBJFN001=-5×ZVESS122-10×ZVESS123-32×ZVESS127。

其中 M 为足够大正数，如 M=666，变量名中 Z 字母开始的变量为 0-1 整型变量。在模型中已经置 ZVESS127=1，即假设连续两天的卸油成本固定为 32。

（2）装置罐不能同时进出（模型"RVCU"ROWS 表）。

SCT1ST1t≤50×（1-ZSELCT1t）

SCT1ST2t≤50×（1-ZSELCT1t）

SCT2ST1t≤50×（1-ZSELCT2t）

SCT2ST2t≤50×（1-ZSELCT2t）

（3）码头罐到装置罐流量满足上下限门槛约束（模型"RVCU"ROWS 表）。

0.01×ZCT1ST1t≤SCT1ST1t≤50×ZCT1ST1t

0.01×ZCT2ST1t≤SCT2ST1t≤50×ZCT2ST1t

0.01×ZCT1ST2t≤SCT1ST2t≤50×ZCT1ST2t

0.01×ZCT2ST2t≤SCT1ST2t≤50×ZCT2ST2t

在 CASE2 中下限门槛将由 0.01 修改为 10。

（4）装置罐进常减压量满足下限门槛和上限约束（CASE2 为 25 万桶/天），每周期进一个方案（模型"RVCU"ROWS 表）。

SELLCT1t≤50×ZSELCT1t

SELLCT1t≥10×ZSELCT1t

SELLCT2t≤50×ZSELCT2t

SELLCT2t≥10×ZSELCT2t

ZSELCT1t+ZSELCT2t≤1

（5）常减压加工方案切换次数最小化（模型 ROWS 表"C01"和"C02"），模型结构和原理参见实例 23。

（6）库存占有成本（模型 PINV 表）。库存成本在 MSRP 的 PINV 表 HCOST 列给定，HCOST 为每单位库存时间和单位库存容量的成本。例如，在 PINV 表中给定码头罐和装置罐的 HCOST 分别为 0.05 和 0.08，其库存成本计算公式如下：

MaxOBJFN00t =

    $-0.05 \times$ (IEXCST1t+IEXCST2t−IDEFST1t−IDEFST2t)

    $-0.08 \times$ (IEXCCT1t+IEXCCT2t−IDEFCT1t−IDEFCT2t)

    其中，t=1，2，……，7。

MaxOBJFN008 =

    $-0.025 \times$ (IEXCST18+IEXCST28−IDEFST18−IDEFST28)

    $-0.04 \times$ (IEXCCT18+IEXCCT28−IDEFCT18−IDEFCT28)

式中　IEXCST1t−IDEFST1t——码头罐 ST1 周期 t 的末库存量；

　　　IEXCST2t−IDEFST2t——码头罐 ST2 周期 t 的末库存量；

　　　IEXCCT1t−IDEFCT1t——装置罐 CT1 周期 t 的末库存量；

　　　IEXCCT2t−IDEFCT2t——装置罐 CT2 周期 t 的末库存量。

值得注意的是，通过 MSRP 的 PINV 表中 HCOST 计算库存占有成本时没有考虑期初库存。实例 26-2 考虑期初库存的"梯形法"计算库存占有成本。

（7）常减压生产方案切换成本（次数）最小。

Max OBJFN001 = $-50 \times$ (ZCT1CT22+ZCT1CT23+ZCT1CT24

    +ZCT1CT25+ZCT1CT26+ZCT1CT27+ZCT1CT28

    +ZCT2CT12+ZCT2CT13+ZCT2CT14+ZCT2CT15

    +ZCT2CT16+ZCT2CT17+ZCT2CT18)

（8）组分 k（代码为 SUL）浓度控制约束。

实例 26 的码头罐 ST1 和 ST2 原油单独储存，即 ST1 只进原油 CR1，初库存"组分 k"与原油 CR1 的"组分 k"均为 0.01。同样，ST2 只进原油 CR2，初库存硫含量与原油 CR2 的"组分 k"均为 0.06，不存在物性"组分 k"非线性调合问题。但对装置罐而言，例如 CT1，可以接受 ST1 原油，也可以接受 ST2 原油，每个时间段 CT1 的物性与进入 CT1 的 ST1 量、ST2 量以及 CT1 的初库存量和初库存物性有关，多周期模型中某个周期 t 的 CT1 物性"组分 k"为（代码为 SUL）：

SCT1ST1t×SUL(ST1t) +SCT1ST2t×SUL(ST2t)

    +CT1(OPENt)×SUL(CT1t−1)

    =SELLCT1t×SUL(CT1t) +IEXCCT1t×SUL(CT1t)

根据 26.1 要求，CT1、CT2 组分 k 约束必须满足：

0.015≤CT1 组分 k≤0.025

0.045≤CT2 组分 k≤0.055

由于计算 CT1 组分 k 的平衡约束是非线性约束，导致必须求解一个非线性的 MINLP 模型。如果将浓度约束改成组分 k 总量约束，非线性约束就可以线性化为线性约束，以装置罐 CT1 为例，下面给出与组分 k 总量控制相关约束：

① 建立 CT1 物性 k 总量平衡约束：

$$SULCT1P1 = -0.020 \times 50 - SULS1C11 - SULS2C11 + SULC1U11;$$

$$SULCT1Pt = -SULCT1Pt-1 - SULS1C1t - SULS2C1t + SULC1U1t。$$

② 周期 t 码头罐 ST1、ST2 进入装置罐 CT1 的组分 k(SUL) 总量平衡约束：

$$SULS1C1t = 0.01 \times SCT1ST1t;$$

$$SULS2C1t = 0.06 \times SCT1ST2t。$$

③ 周期 t 装置罐 CT1(CT1 为例) 进入 CDU1 组分 k(SUL) 总量控制约束：

$$0.015 \times SELLCTt \leqslant SULC1U1t \leqslant 0.025 \times SELLCTt$$

④ 建立 CT1(CT1 为例) 物性 k(SUL) 总量控制约束：

$$0.015 \times IEXCCT1t \leqslant SULCT1Pt \leqslant 0.025 \times IEXCCT1t$$

$$......$$

$$0.015 \times IEXCCT18 \leqslant SULCT1T8 \leqslant 0.025 \times IEXCCT18$$

代码说明：

PURCCR1t——周期 t 购买原油 CR1 的量，万桶，$t=1, 2, ……, 8$；

ZVESS12t——周期 t 油轮 SS1 是否卸油的 0-1 变量，$t=1, 2, ……, 8$；

OBJFN00t——周期 t 目标函数 $t=1, 2, ……, 8$；

SCT1ST1t——ST1 到 CT1 周期 t 的物流量，$t=1, 2, ……, 8$；

SCT1ST2t——ST2 到 CT1 周期 t 的物流量，$t=1, 2, ……, 8$；

SELLCT1t——CT1 到常减压周期 t 的物流量，$t=1, 2, ……, 8$；

CT1(OPENt)——CT1 周期 t 初库存量，$t=1, 2, ……, 8$；

IEXCCT1t——CT1 周期 t 末库存量，$t=1, 2, ……, 8$；

SUL(ST1t)——ST1 周期 t 组分 k 的浓度，$t=1, 2, ……, 8$；

SUL(ST2t)——ST2 周期 t 组分 k 的浓度，$t=1, 2, ……, 8$；

SUL(CT1t-1)——CT1 周期 $t-1$ 组分 k 的浓度，$t=2, 3, ……, 8$；

SUL(CT1t)——CT1 周期 t 组分 k 的浓度，$t=1, 2, ……, 8$；

SUL(CT2t)——CT2 周期 t 组分 k 的浓度，$t=1, 2, ……, 8$。

SULCT1Pt——CT1 周期 t 组分 k 总量，$t=1, 2, ……, 8$；

SULCT1Pt-1——CT1 周期 $t-1$ 组分 k 总量，$t=2, 3, ……, 8$；

SULS1C1t——ST1 周期 t 进入 CT1 组分 k 总量，$t=1, 2, ……, 8$；

SULS2C1t——ST2 周期 t 进入 CT1 组分 k 总量，$t=1, 2, ……, 8$；

SULC1U1t——CT1 周期 t 进入 CDU 组分 k 总量，$t=1, 2, ……, 8$；

SULCT1Pt——CT1 周期 t 组分 k 总量，$t=1, 2, ……, 8$；

SCT1ST1t——周期 t 码头罐 ST1 向厂区罐 CT1 输送的物流量，万桶，$t=1, 2, ……, 8$；

SCT1ST2t——周期 t 码头罐 ST2 向厂区罐 CT1 输送的物流量，万桶，$t=1, 2, ……, 8$；

SCT2ST1t——周期 t 码头罐 ST1 向厂区罐 CT2 输送的物流量，万吨；

SCT2ST2t——周期 t 码头罐 ST2 向厂区罐 CT2 输送的物流量，万桶，$t=1, 2, ……, 8$；

ZSELCT1t——周期 t 常减压方案 CDU1 是否加工的 0-1 变量，$t=1, 2, ……, 8$；

ZSELCT2t——周期 t 常减压方案 CDU2 是否加工的 0-1 变量，$t=1, 2, ……, 8$；

ZCT1ST1t——周期 t 码头罐 ST1 向厂区罐 CT1 是否输送的 0-1 变量，$t=1, 2, ……, 8$；

ZCT2ST2t——周期 t 码头罐 ST2 向厂区罐 CT2 是否输送的 0-1 变量，$t=1, 2, \cdots, 8$；

ZCT1ST2t——周期 t 码头罐 ST2 向厂区罐 CT1 是否输送的 0-1 变量，$t=1, 2, \cdots, 8$；

ZCT2ST1t——周期 t 码头罐 ST1 向厂区罐 CT2 是否输送的 0-1 变量，$t=1, 2, \cdots, 8$。

7.1.3 结果分析

为了便于读者分析用 MSRP 构建的原油调度离散模型优解，设置两个 CASE，CASE1 作为基础模型，完全使用文献[46]数据，CASE2 对基础模型进行 3 个修改：限定常减压进料每天为 25，码头罐到装置罐的流速设置下限门槛 10/天，调度周期最后一天装置罐末库存总量不低于 50。CASE2 的解结果更加符合调度实际要求。本书的原油调度离散模型解结果分析只讨论 CASE1 的结果，感兴趣读者可以对 CASE2 的结果进行分析研究。

实例 26-1 模型的解结果只列出原油调度甘特图(图 7-2)、装置罐原油物流和物性表(表 7-3)、常减压进料物流和物性平衡表(表 7-4)、物性平衡表(表 7-5)等主要信息，对不同实例的调度性能和结果进行分析比较和验证，如目标函数及构成、物料平衡、物性平衡、物性上下限要求、装置罐不同时进出、常减压切换次数等。

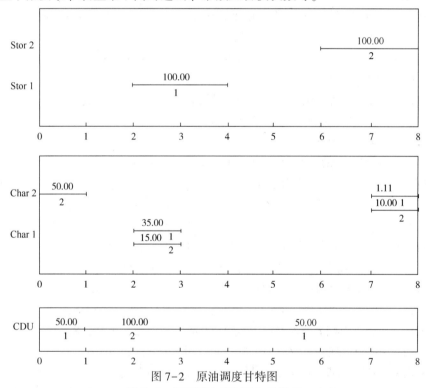

图 7-2　原油调度甘特图

表 7-3　装置罐末库存量和物性表

时间/天	0	1	2	3	4	5	6	7	8
CT1 组分 k	0.02	0.02		0.025	0.025	0.025	0.025	0.025	0.025
CT1 末库存量/万桶	50	0		50	40	30	20	10	0
CT2 组分 k	0.05	0.055	0.055	0.055					0.055
CT2 末库存量/万桶	50	100	50	0					11.111

表7-4 常减压装置进料量和物性表

时间/天	1	2	3	4	5	6	7	8
CT1→CDU1 组分 k	0.02			0.025	0.025	0.025	0.025	0.025
CT1→CDU1 流量，万桶	50			10	10	10	10	10
CT2→CDU2 组分 k		0.055	0.055					
CT2→CDU2 流量，万桶		50	50					

表7-5 组分 k 物性平衡表

	项目	V1	V2	ST1	ST2	CT1	CT2	CDU1	CDU2	合计
输入	油轮	1	6							15.25
	出库存			0.25	4.5	1	2.5			
输出	末库存			0.889	6	1.25	0			15.25
	进CDU							2.25	5.5	

实例26-1的CASE1模型输入数据和文献[46]完全一样，但优解的目标函数和解结果与文献不一样，如表7-6所示。可以看出，造成目标值不同的主要原因是库存占有成本计算方法有差异，而造成库存占有成本有差异的原因是MSRP自动生成的目标函数中对库存占有成本计算方式与文献中计算方式略有差异。

表7-6 实例26与文献目标函数值比较

项 目	实例26-1	文献[46]	实例26-2
油轮滞期成本	15	20	20
油轮卸油成本	32	32	32
库存占有成本	64.167	65.667	65.667
常减压切换成本	100	100	100
总成本(目标函数)	211.167	217.667	217.667

文献[46]中采用"梯形法"(The trapezoidal way)计算各个周期的库存占有成本，如图7-2中的(a)图。而在实例26中，MSRP模型自动生成库存占有成本计算公式时，第二个周期以后的各个周期的库存占有成本也是按照"梯形法"进行计算，但第一个周期的库存占有成本则是用"矩形法"进行计算，如图7-2中的(b)图，从而造成实例26-1计算的目标值与文献目标值不一致。如果将实例26-1改为文献所用的"梯形法"计算库存占有成本，即将实例26-1模型中HCOST系数改为"0"，并直接用ROWS表对库存占有成本计算，用"梯形法"计算库存占有成本的目标函数为：

MaxOBJFN001 =

−0.025(IOPEST11+IOPEST21+CLOSST18+CLOSST28)

−0.040(IOPECT11+IOPECT21+CLOSCT18+CLOSCT28)

−0.050(CLOSST11+CLOSST12+CLOSST13+CLOSST14
+CLOSST15+CLOSST16+CLOSST17+CLOSST21
+CLOSST22+CLOSST23+CLOSST24+CLOSST25
+CLOSST26+CLOSST27)

−0.08(CLOSCT11+CLOSCT12+CLOSCT13+CLOSCT14

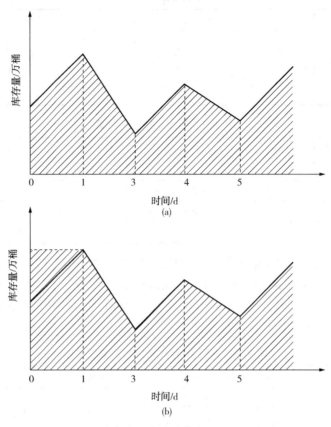

图 7-3　库存占有成本计算方法对比示意图

+CLOSCT15+CLOSCT16+CLOSCT17+CLOSCT21

+CLOSCT22+CLOSCT23+CLOSCT24+CLOSCT25

+CLOSCT26+CLOSCT27）

式中　IOPE×××1——×××油罐第 1 周期初库存；

　　　CLOS×××——×××油罐周期 t 末库存。

　　　$t=1$，2，……，8。

这时，MSRP 模型运算的目标值就与文献一致。

⭐ 7.2　实例 27：离散时间非线性原油调度模型（MINLP）

7.2.1　问题提出

实例 26 讨论"例 1"原油调度问题，对装置罐原油的组分 k 和进入常减压原油的组分 k 控制进行线性化处理，即控制每天装置罐的组分 k 总量和进入常减压的组分 k 总量满足约束条件，而不对组分 k（浓度）直接进行控制。

本实例的流程、数据和调度要求与实例 26 相同，只是要求组分 k 直接按浓度进行控制，需要求解一个 MINLP 模型。在实际应用中，求解达到一定规模的 MINLP 模型是比较困难的，所以线性化是解决非线性规划模型的重要途径之一。本实例是一个小例子，由于码头罐没有混装，其初库存物性与油轮物性相同，装置罐进常减压也没有混合进料，只有码头罐混合进入装置罐时的物性与装置罐的初始库存的物性需要进行非线性调合，因此利用 MSRP 调合模块，将装置罐初库存的物性参与物性递归。

7.2.2　模型建立

对实例 26-2 的 MILP 模型修改为 MINLP 非线性递归模型，只需作如下修改：

（1）删除与线性化相关约束（包括 5 张 ROWS 表 CT1A、CT2A、SCB、CUC、CTD）。

（2）启用 MSRP 递归功能。

（3）增加 PGUESS 表，见表 7-7。

表 7-7　PGUESS 表

*TABLE	PGUESS 表	
	TEXT	SUL
CT1	CT1 组分 k 递归初值	0.2
CT2	CT2 组分 k 递归初值	0.5

（4）子模型表增加递归结构，见表 7-8 和表 7-9。

表 7-8　CT1 子模型表

*TABLE	SCT1				
	TEXT	ST1	ST2	CT1	C1T
WBALST1	ST1→CT1	1			
WBALST2	ST2→CT1		1		
WBALCT1	CT1→CDU(SELL)	-1	-1		
*					
RBALCT1	递归平衡行	-1	-1	1	
RSULCT1	组分 k 递归	-999	-999	999	
*					
ECHGC1T		-1	-1		1
GSULC1T		-999	-999		0.025
LSULC1T		-999	-999		0.015

表 7-9　CT2 子模型表

*TABLE	SCT2				
	TEXT	ST1	ST2	CT2	C2T
WBALST1	ST1→CT2	1			
WBALST2	ST2→CT2		1		
WBALCT2	CT2→CDU(SELL)	-1	-1		
*					
RBALCT2	递归平衡行	-1	-1	1	
RSULCT2	组分 k 递归	-999	-999	999	
*					

续表

* TABLE	SCT2				
ECHGC2T		−1	−1		1
GSULC2T		−999	−999		0.055
LSULC2T		−999	−999		0.045

（5）库存表 PINV 中增加装置罐初库存物性列（"组分 k"-SUL），见表 7-10。

表 7-10 库存表

* TABLE	PINV				
	TEXT	OPEN	MAX	HCOST	SUL
ST1	1#码头罐	25	100	0.05	
ST2	2#码头罐	75	100	0.05	
CT1	1#装置罐	50	100	0.08	0.02
CT2	2#装置罐	50	100	0.08	0.05

注：本实例使用"梯形法"计算库存占有成本（参阅实例 26-2 相应 ROWS 表）。删除 MSRP 的 PINV 表中 HCOST 列。

（6）为了使装置罐 CT1、CT2 原油组分 k 初始物性参与递归，从装置罐进入常减压使用调合结构。例如可以定义调合产品代码为 CU1/CU2，相应报表有 BLENDS 表、BLNPROP 表、BLNMIX 表、BLNSPEC 表等，在 BLNSPEC 表中给出 CU1/CU2 组分 k 上下限，以便进入常减压进料的物性实现浓度控制。

7.2.3 结果分析

实例 27 优解结果的原油调度甘特图如图 7-4 所示，组分 k 平衡如表 7-11 和表 7-12 所示，从表 7-11 和表 7-12 可以看出，优解结果满足实例 26 所给出的调度要求，例如：

（1）组分 k 总量平衡：组分 k 总量投入产出均为 15.25，进常减压装置低组分 k 方案在 0.015~0.025 范围内，高组分 k 方案在 0.045~0.055 范围内。

表 7-11 装置罐末库存量及组分 k 浓度

时间/天	0	1	2	3	4	5	6	7	8
CT1 组分 k	0.02	0.0225	0.0225	0	0	0	0	0	0.025
CT1 末库存量/万桶	50	100	50	0	0	0	0	0	50
CT2 组分 k	0.05	0	0	0.055	0.055	0.055	0.055	0.055	0
CT2 末库存量/万桶	50	0	0	50	40	30	20	10	0

表 7-12 常减压装置进料量及组分 k 浓度

时间/天	1	2	3	4	5	6	7	8
CT1→CDU1 组分 k		0.0225	0.0225					
CT1→CDU1 流量/万桶		50	50					
CT2→CDU2 组分 k	0.05			0.055	0.055	0.055	0.055	0.055
CT2→CDU2 流量/万桶	50			10	10	10	10	10

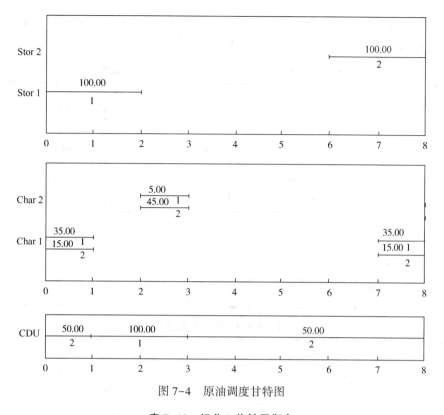

图 7-4　原油调度甘特图

表 7-13　组分 k 物性平衡表

项　　目		V1	V2	ST1	ST2	CT1	CT2	CDU1	CDU2	合计
输入	油轮	1	6							15.25
	初库存			0.25	4.5	1	2.5			
输出	末库存			0.50	6.00	1.250	0.00			15.25
	进 CDU	1	6							

（2）装置罐 CT1、CT2 不同时进出。

值得注意的是，上述 MSRP 非线性递归模型是针对具体实例 27 设计的，例如由于装置罐到常减压没有混输，即 CT1→CU1，CT2→CU2，CT1/CT2 进常减压没有混输，油轮到码头罐也没有混输，唯一发生非线性递归的地方是码头罐进装置罐时，进装置罐的两种码头罐原油和装置罐的初库存发生非线性调合，因为除了第一个周期以外，其它周期装置罐的初库存是上一个周期的末库存，其库存量和物性都是变量，产生两个变量相乘的非线性项（双线性项）。例如 ST1、ST2 原油进入 CT1 时，由 SCT1 子模型的递归结构和 CT1 初库存非线性调合并进行物性浓度控制，所以一旦有 ST1 或 ST2 原油进 CT1，CT1 的物性得到控制，也满足进常减压生产方案 CU1 的物性要求。如果 CT1 第一周期的初库存物性超标，例如 CT1 初库存物性 k 为 0.03，不满足进 CU1 的物性要求，将由调合规格约束控制，不允许不合格的 CT1 物流进入常减压，只有在 ST1 或 ST2 原油进 CT1 并且调合合格后才能进 CU1。实例 27 的 CASE 3 假设 CT1、CT2 第一周期的初库存物性 k 为 0.03、0.055 时的调度案例，解结果能满足调度要求，装置罐进常减压的物流满足物性要求，但在 ST1 或 ST2 进入 CT1 或 CT2

以前，CT1 和 CT2 的库存物性保持初始物性，CASE3 的装置罐末库存物性、常减压进料物性及物性输入输出平衡如表 7-14、表 7-15 和表 7-16 所示。

表 7-14　CASE3 装置罐末库存量及组分 k 浓度

时间/天	0	1	2	3	4	5	6	7	8
CT1 组分 k	0.030	0.030	0.030	0.030	0.025	0.025	0.025		0.025
CT1 末库存量/万桶	50	50.03	50.07	50.1	100	50	0	0	66.667
CT2 组分 k	0.055	0.055	0.055	0.055	0.055		0.055	0.055	0.055
CT2 末库存量/万桶	50	30	20	10	0	0	50	10	0

表 7-15　CASE3 常减压装置进料量及组分 k 浓度

时间/天	1	2	3	4	5	6	7	8
CT1→CDU1 组分 k					0.025	0.025		
CT1→CDU1 流量/万桶					50	50		
CT2→CDU2 组分 k	0.055	0.055	0.055	0.055			0.055	0.055
CT2→CDU2 流量/万桶	20	10	10	10			40	10

表 7-16　CASE3 组分 k 物性平衡表

	项目	v1	v2	i1	i2	j1	j2	u1	u2	合计
输入	油轮	1	6							
	初库存			0.25	4.5	1.5	2.75			16.00
输出	末库存			0.33	6.00	1.667	0.00			
	进 CDU							2.50	5.5	16.00

7.3　实例 28：基于单元事件的连续时间非线性原油调度模型

7.3.1　问题提出

本实例将用连续时间方法建立原油调度非线性模型，模型使用实例 26.1 提出的原油调度流程、数据和规则。对于连续时间原油调度模型，即使如"例 1"这样简单的例子，也不便于用 MSRP 这样的炼油计划优化工具建模，暂时也没有一个专门用于自动生成炼油化工调度模型系统的商品化软件，但可以将描述数学规划模型的代数方程，使用第 1 章 1.5 所介绍的通用模型生成工具 MSGA，将代数方程生成数学规划标准格式 MPS 数据，再由数学规划解题器求解，例如 GAMS、Xpress-Mosel、OPL（CPLEX）等都是可选择的炼油调度模型生成工具。

7.3.2　模型建立

为了使读者比较全面理解原油调度连续时间非线性模型的构建方法，我们将 Zhenya Jia 等[48] 文章中的数学模型部分（Mathematical Formulation）列出来，并结合本实例进行说明。

7.3.2.1　物料平衡约束

式（7-1）~式（7-3）描述油轮和油轮到码头罐卸油的物料平衡约束，式（7-4）、式（7-5）描述码头罐物料平衡，式(7-6)、式(7-7)描述装置罐物料平衡。油轮、码头罐、装置罐，其物料平衡均满足如下规则：

油轮、码头罐、装置罐每个周期末原油库存量=上一个周期末库存量+本周期进入量−本周期输出量，除第一个周期外，上一个周期的末库存即为期初库存。

$$Vv0(v) = \sum_{i \in Iv} \sum_n Bv(v, i, n) \quad , \ \forall v \in V \tag{7-1}$$

$$Vv(v, n) = Vv0(v) - \sum_{i \in Iv} Bv(v, i, n), \ \forall v \in V, n = 1 \tag{7-2}$$

$$Vv(v, n) = Vv(v, n-1) - \sum_{i \in Iv} Bv(v, i, n), \ \forall v \in V, n \in N, n \neq 1 \tag{7-3}$$

$$Vs(i, n) = Vs0(i) + \sum_{v \in Vi} Bv(v, i, n) - \sum_{j \in Ji} Bs(i, j, n) \quad \forall i \in I, n = 1 \tag{7-4}$$

$$Vs(i, n) = Vs(i, n-1) + \sum_{v \in Vi} Bv(v, i, n) - \sum_{j \in Ji} Bs(i, j, n) \quad \forall i \in I, n \in N, n \neq 1 \tag{7-5}$$

$$Vb(j, n) = Vb0(j) + \sum_{j \in Ji} Bs(i, j, n) - \sum_{l \in Lj} Bb(j, l, n) \quad \forall j \in J \ n = 1 \tag{7-6}$$

$$Vb(j, n) = Vb(j, n-1) + \sum_{j \in Ji} Bs(i, j, n) - \sum_{l \in Li} Bb(j, l, n) \quad \forall j \in J, n \in N, n \neq 1 \tag{7-7}$$

7.3.2.2 物性(组分)平衡约束

原油物流或物料的物性(组分)如组分 k、金属含量等，在规格中以浓度给出，下面的物性约束通过物性总量进行控制，例如对组分 k：

每个周期末原油组分 k 库存量=上一个周期末原油组分 k 库存量+本周期进入原油组分 k 量−本周期输出原油组分 k 量，除第一个周期外，上一个周期末原油组分 k 库存量即为本周期原油组分 k 期初库存量。

式(7-8)、式(7-9)描述码头罐原油组分 k 平衡约束，式(7-10)、式(7-11)描述码头罐组分 k 浓度约束；式(7-12)、式(7-13)描述装置罐原油组分 k 平衡约束，式(7-14)、式(7-15)描述装置罐组分 k 浓度约束；

$$Vss(i, k, n) = Vs0(i)Ds0(i, k) + \sum_{v \in Vi} Bv(v, i, n)Dv(v, k) -$$
$$\sum_{j \in Ji} Bss(i, j, k, n) \quad \forall i \in I, k \in K, n = 1 \tag{7-8}$$

$$Vss(i, k, n) = Vss(i, k, n-1) + \sum_{v \in Vi} Bv(v, i, n)Dv(v, k) -$$
$$\sum_{j \in Ji} Bss(i, j, k, n) \quad \forall i \in I, k \in K, n \neq 1 \tag{7-9}$$

$$Vs(i, n)Dsmin(i, k) \leq Vss(i, k, n) \leq Vs(i, n)$$
$$Dsmax(i, k) \quad \forall i \in I, k \in K, n \in N \tag{7-10}$$

$$Bs(i, j, n)Dsmin(i, k) \leq Bss(i, j, k, n) \leq Bs(i, j, n)$$
$$Dsmax(i, k) \quad \forall i \in I, j \in Ji, k \in K, n \in N \tag{7-11}$$

$$Vbb(j, k, n) = Vb0(j)Db0(j, k) + \sum_{i \in Ij} Bss(i, j, k, n) -$$
$$\sum_{l \in Lj} Bbb(j, l, k, n) \quad \forall j \in J, k \in K, n = 1 \tag{7-12}$$

$$Vbb(j,\ k,\ n) = Vbb(j,\ k,\ n-1) + \sum_{i \in Ij} Bss(i,\ j,\ k,\ n) -$$

$$\sum_{l \in Lj} Bbb(j,\ l,\ k,\ n) \quad \forall j \in J,\ k \in K,\ n \in N,\ n \neq 1 \tag{7-13}$$

本实例下，由于码头罐不混装，码头罐组分 k 为常数，式(7-13)中码头罐输送到装置罐组分 k 的总量为：

$$\sum_{i \in Ij} Bss(i,\ j,\ k,\ n) = \sum_{i \in Ij} Bs(i,\ j,\ n) * Ds0(i,\ k)$$

装置罐的库存和移动的物性控制方程如下：

$$Vb(j,\ n)Dbmin(j,\ k) \leq Vbb(j,\ k,\ n) \leq Vb(j,\ n)Dbmax(j,\ k) \quad \forall j \in J,\ k \in K,\ n \in N \tag{7-14}$$

$$Bb(j,\ l,\ n)Dbmin(j,\ k) \leq Bbb(j,\ l,\ k,\ n) \leq Bb(j,\ l,\ n)$$
$$Dbmax(j,\ k) \quad \forall j \in J,\ l \in Lj,\ k \in K,\ n \in N \tag{7-15}$$

7.3.2.3 组分浓度约束

为了确保输出物流和库存组分浓度一致性，必须满足下列浓度约束，其中式(7-17)、式(7-19)是非线性(bilinear-双线性)约束。

$$Bss(i,\ j,\ k,\ n) = Bs(i,\ j,\ n)Ds0(i,\ k) \quad \forall i \in I,\ j \in Ji,\ k \in K,\ n = 1 \tag{7-16}$$
$$Bss(i,\ j,\ k,\ n)Vs(i,\ n-1) = Bs(i,\ j,\ n)Vss(i,\ k,\ n-1)$$
$$\forall i \in I,\ j \in Ji,\ k \in K,\ n \in N,\ n \neq 1 \tag{7-17}$$
$$Bbb(j,\ l,\ k,\ n) = Bb(j,\ l,\ n)Db0(j,\ k)$$
$$\forall j \in J,\ l \in Lj,\ k \in K,\ n = 1 \tag{7-18}$$
$$Bbb(j,\ l,\ k,\ n)Vb(j,\ n-1) = Bb(j,\ l,\ n)Vbb(k,\ n-1)$$
$$\forall j \in J,\ l \in Lj,\ k \in K,\ n \neq 1 \tag{7-19}$$

7.3.2.4 能力约束

码头罐和装置罐最大容量约束。

$$Vs(i,\ n) \leq Vsmax(i) \quad \forall i \in I,\ n \in N \tag{7-20}$$
$$Vb(j,\ n) \leq Vbmax(j) \quad \forall j \in J,\ n \in N \tag{7-21}$$

7.3.2.5 流速和流量约束

相关物流应满足流速最大和最小门槛约束。

$$[Tvf(v,\ i,\ n) - Tvs(v,\ i,\ n)]fmin \leq Bv(v,\ i,\ n) \leq [Tvf(v,\ i,\ n) -$$
$$Tvs(v,\ i,\ n)]fmax \quad \forall v \in V,\ i \in Iv,\ n \in N \tag{7-22}$$
$$[Tsf(i,\ j,\ n) - Tss(i,\ j,\ n)]fmin \leq Bs(i,\ j,\ n) \leq [Tsf(i,\ j,\ n) -$$
$$Tss(i,\ j,\ n)]fmax \quad \forall i \in I,\ j \in Ji,\ n \in N \tag{7-23}$$
$$[Tbf(j,\ l,\ n) - Tbs(j,\ l,\ n)]fmin \leq Bb(j,\ l,\ n) \leq [Tbf(j,\ l,\ n) -$$
$$Tbs(j,\ l,\ n)]fmax \quad \forall j \in J,\ l \in Lj,\ n \in N \tag{7-24}$$

相关物流应满足流量最大和最小门槛约束。

$$x(v,\ i,\ n)Vmin \leq Bv(v,\ i,\ n) \leq x(v,\ i,\ n)Vmax \quad \forall v \in V,\ i \in Iv,\ n \in N \tag{7-25}$$
$$y(i,\ j,\ n)Vmin \leq Bs(i,\ j,\ n) \leq y(i,\ j,\ n)Vmax \quad \forall i \in I,\ j \in Ji,\ n \in N \tag{7-26}$$
$$z(j,\ l,\ n)Vmin \leq Bb(j,\ l,\ n) \leq z(j,\ l,\ n)Vmax \quad \forall j \in J,\ l \in Lj,\ n \in N \tag{7-27}$$

7.3.2.6 配置约束

常减压装置同时只能由一个装置罐供料，一个装置罐同时只能给一个常减压进料。装置罐不能同时进出。

$$\sum_{j \in Jl} z(j,\ l,\ n) \leqslant 1 \qquad \forall l \in L,\ n \in N \tag{7-28}$$

$$y(i,\ j,\ n) + \sum_{l \in Lj} z(j,\ l,\ n) \leqslant 1 \quad \forall j \in J,\ i \in Ij,\ n \in N \tag{7-29}$$

7.3.2.7 需求约束

常减压装置在调度周期内各种混合原油总量约束。

$$\sum_{l \in Lj} \sum_{n \in N} Bb(j,\ l,\ n) = DM(j) \qquad \forall j \in J \tag{7-30}$$

7.3.2.8 次序约束

相关调度操作(事件)的先后次序约束。油轮→码头罐操作次序约束：

$$Tvs(v,\ i,\ n) \geqslant Tarr(v)x(v,\ i,\ n) \qquad \forall v \in V,\ i \in Iv,\ n \in N \tag{7-31}$$

$$Tvf(v,\ i,\ n) \leqslant H \quad \forall v \in V,\ i \in Iv,\ n \in N \tag{7-32}$$

$$Tvs(v,\ i,\ n+1) \geqslant Tvf(v,\ i,\ n) - H[1 - x(v,\ i,\ n)]$$
$$\forall v \in V,\ i \in Iv,\ n \in N \quad n \neq NE \tag{7-33}$$

$$Tvs(v,\ i,\ n+1) \geqslant Tvs(v,\ i,\ n) \quad \forall v \in V,\ i \in Iv,\ n \in N \quad n \neq NE \tag{7-34}$$

$$Tvf(v,\ i,\ n+1) \geqslant Tvf(v,\ i,\ n) \quad \forall v \in V,\ i \in Iv,\ n \in N \quad n \neq NE \tag{7-35}$$

$$\sum_n Tvst(v',\ i,\ n) \geqslant \sum_n Tvft(v,\ i,\ n)$$
$$\forall v \in Vi,\ v' \in Vi,\ i \in I,\ Tarr(v') > Tarr(v) \tag{7-36}$$

码头罐→装置罐操作次序约束：

$$Tss(i,\ j,\ n+1) \geqslant Tsf(i,\ j,\ n) - H[1 - y(i,\ j,\ n)]$$
$$\forall i \in I,\ j \in Ji,\ n \in N \quad n \neq NE \tag{7-37}$$

$$Tss(i,\ j,\ n+1) \geqslant Tss(i,\ j,\ n) \quad \forall i \in I,\ j \in Ji,\ n \in N \quad n \neq NE \tag{7-38}$$

$$Tsf(i,\ j,\ n+1) \geqslant Tsf(i,\ j,\ n) \quad \forall i \in I,\ j \in Ji,\ n \in N \quad n \neq NE \tag{7-39}$$

$$Tsf(i,\ j,\ n) \leqslant H \quad \forall i \in I,\ j \in Ji,\ n \in N \tag{7-40}$$

装置罐→常减压装置操作次序约束：

$$Tbs(j,\ l,\ n+1) \geqslant Tbf(j,\ l,\ n) - H[1 - z(j,\ l,\ n)]$$
$$\forall j \in J,\ l \in Lj,\ n \in N \quad n \neq NE \tag{7-41}$$

$$Tbs(j,\ l,\ n+1) \geqslant Tbs(j,\ l,\ n) \quad \forall j \in J,\ l \in Lj,\ n \in N \quad n \neq NE \tag{7-42}$$

$$Tbf(j,\ l,\ n+1) \geqslant Tbf(j,\ l,\ n) \quad \forall j \in J,\ l \in Lj,\ n \in N \quad n \neq NE \tag{7-43}$$

$$Tbf(j,\ l,\ n) \leqslant H \quad \forall j \in J,\ l \in Lj,\ n \in N \tag{7-44}$$

码头罐→装置罐→常减压两个操作的先后次序约束：

$$Tss(i,\ j,\ n+1) \geqslant Tbf(j,\ l,\ n) - H[1 - z(j,\ l,\ n)]$$
$$\forall i \in I,\ j \in Ji,\ l \in Lj,\ n \in N \quad n \neq NE \tag{7-45}$$

$$Tbs(j,\ l,\ n+1) \geqslant Tsf(i,\ j,\ n) - H[1 - y(i,\ j,\ n)]$$
$$\forall i \in I,\ j \in Ji,\ l \in Lj,\ n \in N \quad n \neq NE \tag{7-46}$$

同一装置罐去不同常减压的先后次序约束：

$$Tbs(j,\ l,\ n+1) \geqslant Tbf(j,\ l',\ n) - H[1 - z(j,\ l',\ n)]$$
$$\forall j \in J,\ l \in Lj,\ l' \in Lj,\ n \in N \quad n \neq NE \tag{7-47}$$

不同装置罐去相同常减压的先后次序约束：

$$Tbs(j, l, n + 1) \geqslant Tbf(j', l, n) - H[1 - z(j', l, n)]$$
$$\forall j \in Jl, j' \in Jl, l \in L, n \in N \quad n \neq NE \tag{7-48}$$

$$Tbs(j, l, n + 1) \leqslant Tbf(j', l, n) + H[1 - z(j', l, n)]$$
$$\forall j \in Jl, j' \in Jl, l \in L, n \in N \quad n \neq NE \tag{7-49}$$

常减压连续生产的约束:

$$\sum_n \sum_{j \in Jl} [Tbf(j, l, n) - Tbs(j, l, n)] = H \quad \forall l \in L, n \in N \tag{7-50}$$

7.3.2.9 油轮卸油开始和结束时间约束

在目标函数中包含油轮卸油延续时间长度变量,为了得到油轮 v 向码头罐 i 卸油时间段,筛选出有卸油操作的周期的结束时间和开始时间,引入"Tvst(v, i, n) = Tvs(v, i, n)x(v, i, n)"和"Tvft(v, i, n) = Tvf(v, i, n)x(v, i, n)"约束,即只有在 x(v, i, n) = 1 时 Tvft(v, i, n) - Tvst(v, i, n) 为卸油延续时间,x(v, i, n) = 0 时,Tvft(v, i, n) = Tvst(v, i, n) = 0。显然,上述约束是非线性约束,包含有"连续变量×整型变量"双线性项,可以用 Glover 的转换公式线性化,如式(7-51)~式(7-54)所示。

$$Tvs(v, i, n) - H[1 - x(v, i, n)] \leqslant Tvst(v, i, n) \leqslant Tvs(v, i, n)$$
$$\forall v \in V, i \in Iv, n \in N \tag{7-51}$$

$$Tvst(v, i, n) \leqslant Hx(v, i, n) \quad \forall v \in V, i \in Iv, n \in N \tag{7-52}$$

$$Tvf(v, i, n) - H[1 - x(v, i, n)] \leqslant Tvft(v, i, n) \leqslant Tvf(v, i, n)$$
$$\forall v \in V, i \in Iv, n \in N \tag{7-53}$$

$$Tvft(v, i, n) \leqslant Hx(v, i, n) \quad \forall v \in V, i \in Iv, n \in N \tag{7-54}$$

7.3.2.10 目标函数

目标函数内容与实例 26-1 模型的目标函数基本一致,其中常减压生产方案切换次数罚款项改为切换次数整型变量之和最小化。

$$cost = Csea \sum_v \sum_{i \in Iv} \sum_n [Tvst(v, i, n) - Tarr(v)] +$$
$$Cunload \sum_v \sum_{i \in Iv} \sum_n [Tvft(v, i, n) - Tvst(v, i, n)] +$$
$$Cinvst * H \sum_i \left[\sum_n Vs(i, n) + Vs0(i) \right] / (NE + 1) +$$
$$Cinvbi * H \sum_j \left[\sum_n Vb(j, n) + Vb0(j) \right] / (NE + 1) +$$
$$Cset \left[\sum_j \sum_{l \in Lj} \sum_n z(j, l, n) - NST \right] \tag{7-55}$$

7.3.2.11 模型符号说明

(1)下标变量:

i——码头罐;

j——装置罐;

k——关键组分(物性);

l——常减压装置;

n——事件个数;

v——油轮。

（2）集合：

I——码头罐；

I_j——可以输送原油到 j 罐的码头罐；

I_v——由油轮 v 供油的码头罐；

J——装置罐；

J_i——由码头罐 i 供油的装置罐；

K——关键组分；

L——常减压；

L_j——由装置罐 j 供油的常减压；

N——调度周期内事件点总数；

V——油轮；

V_i——供码头罐 i 原油的油轮。

（3）参数：

$Cinvbi$——装置罐库存成本（每天每单位体积）；

$Cinvst$——码头罐库存成本（每天每单位体积）；

$Csea$——油轮卸油等待成本（每天）；

$Cset$——常减压进料罐切换成本（每次）；

$Cunload$——卸油成本（每天）；

$Db0(j, k)$——装置罐 j 混合原油组分 k 初始浓度；

$Dbmax(j, k)$——装置罐 j 混合原油组分 k 允许最大浓度；

$Dbmin(j, k)$——装置罐 j 混合原油组分 k 允许最小浓度；

$DM(j)$——装置罐 j 混合原油总需求量；

$Ds0(i, k)$——码头罐 i 原油组分 k 初始浓度；

$Dsmax(i, k)$——码头罐 i 原油组分 k 允许最大浓度；

$Dsmin(i, k)$——码头罐 i 原油组分 k 允许最小浓度；

$Dv(v, k)$——油轮 v 原油组分 k 浓度；

$fmax$——最大流量；

$fmin$——最小流量；

H——调度总时间周期长度；

NE——事件点总数；

NST——码头罐总数；

$Tarr(v)$——油轮 v 到港时间；

$Vb0(j)$——装置罐 j 中混合原油初始量；

$Vbmax(j)$——装置罐 j 最大容量；

$Vmax$——输送原油上限；

$Vmin$——输送原油下限；

$Vs0(i)$——码头罐 i 初始原油量；

$Vsmax(i)$——码头罐 j 最大容量；

$Vv0(v)$——油轮 v 初始原油量。

（4）变量：

$Bb(j, l, n)$——装置罐 j 向常减压装置 l 输送混合原油量（在 n 事件点）；

$Bbb(j, l, k, n)$——装置罐 j 向常减压装置 l 输送组分 k 的量（在 n 事件点）；

$Bs(i, j, n)$——码头罐 i 向装置罐 j 输送的组分 k 的量（在 n 事件点）；

$Bss(i, j, k, n)$——码头罐 i 向装置罐 j 输送组分 k 的量（在 n 事件点）；

$Bv(v, i, n)$——油轮 v 向码头罐 i 输送原油量（在 n 事件点）；

$Tbf(j, l, n)$——装置罐 j 向常减压装置 l 输送混合原油结束时间（在 n 事件点）；

$Tbs(j, l, n)$——装置罐 j 向常减压装置 l 输送混合原油开始时间（在 n 事件点）；

$Tsf(i, j, n)$——码头罐 i 向装置罐 j 输送原油结束时间（在 n 事件点）；

$Tss(i, j, n)$——码头罐 i 向装置罐 j 输送原油开始时间（在 n 事件点）；

$Tvf(v, i, n)$——油轮 v 向码头罐 i 卸油结束时间（在 n 事件点）；

$Tvft(v, i, n)$——油轮 v 向码头罐 i 卸油结束时间（n 事件未卸油时 $Tvtf(v, i, n)=0$）；

$Tvs(v, i, n)$——油轮 v 向码头罐 i 卸油开始时间（在 n 事件点）；

$Tvst(v, I, n)$——油轮 v 向码头罐 i 卸油开始时间（n 事件未卸油时 $Tvst(v, i, n)=0$）；

$Vb(j, n)$——装置罐 j 混合原油量（在 n 事件点结束时）；

$Vbb(j, k, n)$——装置罐 j 混合原油组分 k 的总量（在 n 事件点结束时）；

$Vs(i, n)$——码头罐 i 原油量（在 n 事件点结束时）；

$Vss(i, k, n)$——码头罐 i 原油组分 k 的总量（在 n 事件点结束时）；

$Vv(v, n)$——油轮 v 原油量（在 n 事件点结束时）；

$X(v, i, n)$——0-1 变量，$X(v, i, n)=1$ 表示在 n 事件中油轮 v 向码头罐 i 卸油，否则不卸油；

$y(i, j, n)$——0-1 变量，$y(i, j, n)=1$ 表示在 n 事件中码头罐 i 向装置罐 j 输油，否则不输油；

$z(j, l, n)$——0-1 变量，$z(j, l, n)=1$ 表示在 n 事件中装置罐 i 向常减压 l 输油，否则不输油。

7.3.3 结果分析

对于给定的一组参数，借助于 GAMS/CPLEX 工具进行模型生成和求解，文献[48] 例1 解结果的甘特图如图 7-5 所示。

从图 7-5 可以看出，原油从油轮→码头罐→装置罐→常减压，满足调度要求。从常减压进料甘特图分析，进料流量变化比较大，如装置罐 1 第一次进料到常减压（时间约 0 到 1.25d）流量为 40/d，装置罐 2 第一次进料到常减压（时间约 1.25 到 3.75d）流量为 40/d，装置罐 1 第二次进料到常减压（时间约 3.75 到 8d）流量为 17.65/d。

如果希望常减压进料流量减少波动，可以规定上下限，甚至可以将常减压进料流量固定 25/天，原油从油轮→码头罐→装置罐→常减压的调度甘特图如图 7-6 所示，所有操作满足调度要求。根据甘特图（或解结果），得到装置罐 J1/J2 库存和组分 k 变化情况，以及常减压进料量和进料中组分 k 变化情况，如表 7-17 和表 7-18 所示，$J1/J2$ 混合原油均满足组分 k 控制要求：

$$0.015 \leqslant J1 \text{ 组分 } k \leqslant 0.025$$

$$0.045 \leqslant J2 \text{ 组分 } k \leqslant 0.055$$

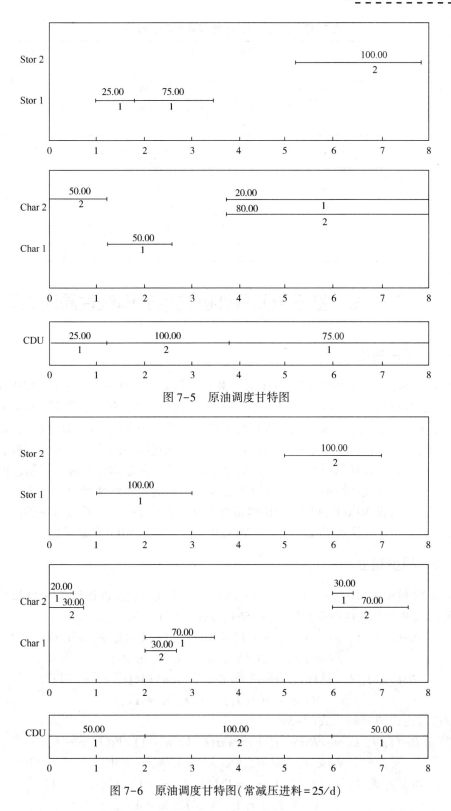

图 7-5　原油调度甘特图

图 7-6　原油调度甘特图(常减压进料 = 25/d)

225

表 7-17　装置罐 J1/J2 库存量及组分 k1 变化

时间/天	0	0.6	2	3.4	6	7.4	8
J1 组分 k1	0.02		0	0.025	0.025		0.025
J1 库存/万桶	50		0	100	100		50
J2 组分 k1	0.05	0.045	0.045	0.045	0	0.045	0.045
J2 库存/万桶	50	100	100	65	0	100	100

表 7-18　常减压进料量(J1/J2→L1)及组分 k1 变化

时间/天	0→2	2→6	6→8
J1→L1	0.02		0.025
进料量/万桶	50		50
J2→L1		0.045	
进料量/万桶		100	

★ 7.4　实例 29：基于单元事件的连续时间线性原油调度模型

7.4.1　问题提出

调度模型描述调度操作的数学规划模型,比计划模型复杂得多。首先是模型规模大,以实例 28.1 的原油调度模型为例,一共有 54 种类型的约束方程,每一种约束方程可能与一个或多个下标变量 i、j、k、l、n 相关,因此为了用模型描述一个实际的调度问题,需要构建成千上万的约束方程;其次,为了描述调度生产,模型中包含大量整数变量,因此,调度模型一定是一个混合整数规划模型;最后,如果调度模型要考虑物性传递和控制,由于汇流 pooling 产生的大量非线性约束,使调度模型变成一个大规模非线性混合整数规划模型,即 MINLP 模型。大规模 MINLP 问题求解仍然是当今数学规划领域一个难以解决的问题。在实际应用中,往往将非线性问题线性化,将 MINLP 问题简化为 MILP 问题求解。

7.4.2　模型建立

将实例 28 模型式(7-1)~式(7-55)中的非线性约束线性化,即得到实例 29 模型。

实例 28.2 中的非线性约束方程式(7-56)、式(7-57)

$$Bss(i, j, k, n) \times Vs(i, n-1) = Bs(i, j, n)Vss(i, k, n-1)$$
$$\forall i \in I, j \in Ji, k \in K, n \in N, n \neq 1 \tag{7-56}$$

$$Bbb(j, l, k, n)Vb(j, n-1) = Bb(j, l, n)Vbb(j, k, n-1)$$
$$\forall j \in J, l \in Lj, k \in K, n \neq 1 \tag{7-57}$$

分别改写为式(7-58)、式(7-59)

$$Bss(i, j, k, n)/Bs(i, j, n) = Vss(i, k, n-1)/Vs(i, n-1)$$
$$\forall i \in I, j \in Ji, k \in K, n \in N, n \neq 1 \tag{7-58}$$

$$Bbb(j, l, k, n)/Bb(j, l, n) = Vbb(j, k, n-1)/Vb(j, n-1)$$
$$\forall j \in J, l \in Lj, k \in K, n \neq 1 \tag{7-59}$$

由于实例 28 的码头罐物性是常数:$Bss(i, j, k, n)/Bs(i, j, n) = Ds0(i, k)$,即

式(7-58)可以直接线性化：

$$Bss(i, j, k, n) = Bs(i, j, n) \times Ds0(i, k)$$
$$\forall i \in I, j \in Ji, k \in K, n \in N, n \neq 1$$

将实例29中的约束方程式(7-13)、式(7-15)和式(7-19)一起进行分析：

$$Vbb(j, k, n) = Vbb(j, k, n-1) + \sum_{i \in Ij} Bss(i, j, k, n) -$$

$$\sum_{l \in Lj} Bbb(j, l, k, n) \quad \forall j \in J, k \in K, n \in N, n \neq 1 \tag{7-13}$$

$$Bb(j, l, n)Dbmin(j, k) \leq Bbb(j, l, k, n) \leq Bb(j, l, n)$$
$$Dbmax(j, k) \quad \forall j \in J, l \in Lj, k \in K, n \in N \tag{7-15}$$

$$Bbb(j, l, k, n)Vb(j, n-1) = Bb(j, l, n)Vbb(j, k, n-1)$$
$$\forall j \in J, l \in Lj, k \in K, n \neq 1 \tag{7-19}$$

式(7-13)对 j 装置罐在 n 事件进行组分 k 总量平衡，式(7-15)对 j 装置罐输送到常减压装置 l 的组分 k 总量进行控制，式(7-19)考虑组分 k 浓度，即 n 事件 j 装置罐输送到常减压装置 l 的组分 k 浓度等于 $(n-1)$ 事件 j 装置罐末库存组分 k 浓度，由于装置罐 j 不同时进出，使装置罐 j 进入常减压 l 时装置罐 j 的 k 组分浓度不会变化，常减压单股进料，从而保证得到控制装置罐 j 的 k 组分浓度和进常减压物流的 k 组分浓度满足要求。

如果将7.3.2中的"考虑组分浓度"约束式(7-16)~式(7-19)删除，即不考虑组分浓度，只考虑每个事件装置罐 j 的 k 组分总量和进常减压物流的 k 组分总量要求，得到线性化的实例模型。

7.4.3 结果分析

原油从油轮→码头罐→装置罐→常减压的调度甘特图如图7-7所示，所有操作满足调

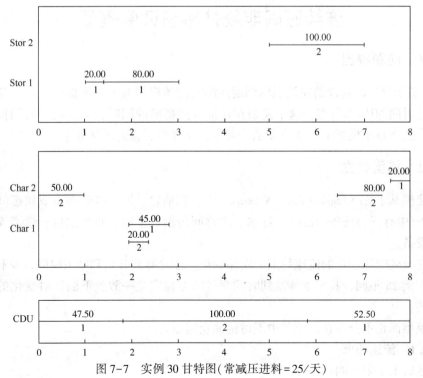

图7-7 实例30甘特图(常减压进料=25/天)

度要求。根据甘特图(或解结果),得到装置罐 $J1/J2$ 库存和组分 k 变化情况,以及常减压进料量和进料中组分 k 变化情况,如表7-19和表7-20所示,$J1/J2$ 混合原油均满足组分 k 控制要求:

$$0.015 \leqslant J1 \text{组分} k \leqslant 0.025$$
$$0.045 \leqslant J2 \text{组分} k \leqslant 0.055$$

表7-19 装置罐 J1/J2 库存量及组分 k 变化

时间/天	0	1	1.9	2.8	5.9	8
J1 组分 k1	0.02		0.0152	0.0025		0.025
J1 库存/万桶	50		2.5	67.5		15
J2 组分 k1	0.05	0.055	0.055		0	0.05
J2 库存/万桶	50	100	100		0	100

表7-20 常减压进料量(J1/J2→L1)及组分 k 变化

时间/天	0→1.9	1.9→5.9	5.9→8
J1→L1	0.0203		0.025
进料量/万桶	47.5		52.5
J2→L1		0.055	
进料量/万桶		100	

⭐ 7.5 实例30:基于异步时间段的连续时间非线性原油调度模型

7.5.1 问题提出

文献《基于异步时间段的原油混输调度连续时间建模研究》[56]中提出了一个基于异步时间段的连续时间 MINLP 模型,这个模型在保证时间精确的同时,大大减少时间描述所需的时间段数,从而减小模型中0-1变量的个数和模型规模,提高求解效率。

7.5.2 模型建立

数学建模基于 STN(State-Task-Network)[58],把油轮、罐、CDU 等看成状态(State)。系统(Network)中有三类任务(Task),卸油、罐罐间传输、上料。码头泊位、管道等视为与任务相关的设备。

除了涉及到时间变量的流速约束、次序约束、油轮卸油开始和结束时间以及和目标函数等与前面实例28不同,其他未涉及到时间变量的方程完全一致。下面针对变化的约束进行具体的描述:

实例模型油轮不分油仓,模型中不讨论油仓问题。

7.5.2.1 流速约束

即流速的上下限控制:

$$[Tvf(v, n) - Tvs(v, n)] Vmin - fmax[1 - x(v, i, n)] \leqslant Bv(v, i, n) \leqslant$$
$$[Tvf(v, n) - Tvs(v, n)] Vmax + fmax[1 - x(v, i, n)] \quad \forall v \in V, i \in Iv, n \in N$$
$$(7-60)$$

$$[Ttf(i, n) - Tts(i, n)] Vmin - fmax[1 - y(i, j, n)] \leqslant Bs(i, j, n) \leqslant$$
$$[Ttf(i, n) - Tts(i, n)] Vmax + fmax[1 - y(i, j, n)]$$
$$\forall i \in I, j \in Ji, n \in N \tag{7-61}$$

$$[Tuf(l, n) - Tus(l, n)] Vmin - fmax[1 - z(j, l, n)] \leqslant Bb(j, l, n) \leqslant$$
$$[Tuf(l, n) - Tus(l, n)] Vmax + fmax[1 - z(j, l, n)]$$
$$\forall l \in L, j \in Jl, n \in N \tag{7-62}$$

7.5.2.2　次序约束

（1）各设备上时间段的开始和结束时间的先后关系：

$$Tvs(v, n + 1) \geqslant Tvf(v, n) \geqslant Tvs(v, n)$$
$$\forall v \in V, n \in N, n \neq NE \tag{7-63}$$

$$Tts(i, n + 1) \geqslant Ttf(i, n) \geqslant Tts(i, n)$$
$$\forall i \in I, n \in N, n \neq NE \tag{7-64}$$

$$Tjs(j, n + 1) \geqslant Tjf(j, n) \geqslant Tjs(j, n)$$
$$\forall j \in J, n \in N, n \neq NE \tag{7-65}$$

$$H \geqslant Tvf(v, n) \quad \forall v \in V \quad n \in N \tag{7-66}$$

$$H \geqslant Ttf(i, n) \quad \forall i \in I \quad n \in N \tag{7-67}$$

$$H \geqslant Tjf(j, n) \quad \forall j \in J \quad n \in N \tag{7-68}$$

$$H \geqslant Tuf(l, n) \quad \forall l \in L \quad n \in N \tag{7-69}$$

由于常减压装置连续操作，所以下一时间段开始时间等于上一时间段的结束时间：

$$Tus(l, n + 1) = Tuf(l, n) \geqslant Tus(l, n)$$
$$\forall l \in L, n \in N, n \neq NE \tag{7-70}$$

上式仅是针对所有的常减压都是一个加工方案的情况。如果一个常减压包括多套方案，上面的公式的第一个等号要写成大于等于号。

（2）相邻两个操作的次序约束：

$$Tts(i, n) \geqslant Tvs(v, n) - H[1 - x(v, i, n)]$$
$$\forall v \in V, i \in Iv, n \in N \tag{7-71}$$

$$Ttf(i, n) \geqslant Tvf(v, n) - H[1 - x(v, i, n)]$$
$$\forall v \in V, i \in Iv, n \in N \tag{7-72}$$

$$Tjs(j, n) \geqslant Tts(i, n) - H[1 - y(i, j, n)]$$
$$\forall i \in I, j \in Ji, n \in N \tag{7-73}$$

$$Tjf(j, n) \geqslant Ttf(i, n) - H[1 - y(i, j, n)]$$
$$\forall i \in I, j \in Ji, n \in N \tag{7-74}$$

$$Tus(l, n) \geqslant Tjs(j, n) - H[1 - z(j, l, n)]$$
$$\forall l \in L, j \in Jl, n \in N \tag{7-75}$$

$$Tuf(l, n) \geqslant Tjf(j, n) - H[1 - z(j, l, n)]$$
$$\forall l \in L, j \in Jl, n \in N \tag{7-76}$$

（3）不同码头罐去同一厂区罐的次序关系：为了解决罐的计算库存结点和实际结点不一致的问题，还需要加入下面四个方程。

$$Ttf(i,\ n) + H \times [1 - y(i,\ j,\ n)] \geqslant Ttf(i',\ n) - H \times [1 - y(i',\ j,\ n)]$$
$$\forall j \in J,\ i \in Ij,\ i' \in Ij,\ n \in N \tag{7-77}$$

$$Ttf(i,\ n) - H \times [1 - y(i,\ j,\ n)] \leqslant Ttf(i',\ n) \pm H \times [1 - y(i',\ j,\ n)]$$
$$\forall j \in J,\ i \in Ij,\ i' \in Ij,\ n \in N \tag{7-78}$$

$$Tts(i,\ n) + H \times [1 - y(i,\ j,\ n)] \geqslant Tts(i',\ n) - H \times [1 - y(i',\ j,\ n)]$$
$$\forall j \in J,\ i \in Ij,\ i' \in Ij,\ n \in N \tag{7-79}$$

$$Tts(i,\ n) - H \times [1 - y(i,\ j,\ n)] \leqslant Tts(i',\ n) \pm H \times [1 - y(i',\ j,\ n)]$$
$$\forall j \in J,\ i \in Ij,\ i' \in Ij,\ n \in N \tag{7-80}$$

7.5.2.3 常减压连续加工

$$\sum_{n \in N} [Tuf(l,\ n) - Tus(l,\ n)] = H \quad \forall l \in L \tag{7-81}$$

上式中针对常减压只有一个加工方案的情况是正确的。对于实例中，两个加工方案属于同一套常减压，上面公式的左端项需要再对方案下标求和。

7.5.2.4 油轮卸油的开始和结束时间约束

$$Tvs(v,\ n) \geqslant Tarr(v) \times x(v,\ i,\ n) \quad \forall v \in V,\ i \in Iv,\ n \in N \tag{7-82}$$

$$Tvst(v,\ n) \leqslant Tvs(v,\ n) \quad \forall v \in V,\ n \in N \tag{7-83}$$

$$Tvst(v,\ n) \leqslant H \times x(v,\ i,\ n) \quad \forall v \in V,\ i \in Iv,\ n \in N \tag{7-84}$$

$$Tvst(v,\ n) \geqslant Tvs(v,\ n) - H \times [1 - x(v,\ i,\ n)]$$
$$\forall v \in V,\ i \in Iv,\ n \in N \tag{7-85}$$

$$Tvft(v,\ n) \leqslant Tvf(v,\ n) \quad \forall v \in V,\ n \in N \tag{7-86}$$

$$Tvft(v,\ n) \leqslant H \times x(v,\ i,\ n) \quad \forall v \in V,\ i \in Iv,\ n \in N \tag{7-87}$$

$$Tvft(v,\ n) \geqslant Tvf(v,\ n) - H \times [1 - x(v,\ i,\ n)]$$
$$\forall v \in V,\ i \in Iv,\ n \in N \tag{7-88}$$

厂区罐不能同进同出的时间约束如下。

$$y(i,\ j,\ n) + \sum_{l \in Lj} z(j,\ l,\ n) \leqslant 1 \quad \forall j \in J,\ i \in Ij,\ n \in N \tag{7-89}$$

$$Ttf(I,\ n) + H \times [1 - y(I,\ j,\ n)] \geqslant Tuf(l,\ n) - H \times [1 - z(j,\ l,\ n)]$$
$$\forall j \in J,\ i \in Ij,\ l \in Lj,\ n \in N \tag{7-90}$$

$$Ttf(i,\ n) - H \times [1 - y(i,\ j,\ n)] \leqslant Tuf(l,\ n) + H \times [1 - z(j,\ l,\ n)]$$
$$\forall j \in J,\ i \in Ij,\ l \in Lj,\ n \in N \tag{7-91}$$

$$Tts(i,\ n) + H \times [1 - y(i,\ j,\ n)] \geqslant Tus(l,\ n) - H \times [1 - z(j,\ l,\ n)]$$
$$\forall j \in J,\ i \in Ij,\ l \in Lj,\ n \in N \tag{7-92}$$

$$Tts(i,\ n) - H \times [1 - y(i,\ j,\ n)] \leqslant Tus(l,\ n) + H \times [1 - z(j,\ l,\ n)]$$
$$\forall j \in J,\ i \in Ij,\ l \in Lj,\ n \in N \tag{7-93}$$

$$Tts(i,\ n') + H \times [1 - y(i,\ j,\ n')] \geqslant Tuf(l,\ n) - H \times [1 - z(j,\ l,\ n)]$$
$$\forall j \in J,\ i \in Ij,\ l \in Lj,\ n \in N,\ n' \in N,\ n' > n \tag{7-94}$$

$$Tus(l,\ n') + h \times (1 - z(j,\ l,\ n')) \geqslant Ttf(i,\ n) - H \times [1 - y(i,\ j,\ n)]$$
$$\forall j \in J,\ i \in Ij,\ l \in Lj,\ n \in N,\ n' \in N,\ n' > n \tag{7-95}$$

7.5.2.5　物性公式

$$vss(i, k, n) = Vs0(i) \times Ds0(i, k) + \sum_{v \in Vi} Bv(v, i, n) \times Dv(v, k) - \sum_{j \in Ji} Bss(i, j, k, n)$$
$$\forall i \in I, k \in K, n = 1 \qquad\qquad (7-96)$$

$$vss(i, k, n) = vss(i, k, n-1) + \sum_{v \in Vi} Bv(v, i, n) \times Dv(v, k) - \sum_{j \in Ji} Bss(i, j, k, n)$$
$$\forall i \in I, k \in K, n > 1 \qquad\qquad (7-97)$$

$$Vbb(j, k, n) = Vb0(j) \times Db0(j, k) + \sum_{i \in Ij} Bs(i, j, n) \times Ds0(i, k) - \sum_{l \in Lj} Bbb(j, l, k, n)$$
$$\forall j \in J, k \in K, n = 1 \qquad\qquad (7-98)$$

$$Vbb(j, k, n) = Vbb(j, k, n-1) + \sum_{i \in Ij} Bs(i, j, n) \times Ds0(i, k) - \sum_{l \in Lj} Bbb(j, l, k, n)$$
$$\forall j \in J, k \in K, n > 1 \qquad\qquad (7-99)$$

$$Bss(i, j, k, n) = Bs(i, j, n) \times Ds0(i, k) \qquad \forall i \in Ij \in Ji, k \in K, n = 1$$
$$(7-100)$$

$$Bbb(j, l, k, n) = Bb(j, l, n) \times Db0(j, k) \qquad \forall j \in J, l \in Lj, k \in K, n = 1$$
$$(7-101)$$

$$Bss(i, j, k, n) \times Vs(i, n-1) = Bs(i, j, n) \times Vss(i, k, n-1)$$
$$\forall i \in I, j \in Ji, k \in K, n > 1 \qquad\qquad (7-102)$$

$$Bbb(j, l, k, n) \times Vb(j, n-1) = Bb(j, l, n) \times Vbb(j, k, n-1)$$
$$\forall j \in J, l \in Lj, k \in K, n > 1 \qquad\qquad (7-103)$$

7.5.2.6　目标函数

根据前面时间变量的变化，目标函数变为

$$cost = Csea \sum_{v} \sum_{n} [Tvst(v, n) - Tarr(v)] + Cunload \sum_{v} \sum_{n} [Tvft(v, n) - Tvst(v, n)]$$
$$+ Cinvst \times H \sum_{i} \left[\sum_{n} Vs(i, n) + Vs0(i)\right] / (NE + 1)$$
$$+ Cinvbi \times H \sum_{j} \left[\sum_{n} Vb(j, n) + Vb0(j)\right] / (NE + 1)$$
$$+ Cset\left[\sum_{j} \sum_{l \in Lj} \sum_{n} z(j, l, n) - NST\right] \qquad\qquad (7-104)$$

7.5.3　解结果分析

7.5.3.1　非线性解结果分析

原油从油轮→码头罐→装置罐→常减压的调度甘特图如图 7-8 所示，所有操作满足调度要求。根据甘特图(或解结果)，得到装置罐 $J1/J2$ 库存和组分 k 变化情况，以及常减压进料量和进料中组分 k 变化情况，如表 7-21 和表 7-22 所示，$J1/J2$ 混合原油均满足组分 k 控制要求：

表 7-21　装置罐 $J1/J2$ 库存量及组分 k 变化

时间/d	0	0.6	2	3.4	6	8
J1 组分 k	0.02		0	0.025	0.025	0.025
J1 库存/万桶	50			100	100	50

时间/d	0	0.6	2	3.4	6	8
J2 组分 k	0.05	0.045	0.045		0	0.045
J2 库存/万桶	50	100	100		0	100

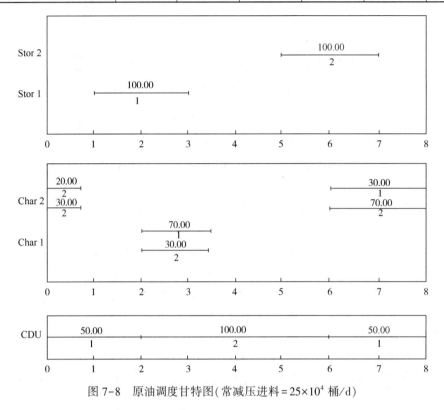

图 7-8　原油调度甘特图(常减压进料 = 25×10⁴ 桶/d)

表 7-22　常减压进料量($J1/J2→L1$)及组分 k 变化

时间/天	0→2	2→6	6→8
$J1→L1$	0.02		0.025
进料量/10⁴ 桶	50		50
$J2→L1$		0.045	
进料量/10⁴ 桶		100	

$$0.015 \leqslant CT1 \text{ 组分 } k \leqslant 0.025$$

$$0.045 \leqslant CT2 \text{ 组分 } k \leqslant 0.055$$

将式(7-102)和式(7-103)式这两个非线性公式，采用 CONVEXENVELOPE 技术[59,60,61]线性化，例如式(7-103)得到下面的公式：

$$Bbb(j, l, k, n) \geqslant Bb(j, l, n) \times Dbmin(j, k) + Vmin \times ftk(j, k, n-1)$$
$$- Vmin \times Dbmax(j, k) - [1 - z(j, l, n)] \times Vmin \times Dbmax(j, k)$$
$$\forall j \in J, l \in Lj, k \in K, n > 1 \tag{7-105}$$
$$Bbb(j, l, k, n) \geqslant Bb(j, l, n) \times Dbmax(j, k) +$$
$$Vmax \times ftk(j, k, n-1) - Vmax \times Dbmax(j, k)$$

$$\forall j \in J, \ l \in Lj, \ k \in K, \ n > 1 \tag{7-106}$$

$$Bbb(j, \ l, \ k, \ n) \leqslant Bb(j, \ l, \ n) \times Dbmax(j, \ k) + Vmin \times$$
$$ftk(j, \ k, \ n-1) - Vmin \times Dbmax(j, \ k) \times z(j, \ l, \ n)$$

$$\forall j \in J, \ l \in Lj, \ k \in K, \ n > 1 \tag{7-107}$$

$$Bbb(j, \ l, \ k, \ n) \leqslant Bb(j, \ l, \ n) \times Dbmin(j, \ k) + Vmax \times$$
$$ftk(j, \ k, \ n-1) - Vmax \times Dbmin(j, \ k)$$

$$\forall j \in J, \ l \in Lj, \ k \in K, \ n > 1 \tag{7-108}$$

则可以得到下面的结果。

7.5.3.2 线性化解结果分析

原油从油轮→码头罐→装置罐→常减压的调度甘特图如图 7-9 所示,所有操作满足调度要求。根据甘特图(或解结果),得到装置罐 J1/J2 库存和组分 k 变化情况,以及常减压进料量和进料中组分 k 变化情况,如表 7-23 和表 7-24 所示,J1/J2 混合原油均满足组分 k 控制要求。

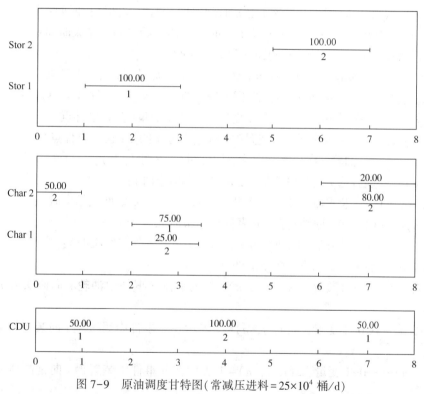

图 7-9　原油调度甘特图(常减压进料 $= 25 \times 10^4$ 桶/d)

表 7-23　装置罐 *J1/J2* 库存量及组分 *k1* 变化

时间/天	0	1	2	3.5	6	8
J1 组分 *k1*	0.02		0	0.0225	0.0225	0.021
J1 库存/10^4 桶	50		0	100	100	50
J2 组分 *k1*	0.05	0.055	0.055		0	0.05
J2 库存/10^4 桶	50	100	100		0	100

表 7-24　常减压进料量($J1/J2 \rightarrow L1$)及组分 $k1$ 变化

时间/天	$0 \rightarrow 2$	$2 \rightarrow 6$	$6 \rightarrow 8$
$J1 \rightarrow L1$	0.02		0.024
进料量/10^4 桶	50		50
$J2 \rightarrow L1$		0.055	
进料量/10^4 桶		100	

$0.015 \leqslant J1$ 组分 $k \leqslant 0.025$

$0.045 \leqslant J2$ 组分 $k \leqslant 0.055$

7.5.4　模型符号说明

$Tvs(v, n)$，$Tvf(v, n)$——油轮 v 上 n 时间段的开始时间和结束时间；

$Tts(i, n)$，$Ttf(i, n)$——码头罐 i 上 n 时间段的开始时间和结束时间；

$Tjs(j, n)$，$Tjf(j, n)$——装置罐 j 上 n 时间段的开始时间和结束时间；

$Tus(l, n)$，$Tuf(l, n)$——常减压 l 上 n 时间段的开始时间和结束时间；

$Tvst(v)$，$Tvft(v)$——油轮 v 开始卸油和离开时间；

$Bb(j, l, n)$——装置罐 j 向常减压装置 l 输送混合原油量（在 n 事件点）；

$Bbb(j, l, k, n)$——装置罐 j 向常减压装置 l 输送组分 k 的量（在 n 事件点）；

$Bs(i, j, n)$——码头罐 i 向装置罐 j 输送的组分 k 的量（在 n 事件点）；

$Bss(i, j, k, n)$——码头罐 i 向装置罐 j 输送组分 k 的量（在 n 事件点）；

$Bv(v, i, n)$——油轮 v 向码头罐 i 输送原油量（在 n 事件点）；

$Vb(j, n)$——装置罐 j 混合原油量（在 n 事件点结束时）；

$Vbb(j, k, n)$——装置罐 j 混合原油组分 k 的总量（在 n 事件点结束时）；

$Vs(i, n)$——码头罐 i 原油量（在 n 事件点结束时）；

$Vss(i, k, n)$——码头罐 i 原油组分 k 的总量（在 n 事件点结束时）；

$Vv(v, n)$——油轮 v 原油量（在 n 事件点结束时）；

$X(v, i, n)$——0-1 变量，$X(v, i, n) = 1$ 表示在 n 事件中油轮 v 向码头罐 i 卸油，否则不卸油；

$y(I, j, n)$——0-1 变量，$y(I, j, n) = 1$ 表示在 n 事件中码头罐 i 向装置罐 j 输油，否则不输油；

$z(j, l, n)$——0-1 变量，$z(j, l, n) = 1$ 表示在 n 事件中装置罐 i 向常减压 l 输油，否则不输油。

★ 7.6　实例 31：数值难题

7.6.1　问题提出

在实例 26 调试过程中，曾经出现过数值难题问题，在求解 LP 模型过程中偶尔也会发生，求解 MILP 模型时出现数值难题的概率更大一些，在数学规划模型求解器软件的使用说明中称为数值难题或数值困境（Numeric Difficulty）问题的描述。

实例31-1（调试实例26模型时的中间模型，与实例26的最终模型不同）是一个MILP模型，为了讨论问题方便，我们设置两个案例，案例ROWS表中的两个变量都是0-1整型变量，2个案例如表7-25所示。

表7-25 实例31-1的2个案例

CASE1	数值难题1(XPRESS)			
TABLE	ROWS			
	TEXT	RHS	ZVESS123	ZVESS126
EVES2122		1	1	
EVES2123		1		1
EVES2125		2	1	1
* * * *				
CASE2	数值难题2(XPRESS)			
TABLE	ROWS			
	TEXT	RHS	ZVESS123	ZVESS126
EVES2125		2	1	1
* * * *				

表7-22的两个案例，其中CASE1的两个整型变量出现冗余约束：

$$ZVESS123 = 1 \tag{7-109}$$
$$ZVESS126 = 1 \tag{7-110}$$
$$ZVESS123+ZVESS126 = 2 \tag{7-111}$$

在数学上没有矛盾，但用XPRESS求解时，CASE1为不可行解：

* * *PROBLEM SOLUTION IS NOT OPTIMAL * * *

* * *ROW WBALCT28 2.2727

如果调用CPLEX求解，假设也设置两个案例CASE3（与CASE1模型相同）、CASE4（与CASE2模型相同），其结果为两个案例得到相同最优解，但目标函数与CASE2不同，4个案例的结果比较如表7-26所示。

表7-26 实例31-1的4个案例结果比较

	CASE1	CASE2	CASE3	CASE4	说明
解题器	XPRESS	XPRESS	CPLEX	CPLEX	约束1：
约束差异	约束1	约束2	约束1	约束2	Z3+Z6=2；Z3=1；Z6=1
是否可行解	不可行	最优解	最优解	最优解	约束2：
目标函数		-184.17	-182.05	-182.05	Z3+Z6=2

实例31讨论如下3个问题：

（1）为什么数学上等价的两个MILP模型，用解题器XPRESS求解时得出两个截然不同的结果，其中一个得到不可行解，另外一个得到最优解；

（2）为什么同一个MILP模型（CASE1、CASE3）用不同的解题器求解时得出两个截然不同的结果，其中一个得到不可行解（XPRESS），另外一个得到最优解（CPLEX）；

（3）为什么同一个MILP模型（CASE2、CASE4）用不同的解题器求解时都能得到最优解，但两个解得出两个不同的优解值，其中一个 OBJ = -184.17(XPRESS)，另外一个 OBJ = 182.05(CPLEX)；

实例31尝试分析造成上述问题的原因和处理方法。

7.6.2 数值难题

7.6.2.1 实例31-1 数值难题问题分析

在7.6.1中，CASE1和CASE2的区别是，CASE1多了两个冗余(多余但不矛盾)的约束方程，因为约束方程式(7-109)和式(7-110)分别给定 ZVESS123 和 ZVESS126 为"1"，约束方程式(7-111)可以不出现，所以我们首先尝试从 CASE1 模型中删除冗余约束方程式(7-111)，用 XPRESS 求解，其解结果是：

　　* * * PROBLEM SOLUTION IS NOT OPTIMAL * * *

　　* * * ROW EA6A2014　0.0341

　　* * * ROW GA6DS045　0.0341

　　* * * ROW GA6DS046　0.0341

为什么冗余的约束方程式(7-111)删除后又出现了新的"不可行解"，原因是上述模型是 MILP 模型，约束方程中 ZVESS123 定义为两个0-1整型变量，当约束方程式(7-109)给定 ZVESS123 = 1、ZVESS126 = 1，同时混合整数规划解题器在求解过程中，规定 ZVESS123、ZVESS126 只能取0或1整数值，MILP 解题器在判断"ZVESS123、ZVESS126"取整数解值为1时有一个误差标准，判断约束"ZVESS123 = 1、ZVESS126 = 1"可行性时也有一个误差标准，当两者出现矛盾时，出现了"不可行解"。

摘录求解 CASE1 的部分求解信息：

　　* * * Search completed * * *

　　Number of integer feasible solutions found is 7

　　Best integer solution found is　-181.630564

　　Preserved problem has：

　　……

　　Problem is infeasible

　　* * * PROBLEM SOLUTION IS NOT OPTIMAL * * *

　　* * * ROW WBALCT28 2.2727

这些信息表明，在计算过程中，一开始已经找到了 MILP 模型的"最优解"(OBJ = -181.630564)，再继续进一步处理时，发现"Problem is infeasible"。

XPRESS 在求解 MILP 模型时按如下流程进行计算，这就是发生上述"矛盾"求解信息的原因：

(1)调用优化器求解混合整数规划问题

(2)再调用优化器的 FixedModel 方法(FixedModel 即固定模型的整数解)

(3)最后再求解冻结之后的 LP 模型(以期获得诸如敏感度分析、影子价格之类的信息)

经常出现的问题是：在第(1)步求得整数优解的情况下，第(3)步又出现不可行。

MIP 使用分枝定界或其它方法求解时，判断对于0-1变量 ZVESS123、ZVESS126 是否达到"0"或"1"由参数"ZTOLIS"(Integer fesibility tolerance)决定，CASE1 运行时 ZTOLIS =

0.05，精度比较低，如果提高 ZTOLIS 精度，例如设定 ZTOLIS=0.0005（XPRESS 提供的缺省值），解结果为：

  ＊＊＊Search completed ＊＊＊

  Number of integer feasible solutions found is 4

  Best integer solution found is−182.054545

  Presolved problem has：

  ……

       Obj Value=−182.054545

  Optimal solution found

  7.6.1 中给出了 MILP 模型由于 0-1 变量精度产生数值难题问题。对于 LP 问题，同样有可能发生数值难题问题，为了能使读者更加容易理解数学规划中经常遇到的数值难题问题，我们再列举一个简单的 LP 模型数值难题问题。

7.6.2.2　实例 31 数值难题问题分析

考虑下面一个简单的 LP 引例：

Maximize

Obj：x1+x2

Subject To

C1：0.333333 x1+0.666667 x2=1

C2：x1+2x2=3

C3：x1=3

End

  调用 CPLEX 求解上述 LP 引例，使用默认的可行性允差（Feasibility Tolearence，EFSRHS=0.000001）不会得到可行解。

  如果将（Feasibility Tolearence）修改为 0.00001，则可以得到优解。求得的解是 x1=3.0 和 x2=0.0，最优目标函数值为 3.0。

7.6.3　数值难题问题讨论（如需要修改的参数等）

  模型中数据存在的形式与问题所呈现的数值难题之间虽然没有任何必然联系。但是，如果以某些特定的方式向优化器提交数据，就可能会出现数值问题。下面分三个方面介绍。

  （1）对各个变量设置较大的上界（比如，在 $1e^9$ 至 $1e^{12}$ 附近）会引发数值问题。如果本意是要将这些大的上界表示成"实际无界"，较好的做法还是在一开始就不包含这些边界。

  （2）模型中任何一处系数过大，或者系数上存在较大的变化（比如，相差 6 个数量级或更多），无论出现在目标函数、右端项，还是矩阵的任意给定列或行，都会引发数值问题。

  （3）一种原因类似的数值问题是四舍五入（分数被表示为小数）带来的；在计算机中将1/3 表示为 0.33333333 引入了一个表面上"精确"的值，但还是不同于期望的值。

  针对这一现象，从优化器方面这样解释：原问题的系数范围过大（矩阵系数范围是[0.001，666]，接近 6 个数量级跨度），系数矩阵接近病态。可能出现第 3 步的 LP 问题，经过预处理之后的放缩问题满足可行性条件，但是未放缩的 LP 原始问题不满足。

  病态的系数矩阵可以通过条件数表征，优化器方面一般是模型求解后取对应的 Kappa 属性。在 MSRP 中勾选 CPLEX 计算后，在"Model Settings"点击"L. P."，在"Options"设置界面勾选"IKAPPA"(Calculate Matrix condition number)，这样计算之后的信息中会有 Matrix condition number(条件数)信息。实例 31 中模型的条件数为：

Matrix condition number=3.1E+004

属于过大，最好可以从模型上进行修改。但是鉴于实际问题比较复杂，不好操作，也有些办法可以简单处理一下。

优化器求解之后可以从模型取得"最大约束违反"和"最大边界违反"，这两个数值如果大于可行性允差(Feasibility tolerance)，模型即为不可行。在"Model Settings"点击"L. P."，在"Tolerances"设置界面，将 EPSRHS 的值修改为上面两个值的最大，这样模型必然可行。

优化器求解后，还可以从模型取得各约束的"约束违反"和各变量的"边界违反"，查看大于可行性允差(Feasibility tolerance)的违反。如果该约束或变量边界不是特别重要，那只需去掉，模型就是可行的。也就是实例 31.1 中 CASE2 的情况。

实际求解中，由于不同的优化器，其预处理策略不同(导致系数矩阵采取的放缩方式不同)，前面所述的第(3)步中模型可行性不是一定不变的。可能出现：

(1) 第(3)步的 LP 问题经过预处理之后的放缩问题满足可行性条件，但是未放缩的 LP 原始问题不满足。

(2) 第(3)步的 LP 问题经过预处理之后的放缩问题满足可行性条件，未放缩的 LP 原始问题也满足。

这也就是实例 31.1 中 CASE1 和 CASE3 结果不同的原因。

由于优化器所执行的是计算机中的数值优化，这样想要取得稳定的结果，对 MSRP 输入的模型就存在一些要求。一个条件数较小的系数矩阵就是最理想的状态，会避免求解陷入数值难题。条件数过大，数据的微小变化会导致求得解的巨大变化(条件数越大，优化得到的解其精确位数越少)，造成模型求解的价值打折。因此上面两种处理办法，也只是权宜之计。

在模型调试过程中，不同类型的模型有相应的可修改参数，例如：

(1) LP 模型可以修改可行性允差(Feasibility tolerance)；

(2) MILP 模型增加整型变量整数可行性允差参数"ZTOLIS"(Integer fesibility tolerance)；

(3) NLP 分布递归模型可修改 MAXSTEP 参数选择(从"off"，"step bounding on all vectors"，"step bounding on error vectors of non-coverged propertis"三选一)，修改分布递归绝对允差 DTOL(Absolute Recurson Tolerance on Distribusions)等；

(4) MINLP 模型可以增加一个可修改的参数 MAXPASS1(Maxmum Recurson Passes before MIP invoked)，用于调整 NLP 递归最大次数，即递归次数达到上限时 NLP 不收敛，也可以转入 MIP 计算，允许 NLP 收敛前转向 MIP 计算，MIP 得到整数可行解后固定整型变量并再一次转向 NLP 非线性递归时得到递归收敛解，从而得到 MINLP 最优解(参阅第一章 1.5)。

值得注意的是，MSRP 已经在系统内部对所调用的解题器相关参数设置默认值，适用于大部分模型，当修改参数并得到相应结果后，应当恢复其默认值，以免影响下次解题器的正常调用。例如实例 31 在执行 CASE1 时，XPRESS 的 ZTOLIS = 0.05(Integer fesibility tolerance)，导致不可行解发生，原因是在以前调用 XPRESS 时，为了尽快得到整数可行解，降低了整数可行性的精度，完成计算后没有及时恢复 ZTOLIS 的默认值，实例 31 CASE1 如果使用默认值=0.0005，不会发生不可行解。又例如当非线性递归不收敛时，降低分布递归绝对允差 DTOL，有可能收敛到物性精度降低以后的"最优解"，如果对降低精度的"最优解"不满意，这时可以恢复 DTOL 的默认值，并且将已经收敛"优解"的"！PGUESS"数据表的数据(递归收敛的最终 PGUESS 数据)复制到初始 PGUESS 表，再一次进行计算，有可能得到精度较高的收敛最优解。如果对降低精度的"最优解"满足精度要求，完成计算后没有及时恢复 DTOL 默认值，将导致降低下一次计算时的收敛精度。

第8章 数学规划在我国炼油生产经营优化应用历程

★ 8.1 炼油生产计划优化技术推广和应用

20世纪80年代，我国计算机技术开始迅速发展，为提高石油化工科学研究院（以下简称石科院）科研工作水平，在石油工业部侯祥麟副部长的关心和支持下，石科院引进了一套美国优利公司的UNIVAC1100/10计算机。随着该计算机的正常运行，我国炼油和石油化工行业的计算机应用和信息技术步入快速发展的轨道。当时处于改革开放初期，引进国外先进计算机比较少，无论在计算机维护技术、计算机应用技术和为社会提供计算机计算服务方面，均处于全国前列。

为了在炼油生产管理方面找到突破口，新组建的石科院计算中心将线性规划技术用于炼油生产计划优化作为重点课题进行研究，成立了炼油生产计划优化项目组，并在石油化工集团公司（以下简称总公司）发展部申报"炼油生产计划优化"研究项目。在引进计算机的应用软件包中，包含有线性规划解题软件FMPS（Functional Mathematical Programming System）[62]。这样，开展炼油计划优化课题研究的基本条件（计算机硬件和应用软件）已经具备，摆在计划优化项目组面前的主要任务是：对FMPS进行二次开发，即掌握FMPS软件的使用方法，编制相应辅助程序，建立线性规划行模型输入通道，便于用户使用FMPS；建立和调试各炼厂生产计划数学模型，建立中国炼厂生产计划模型库并将优化结果用于各个炼油厂的炼油生产计划编制的优化，并且指导全国炼厂年计划和季度计划的优化排产。

由于全国各个炼厂的流程各不相同，由石科院优化小组直接建立全国所有炼厂计划优化数学模型不但工作量大，而且很难建立符合各炼厂生产实际的模型并用于指导各炼厂生产计划编制。在完成FMPS软件二次开发、掌握炼油生产计划模型构建方法基础上，在总公司生产部领导支持下，举办了集团公司所属各炼厂计划员和计算机人员参加的培训班，进行包括线性规划优化技术、FMPS使用方法、炼油计划模型建立和调试方法等内容的培训。然后由经过培训的各炼厂计划人员和计算机软件人员建立本厂的生产计划模型，在石科院UNIVAC计算机上调试。经过3周时间努力，集团公司所有炼厂的年计划模型初步建立。各炼厂计划人员首次建立每个炼厂的年计划线性规划模型，并利用这些模型进行原油加工方案、二次加工装置生产方案的优选，油品调合配方和产品结构的优化，并将优化结果与手工编制计划结果进行比较，优化计划不但能更准确、更快速地得到更加符合生产实际的年计划方案，而且能取得更好的经济效益，引起炼厂广大计划人员的极大兴趣，他们将所建模型存放在UNIVAC计算机中，为本厂优化计划服务。像天津炼厂、大庆炼油厂、南充炼油厂、独山子炼油厂等的计划员在编制下一年计划前，都要来北京在石科院计算机上调用本厂模型进行计划方案测算和优化，将多套优化方案带回炼厂供厂领导选用。经过一年多的使用，由各个炼厂计划人员建立的模型可以用于指导本厂计划排产。存放在石科院UNIVAC计算机模型库中的各炼厂模型可以随时运行，为各炼厂和总公司优化排产服务，模型库由石科院优化组进行维护。

✦ 8.2　中国石化年季排产计划测算

为了能使模型用于指导中国石化年度和季度计划排产，举办了小炼油厂(如油田和地方炼厂)计划人员培训班，建立小炼厂模型。至此，完成了我国第一个炼油生产计划模型库的创建，其中包括纳入国家炼油生产排产的共49个炼厂的生产计划线性规划数学模型。

为了得到各炼厂原油分配量和石油产品产量配额更合理的排产方案，石科院研发了二级模型生成器，根据全国各油田原油供应量(当时没有进口原油)、石油产品需求量作为原料供应和产品需求的一级控制模型，一级模型还包含炼厂之间可能的互供料，49个炼厂模型作为二级模型，两级模型集成为总公司多炼厂模型系统，以总公司效益最大为目标，以各油田原油产量为总公司原油供应约束，以国家对石油产品总需求为产品产量约束，每个炼厂模型的原油供应品种和数量、各类石油产品生产量给定上下限约束(按人工预排产方案的±5%浮动)。集成的二级多炼厂模型优解包括总公司级原油分配和各品种石油产品产量分配，炼厂之间的互供料分配，每个炼厂原油加工品种和数量，各装置的生产方案、加工量，乃至每个炼厂的油品调合方案，为总公司编制年和季排产计划提供全局优化方案。总公司在召开全国年计划或季度计划排产会前，根据当时国内原油供应和产品市场需求情况，由优化小组利用模型库中的模型进行计算，得到优化预排产方案，为生产部在排产会期间制定排产方案提供重要参考依据。由于当时所有炼厂使用国产原油，品种比较单一，在没有考虑物性非线性递归问题情况下，LP模型优解与实际偏差不大，优解结果有一定参考价值。

将全国49个炼厂的计划模型集合成为一个规模较大的LP优化模型，进行全国炼油生产计划方案的优化测算，其应用水平达到当时的国际水平，"中石化炼油生产计划模型的集成"文章曾经在国际会议("计划与计算机技术研讨会")上发表(1987，西德，威斯巴登，1987)[63]。

利用计算机和线性规划技术进行炼油生产计划优化排产不但能提高排产效率，更能提高优化排产方案的经济效益。例如，以曾经通过总公司技术鉴定的3个企业为例，计划优化可以获得巨大经济效益。大连石油七厂1982年线性规划模型的优化方案比人工编制计划年经济效益增加1096万元，辽阳化纤公司1985年由于使用线性规划优化方案，增加效益1580万元，天津石化公司炼油厂1997年根据线性规划方案优化选用一船100万桶原油获利1256万元。

由于"中国石油化工总公司炼油生产计划编排优化系统"技术先进，推广面广，经济效益显著(人民币2亿元)，于1989年获国家科技进步二等奖，这是中国石油化工计算机应用项目获得的最高奖励项目之一。同时因为当时国内很少能提供线性规划和线性混合整数规划计算的计算机和线性规划求解软件，国内许多单位来石科院进行数学规划模型的优化计算，石科院提供使用FMPS的技术支持和服务，从而使许多项目如长江三峡建坝可行性研究(科学院、清华大学)、中国能源产运需及环境控制系统优化的研究(哈尔滨工业大学)、农业区划优化(山东省相关地县)等重大项目取得进展，"数学规划软件系统的开发应用"曾经获得全国计算机应用一等奖(1986)。

8.3 微机版 LP 软件和炼油计划模型生成系统开发

随着微机普及，炼厂迫切需要适合微机使用的线性规划优化软件，石科院生产计划优化小组又自行研制开发适合微机使用的线性规划优化软件，并且与总公司生产管理部、总公司经济信息中心共同开发了"炼油生产计划辅助决策系统(SPAS)"，安装到全国所有炼厂计划部门的微机上。SPAS 系统自 1989 年 9 月推出 SPAS1.0 试用版，在抚顺石油学院连续举办两期"生产计划优化培训班"，1990 年推出 SPAS2.0 版，并在茂名、辽化、北京、乌鲁木齐等地举办"生产计划优化加强班"，在全国各个炼厂开展炼油计划优化工作。SPAS3.0 版包括模型数据系统、模型生成系统、模型求解系统、报表输出系统和错误诊断系统等五个部分。由于 SPAS 可以在微机上使用，推广面广，使用周期长，对推动我国炼油生产计划优化工作的开展起到较大作用。

根据炼厂计划人员提出的需求，石科院生产计划优化项目组和大庆石油化工总厂合作，开发出"炼油化工经营生产最佳策划系统"，与天津石化公司合作开发出"非线性递归优化系统"等微机版本的具有模型自动生成功能的生产计划优化系统，均在全国炼厂推广应用，这些项目都曾获中国石油化工总公司科技进步奖。根据炼厂使用人员的需要，软件开发工作做到与时俱进，例如当时国内普遍使用 DBASE3 数据库时，优化软件的输入数据平台使用 DBASE3；许多炼厂购买了 ORACLE 数据库，优化软件输入数据平台就改用 ORACLE 数据库；后来，计划人员喜欢和熟悉 EXCEL，又将数据平台改成 EXCEL。根据国内用户需要，国外同类软件中主要功能如多周期模型、多炼厂模型、非线性递归模型、混合整数规划模型等模型的生成和求解技术在国内自主开发的软件中均得到应用，还开发了灵敏度分析和追踪、不可行解辅助判断等国外软件所没有的功能模块，以满足计划人员的的需要。

8.4 PIMS 软件的推广和应用[64]

2002 年以后，石油化工总公司从美国引进 PIMS 计划优化软件，在总公司生产部、信息中心领导下，石科院与石化盈科合作，在炼厂 PIMS 模型的建立和推广应用工作中，发挥积极作用。在完成广州、镇海和高桥 3 个炼厂试点项目后，在石化总公司范围内，建立 PIMS炼油生产计划模型，实现炼油生产计划年度、季度计算机联网排产，排产计划直接从模型计算结果中得到。不但能得到优化的排产计划，而且减少了全总公司召开排产会的次数，节约大量人力和旅差费用。石化院优化小组参加了总公司炼厂模型的维护、校核和对炼厂计划人员的培训工作。

8.5 炼油生产调度作业计划专家系统开发应用[65]

生产调度问题由于需要考虑原料、中间产品、产品的罐区约束，产品出厂、原料进厂、计划完成及市场需求方面的约束，需要考虑按时间顺序对各种生产装置的加工方案和各种油品的物流方向的具体安排，需要考虑带有不确定性的、难以用数学方法描述的生产调度对象等，因此给生产调度作业计划系统的开发带来极大的困难。20 世纪 90 年代，石油化工科学研究院和兰州炼油化工总厂合作，提出把专家系统技术和数学规划方法结合起来解决调度优化的方案，该方案采用专家系统技术解决调度问题的时序特性、暂态不可行性及不确定性，将调度问题转化为一个确定性问题，然后采用成熟的线性规划方法处理。该方案集中于调度作业计划的编制、调整和意外事件的处理，对作业计划进行优化，在模型的基础上采用专家知识和经验分解月计划、确定原油及各装置的加工方案、加工时序，选择流程，确定约束条件以简化建模过程。综合利用计算机技术、运筹学知识等工具，开发了一个具有决策支持功能的炼油生产调度作业计划专家系统。

该系统可同时实现调度作业计划编排的计算机化和优化，系统结构合理，数据驱动和模型规范，界面友好。在兰州炼油化工总厂运行结果表明，该系统能够充分考虑编排作业计划需要考虑的各种动态、静态情况，模拟了调度专家排产过程，又用线性规划寻优，编制一套方案只需 10min，该系统制定的调度作业计划在生产中是实际可行的。使用该系统不仅大大地提高了编制计划的效率，而且可以大大地提高企业的经济效益。

参 考 文 献

［1］ 胡清淮. 线性规划及其应用［M］. 北京：科学出版社，2004.

［2］《运筹学》教材编写组. 运筹学［M］. 北京：清华大学出版社，1996. 5.

［3］ 康永辉，王宝红. 线性规划法在水资源系统规划优化配置中的应用［J］. 科学之友，2010，（21）：
6，12.

［4］ 李德，钱颂迪. 运筹学［M］. 北京：清华大学出版社，1983.

［5］ 席少霖，赵风治. 最优化方法［M］. 上海：上海科学技术出版社，1983.

［6］ Duran M. A. and I. E. Grossmann, An outer-approximation algorithm for a class of mixed-integer nonlinear
programs. Math. Program［J］. 36(3)，307-339 (1986a).

［7］ Williams H P. Model building in mathematical programming［M］. Wiley，1985.

［8］ Bisschop J. AIMMS - Optimization Modeling［M］. Paragon Decision Technology B. V. Schipholweg 1 2034 LS
Haarlem The Netherlands. 2012.

［9］ Rosenthal R E. GAMS—A User's Guide［J］. Gams Development Corporation，2008，49(7)：397 ~400.

［10］ Heipcke B S. Applications of Optimization with Xpress MP［C］// DASH Optimization Ltd. 2010.

［11］ 钱颂迪. 运筹学(第四版)［M］. 北京：清华大学出版社，2013.

［12］ 何银仁，陈先芽，张慧. 炼油化工生产经营计划优化［M］. 北京：中国石化出版社，1999.

［13］ Sang M. Lee, Goal Programming for Decision Analysis. Auerbach Publishers Inc. 1972.

［14］ LeeS. U. /宣家骥，卢开译. 决策分析的目标规划［M］. 北京：清华大学出版社，1988.

［15］ Charnes, A. Cooper, W. W. Management Models and Industrial Applications of Linear Programming［J］.
Management Science，1961，4(1)：38-91.

［16］ Y Ijiri, Management Goals and Acounting for Control. Chicago：Rand-McNally，1965.

［17］ Michael A Tucker. LP Modeling-Past, Present and Future Presented at the NPRA (National Petrochemical &
Refiners Association). Computer Conference. Texas：Adams Mark Hotel Dallas，October 1-3，2001.

［18］ John S. Bonner. Advanced Pooling Techniques in Refinery Modeling ［C］//Planning and Computer
Techonology Seminar. Wiesbadon (West Germany)，1987.

［19］ 何银仁，张慧. 用分布递归法求解带混合物流的计划模型［J］. 石油炼制和化工，1996，10(10)：41-44.

［20］ Morris W E. Interaction blending approach works for diesel，fuel oil［J］. Oil Gas J.；(United States)，1985，
83-38.

［21］ Williams E. Morris, The Interaction Approach to Gasoline Blending［C］//Paper AM-75-30，NPRA annual
meeting，Mar. 1975.

［22］ 唐涛. 柴油低温性质与流动改进剂感受性模型研究［D］. 北京：石油大学，1999.

［23］ PIMS Applications Manual. Aspen Technology，Inc.

［24］ Linus Schrage，L. Optimization Modeling with LINDO (5th Edition)［M］. Duxbury Press，Pacific
Grove. 1997

［25］ Bradley S P，Hax A C，Magnanti T L. Applied Mathematical Programming［C］. Addison-Wesley. 1977.

［26］ 解增忠. PIMS 模型中原油保本价的常用测算方法分析与选择［J］. 计算机与应用化学，2015，32(3)：
276-280.

［27］ Williams H. P. Model Building in Mathematical Programming (5th Edition)［M］. John Wiley & Sons
Inc. 2013.

［28］ 胡运权. 运筹学习题集［M］. 4 版. 北京：清华大学出版社. 2010.

［29］ 何银仁，张慧，曾东立，等. 灵敏度追踪软件及其应用［J］. 石油学报，1996，12(2)：87-92.

［30］ 汪洪涛，刘健，杨磊，等. 基于优化模型的原油选择方法研究及案例分析［J］. 计算机与应用化学，2013，30(6)：699-702.

［31］ 张成，毛卉，朱振才. PIMS模型在原油采购优化过程中的应用［J］. 石油炼制与化工，2011，42(4)：88-91.

［32］ 刘志玲. 以保本价格为基础实现原油现货采购优化［J］. 当代石油石化，2010，182(2)：24-28.

［33］ 崇伟，王志刚，田慧等. 国内外炼厂能耗评价方法概述［J］. 当代化工，2011，40(10)：1062-1065.

［34］ 郭文豪，许金林. 炼油厂的能耗评价指标及其对比［J］. 炼油技术与工程，2003，33(11)：55-58.

［35］ 田小杰. 浅谈降低炼油综合能耗的措施［C］//2013中国石油炼制技术大会论文集. 2013：791-795.

［36］ SH/T 3110—2001. 石油化工设计能量消耗计算方法［S］. 北京：中国石化出版社，2002.

［37］ 谢可塑等. 多指标评分法在炼油厂总流程优化中的应用. 炼油技术与工程. 2012，42(1)：61-64.

［38］ 刘小平，龙军，曾宿主等. 炼厂二氧化碳排放研究［C］//中国化工学会2011年年会暨第四届全国石油和化工行业节能节水减排技术论坛论文集. 2011：809-815.

［39］ 孟宪玲. 炼厂二氧化碳排放估算与分析［J］. 当代石油石化，2010，18(2)：13-16.

［40］ SH/T 5000—2011. 石油化工生产企业 CO_2 排放量计算方法［S］. 北京：中国石化出版社，2012.

［41］ 黄丽红. 滞期费研究［D］. 厦门大学，2008.

［42］ KELLY J. D, MANN J. L. Crude oil blend scheduling optimization：an application with multimillion dollar benefits. Part 2［J］. Hydrocarbon Processing，2003，82(7)：72-79.

［43］ 郭锦标，杨明诗. 化工生产计划和调度的优化［M］. 北京：化学工业出版社，2006.

［44］ 蔡邵林. 成品油物流配送运输调度系统研究［D］. 北京：石油化工科学研究院，2004.

［45］ 龙伟灿. 炼油厂原油罐区调度系统的研究开发［D］. 北京：石油化工科学研究院，1999.

［46］ Lee H, Pinto J M, Grossmann I E, et al. Mixed-Integer Linear Programming Model for Refinery Short-Term Scheduling of Crude Oil Unloading with Inventory Management［J］. Industrial & Engineering Chemistry Research，1996，35(5)：1630-1641.

［47］ Shah N. Mathematical Programming Techniques for Crude Oil Scheduling［J］. Computers & Chemical Engineering，1996，20(12)：S1227-S1232.

［48］ Jia Z, Ierapetritou M, Kelly J D. Refinery Short-Term Scheduling Using Continuous Time Formulation：Crude-Oil Operations［J］. Industrial & Engineering Chemistry Research，2003，42(13)：3085-3097.

［49］ Jia Z, Ierapetritou M. Mixed-Integer Linear Programming Model for Gasoline Blending and Distribution Scheduling［J］. Industrial & Engineering Chemistry Research，2003，42(4)：825-835.

［50］ Jia Z, Ierapetritou M. Efficient short-term scheduling of refinery operations based on a continuous time formulation［J］. Computers & Chemical Engineering，2004，28(s 6-7)：1001-1019.

［51］ Li Wenkai and, Hui C W, Hua B, et al. Scheduling Crude Oil Unloading, Storage, and Processing［J］. Industrial & Engineering Chemistry Research，2002，41(26)：6723-6734.

［52］ Moro L F L, Pinto J M. Mixed-Integer Programming Approach for Short-Term Crude Oil Scheduling［J］. Industrial & Engineering Chemistry Research，2003，43(1)：85-94.

［53］ Pinto J M, Joly M, Moro L F L. Planning and scheduling models for refinery operations［J］. Computers & Chemical Engineering，2000，24(s 9-10)：2259-2276.

［54］ 安艺. 原油调度模型和应用［D］. 北京：石油化工科学研究院，2003.

［55］ 王雁君. 炼油厂原油调度作业计划模型法研究［D］. 北京：石油化工科学研究院，2004.

［56］ 胡益炯，朱玉山. 基于异步时间段的原油混输调度连续时间建模研究［J］. 计算机与应用化，2007，24(6)：713-719.

［57］ 周智菊，周祥，郭锦标等. 基于异步时间段的连续时间原油混输调度模型［J］. 石油炼制与化工，2015，(6)：95-100.

［58］M. G. Ierapetritou, T. S. Hené, and, Floudas C A. Effective Continuous-Time Formulation for Short-Term Scheduling. 3. Multiple Intermediate Due Dates［J］. Industrial & Engineering Chemistry Research, 2001, 38(9): 4341-4359.

［59］Mccormick G. Computability of global solutions to factorable nonconvex programs: Part I- Convex underestimating problems ［J］. Mathematical Programming, 1976. 10(1): 147-175.

［60］AspenTech Corp., PIMS(Processing Industry Modeling System)User's manual, Version 15. 5. 0

［61］PIMSLP version 15. 5. 0 PIMSLPincorporates CPLEX version 9. 0. 0 CPLEX

［62］SPERRY UNIVAC Series 1100. Fuctional Mathematical Programming System Programmer Reference. SPERRY RAND CORPORATION, 1977

［63］He Yin Ren. Intergrated Refinery Planning Moders for SINOPEC. Presented at the Planning and Computer Technology Seminar. Wiesbanden (west Germany), 1987

［64］任家军. 炼油企业级 PIMS 模型的开发与应用［J］. 石油炼制与化工, 2005, 36(5): 62-65.

［65］许明春, 洪波, 陈陶阳. 炼油生产调度作业计划专家系统的开发［J］. 石油学报(石油加工), 1995 (4): 85-95.